実践編

改訂新版 最短距離でゼロからしっかり学ぶ
Python入門

ゲーム開発・データ可視化・Web開発

Eric Matthes 著
鈴木たかのり、安田善一郎 訳

技術評論社

Copyright © 2023 by Eric Matthes.

Title of English-language original: *Python Crash Course, 3rd Edition: A Hands-On, Project-Based Introduction to Programming*,
ISBN: 9781718502703, published by No Starch Press Inc. 245 8th Street, San Francisco, California United States 94103.
The Japanese-language 3rd edition Copyright © 2024 BY GIJUTSU HYORONSHA under license by No Starch Press Inc. All rights
reserved.

Japanese translation rights arranged with No Starch Press, Inc., San Francisco, California through Tuttle-Mori Agency, Inc., Tokyo

■日本語版における原書の扱いについて

本書は『Python Crash Course, 3rd Edition: A Hands-On, Project-Based Introduction to Programming』を底本とし、その前半（Part1）
を「必修編」、後半（Part2）を「実践編」として刊行しています。そのため、巻頭の一部は「必修編」「実践編」ともに同じ内容を掲載して
います。

■ご購入前にお読みください

【免責】
・本書に記載された内容は、情報の提供だけを目的としています。したがって、本書を用いた運用は、必ずお客様自身の責任と判断に
　よって行ってください。これらの情報の運用の結果について、技術評論社および著者はいかなる責任も負いません。

・本書記載の情報は、2024年8月現在のものを掲載しています。ご利用時には変更されている場合があり、本書での説明とは機能内容
　や画面図などが異なってしまうこともあります。本書ご購入の前に、必ずご確認ください。

・Webサイトやサービス内容の変更などにより、Webサイトを閲覧できなかったり、規定したサービスを受けられなかったりすることもあ
　り得ます。

　以上の注意事項をご承諾いただいた上で、本書をご利用願います。これらの注意事項をお読みいただかずに、お問い合わせいただい
ても、技術評論社および著者は対処しかねます。あらかじめ、ご承知おきください。

【商標、登録商標について】
　本文中に記載されている製品の名称は、すべて関係各社の商標または登録商標です。本文中に™、®、©は明記していません。

いつもプログラミングについての私の質問に答えるために
時間を作ってくれた父のために、
そしてプログラミングを始めたばかりで
私に質問をするEverのために。

巻頭言

「鉄は国家なり」という言葉があります。日本では1901年に官営八幡製鉄所が操業を開始した際に初代首相の伊藤博文が述べたとされており、19世紀にドイツを統一したビスマルクの演説にも似た言葉があります。当時は国家の発展を支える重要な産業の1つが製鉄であり、各国のリーダーがそれを強調したのは当然と言えます。現代においても鉄の重要性は変わりませんが、当時の社会に存在せず、今の社会に必要不可欠なものと言えばソフトウェアでしょう。スマートフォンが生活必需品となり、Webがない生活が考えられなくなった現代社会はソフトウェアによって支えられています。ソフトウェアはプログラミング言語で記述されています。プログラミングができると、新しいソフトウェアを開発したり、誰かが作ったソフトウェアを改変することができます。これは、コンピュータの能力を引き出し、自分の思うように動かせることを意味します。膨大なデータの記録と正確な計算を得意とするコンピュータと、創造性にあふれる人間の脳が協同することで、社会を変える新しい価値が生まれるはずです。

母国語の能力は成長する過程である程度は自然と身に付くものですが、生まれながらにコンピュータプログラムを書ける人はいません。外国語の学習と同じように、自発的に学ぶ必要があります。また母国語はなんとなくしゃべることができますが、プログラムの文法はしっかり守る必要があります。どんな種類のプログラミング言語を学ぶ場合も、基本的な文法は必ず習得しなければなりません。ただ、こうした基本事項の勉強は、やはり少し退屈です。モチベーションを維持して、一通りの文法学習を乗り切る必要があります。プログラミングの学習で、やる気を持続する方法の1つは、最終的に自分がやりたいことを具体的にイメージすることです。本書の実践編ではゲーム、データ解析、Webアプリケーションといった題材を例に、Pythonを使って実際にどのようなソフトウェアを作ることができるのかがわかります。この3つの中からどれか1つ、自分の目標を設定するとよいでしょう。必修編を読み進める途中で挫折しそうになったら、実践編をパラパラとめくりながら、もう一度自分の目標を再確認してやる気を呼び覚ましてください。一方、必修編ですぐには理解できない部分に、それほどこだわる必要はありません。最初の説明ではよくわからないことも、その知識が実際にどのような場面で使われるかを知ると、それが理解の助けになることはよくあります。本書で言えば、実践編が必修編の理解の助けになってくれる可能性があるわけです。

ソフトウェアの開発には、プログラミングのスキル以外に、情報技術に関するさまざまな知識が必要になります。Webを支えるインターネットの仕組み、CSVやJSONのようなデータ形式、さらにはデータベースシステムなど、驚くほど多岐にわたる知識が必要であり、これが基礎的な文法を身に付けたあとに来る大きな壁の1つです。本書では実践編の中でこうした知識を解説しつつ、Pythonプログラミングを使ってどのようにソフトウェアを開発するかを示してくれます。実践で使われる情報技術を理解し、はじめの一歩を踏み出すのにとてもよい構成になっています。もちろん、ソフトウェアに関連する技術は日進月歩であり、どんなベテランのソフトウェア技術者も日々学び続けています。最初の糸口を掴んだら、Webや書籍などを通じてさらに発展的な

内容を調べてみるとよいでしょう。最新の情報を手に入れるには、IT系の勉強会もおすすめです。オンラインで気軽に聴講できるものから、もくもく会と呼ばれるITエンジニアの集まりまで、自分に合ったスタイルを探して積極的に参加してみるとよいでしょう。

　本書の必修編を通じて最短距離でPythonの基本的な文法を習得できると、自分が思ったことをソフトウェアにすることが想像以上に簡単なことに気が付くでしょう。これは、ライブラリと呼ばれるプログラムの部品が今世紀に入って急速に進化したおかげです。ライブラリはWebアプリケーション開発やデータ解析など、分野ごとの目的に特化して作られています。現代のソフトウェア開発においては、ライブラリをまったく使わない開発は考えられなくなりました。本書の実践編を読めば、ライブラリの威力に驚かされるでしょう。コンピュータが発明された20世紀の半ばから今世紀の初頭までの時代は、これほど多くの便利なライブラリを利用できる環境はありませんでした。しかもほとんどのライブラリは無料で利用することができます。ソフトウェア開発という視点では、現代はもっとも恵まれた状況にあると言えるでしょう。

　Pythonは便利なライブラリが多く揃っている言語として有名で、そのため人気が高まっています。現在のPythonを取り巻く環境では、利用者が増えて人気が上がり、さらに便利なライブラリが供給されるという好循環が生まれています。つまり、Pythonの基本的な文法さえ習得してしまえば、高性能なライブラリの力を借りてコンピュータを使いこなすことができるようになります。ソフトウェアは自由です。ちょっとしたアイディアをPythonを使って実装してみましょう。日々の仕事の手間が少し削減されるかもしれません。こうした小さなツールから、世界を救うアルゴリズムまで、どれもPythonプログラミングで実装できます。現代は、ソフトウェア開発が誰にでも開かれ、便利なライブラリがあふれています。こんな恵まれた時代に生きているのですから、コードを書いてコンピュータを使いこなしましょう。鉄と同じくらい強く社会を支える道具を作れるようになるかもしれません。ぜひ一緒に、この広大なソフトウェアの世界へ旅立ちましょう。

2024年10月　辻真吾

プロフィール

　1975年生まれの東京都足立区出身。小学生の頃父親の指南でMSX2というコンピュータに出会って以来、現在に至るまでずっとコンピュータとプログラミングに興味があります。大学時代に書籍でC++を学び、卒業後はJavaでWebアプリケーションを開発する会社に勤めた経験もあります。大学院に戻りJavaに飽きはじめた2007年ごろにPythonへ乗り換えてから、今もPythonがもっとも好きなプログラミング言語です。Pythonとデータサイエンスやアルゴリズムに関する著書が多数あります。詳しいプロフィールは個人のWebサイト（www.tsjshg.info）をご覧ください。

原書『Python Crash Course』への賛辞

No Starch Press社が、伝統的なプログラミングの書籍と並ぶであろう、未来の古典を制作しているのは興味深いことだ。Python Crash Courseは、そんな本の中の1冊だ。

——Greg Laden (ScienceBlogsのブロガー)

かなり複雑なプロジェクトも扱い、しかもそれを矛盾のない論理的な楽しいスタイルで解き明かし、読者を主題に引き込んでいる。

——Full Circle Magazine

コードスニペット（コードの断片）についての説明がとてもわかりすい。本書は、あなたと一緒に小さな一歩を踏み出して、複雑なコードを構築し、最初から最後まで何が起こっているかを説明してくれる。

——FlickThroughによるレビュー

Python Crash CourseでPythonを学ぶことは、とても価値のある経験だ！ Pythonを初めて学ぶ人に、最高の選択だ。

——Mikke Goes Coding (Webサイト)

書いてあるとおり、本当によくできている……多くの役立つ演習問題と、3つの挑戦的で楽しいプロジェクトが掲載されている。

——RealPython.com

Pythonプログラミングをテンポよく網羅的に解説しているPython Crash Courseは、あなたの本棚に追加して最終的にPythonをマスターするのに役立つ素晴らしい書籍である。

——TutorialEdge.net

コーディングの経験がまったくない超初心者への最適な選択肢だ。この非常に奥の深い言語を、基礎からしっかりとわかりやすく解説した入門書を探している方々に、本書をおすすめしたい。

——WhatPixel.com

Pythonについて知っておくべきこと、そしてさらにそれ以上のことも、文字どおりにすべて本書には掲載されている。

——FireBearStudio.com

Python Crash CourseでPythonを使用してコードを学んでいるうちに、多くのプログラミング言語に適用できるきれいなプログラミング技術も学んでいる。

——Great Lakes Geek

日本語版に寄せて

　私が最初に『Python Crash Course』（訳注：本書の原書）を執筆した当時は、プログラミングを学びたい人への一般的な教え方は、「すでに動作するプロジェクトを提供する」というものでした。先生は、プロジェクトが少しずつ違う動作をするように修正する方法を示します。生徒がプログラムの修正に成功すると、先生は「おめでとう、これであなたはプログラマーです！」と言いました。そして生徒達は自分のやったことに満足し、立ち去ります。しかし生徒達は、自分自身のプロジェクトを構築して開発するための理解が、実際には不十分であることにすぐに気づきます。

　『Python Crash Course』はプログラミングの基本概念をしっかりと理解してから、意義のある複数のプロジェクトに飛び込むことを目的としています。この手法は過去10年間で数百万の人々に効果がありました。私は、10歳から90代までのすべての世代の人から、Pythonを学びたいさまざまな理由を聞きました。彼らは異口同音に「『Python Crash Course』はプログラムの理解に役立ち、自分の目的の達成に向かわせてくれた」というようなことを言っていました。

　最近のAIアシスタントは、以前の先生がとっていた「うまくいかない手法」によく似ています。小さなプロジェクトであれば、おそらく最新のAIアシスタントでうまくいきます。しかし、あなたが大事なプロジェクトを構築しているのであれば、AIアシスタントが混乱してうまく動作しない状態になることは間違いないでしょう。あなたがプログラミングを適切に理解していれば、AIの出力でのトラブルを解決して前へ進むことができるでしょう。もしそうでないなら、行き詰まってしまうでしょう。『Python Crash Course』は、あなたが行き詰まることを避けて前進し続けるために必要な基礎を提供します。

　『Python Crash Course』を日本語に翻訳してくれた、鈴木たかのり氏と安田善一郎氏に感謝します。私は幸運にも、ここ数年の間にいくつかのPythonカンファレンスでたかのり氏に会うことができました。彼のPython言語への熱意と、本書への協力にいつも感謝しています。『Python Crash Course』を日本の読者に母国語で届けるために二人が協力してくれたことをとてもありがたく思います。

　私を先生として信頼してくれてありがとう、そしてみなさんのPythonの旅路がうまくいくことを願っています！

Eric Matthes

著者について

Eric Matthes

　25年間高校の数学と科学の教師であり、初級のPythonクラスで教える中でよりよいカリキュラムの道を探していた。現在はフルタイムの執筆者兼プログラマーとして、いくつかのオープンソースプロジェクトに参加している。彼のプロジェクトのゴールは広範囲にわたり、山岳地帯の土砂崩れを予測するものからDjangoプロジェクトのデプロイをシンプルにするものまである。執筆やプログラミングをしていないときは、山登りを楽しんだり家族との時間を過ごしている。

レビュワーについて

Kenneth Love

　アメリカ北西部に家族と猫と住んでいる。熟練のPythonプログラマー、オープンソースのコントリビューター、教師、そしてカンファレンスのスピーカーである。

翻訳者について

鈴木たかのり　一般社団法人PyCon JP Association代表理事、株式会社ビープラウド取締役／Python Climber

　部内のサイトを作るためにZope/Ploneと出会い、その後必要にかられてPythonを使いはじめる。PyCon JP 2024共同座長。他の主な活動はPythonボルダリング部（#kabepy）部長、Python mini Hack-a-thon（#pyhack）主催、Python Boot Camp（#pycamp）講師など。各国PyConやPython Boot Campで訪れた土地で、現地のクラフトビールを飲むことが楽しみ。フェレットとビールとレゴが好き。趣味は吹奏楽（トランペット）とボルダリング。

安田善一郎　株式会社Surface&Architecture執行役員、株式会社ニューロマジック監査役、シエルセラン合同会社代表

　日本IBMを経て（株）ニューロマジックを設立。その後フリーランスとなりPythonベースのPloneをはじめさまざまなCMSでサイト構築（企画・IA・ディレクション）を手がける。現在は、デザインプロジェクトのマネジメントをはじめ各社で複数の業務に携わっている。

翻訳レビュワーについて

この本の翻訳を下記の方々にレビューしていただきました。

筒井隆次（@ryu22e）さん
杉山剛（@soogie）さん
wat（@watlablog）さん
小山哲央（@tkoyama010）さん
熊谷拓也（@kumappp27）さん
吉田花春（@kashew_nuts）さん
古木友子（@komo_fr）さん

特別付録：Pythonチートシート

本書特別付録として、著者によるPythonチートシートを下記で公開します。

https://gihyo.jp/book/2024/978-4-297-14528-6/support#supportDownload

ダウンロード用パスワード
K698xeNGsk74

チートシートには下記が含まれます。

- Pythonの基礎
  Pythonの基礎、リスト、if文とwhileループ、辞書、関数、クラス、ファイルと例外、コードをテストする
- PythonライブラリとGit
  Pygame、Matplotlib、Plotly、Django、Git

本書と併せて、ぜひご活用ください。

『Python Crash Course』第3版刊行に際しての序文

　この本の原書となる『Python Crash Course』初版および第2版は大好評を博し、100万部以上が発行されました。その中には10か国語を超える翻訳も含まれます。私は、10歳の子どもや、余暇にプログラミングを学習したい退職者などから、手紙やメールを受け取りました。『Python Crash Course』は、中学、高校、大学の授業で使用されています。より上級レベルの教科書で学ぶ学生は『Python Crash Course』を授業の副読本に使っており、参考書としても役立っています。仕事のスキルを上げるためにこの本を読んでいる人もいれば、副業を始めるために利用している人もいます。まとめると、この本は、私の期待をはるかに上回るさまざまな用途で読者に利用されています。

　『Python Crash Course』第3版を執筆する機会が得られましたが、その作業は終始楽しいものでした。Pythonは成熟した言語ですが、他の言語と同じように進化し続けています。改訂にあたっては、この本がよく整備されたPythonの入門コースであり続けることを目標にしました。この本を読むことで、自分のプロジェクトを開始するために必要なすべてのことを学ぶことができ、同時に将来にわたって学習を継続するうえでの強固な基礎を築くことができます。作業にあたり、いくつかの節を書き換え、Pythonを使ううえでより新しくシンプルな方法にしました。また言語の詳細について、より正確に記述すべきだったいくつかの節にも手を入れ、説明を明確にしました。さらに、すべてのプロジェクトを更新し、多くの人が利用してよくメンテナンスされているライブラリを使用するようにしました。これらのライブラリはあなた自身のプロジェクトで自信を持って使用できます。

　第3版の具体的な変更点を以下にまとめます（編集注：第3版のうち、本書「実践編」に関する変更点を記載しています）。

　エイリアン侵略プロジェクト（第1章〜第3章）には、描画フレームレートを制御する設定が含まれます。これにより、OSが異なってもゲームの動きがより一貫したものになります。エイリアンの艦隊の作成方法はよりシンプルになりました。またプロジェクト全体の構成も整理されています。

　データ可視化プロジェクト（第4章〜第6章）では、MatplotlibとPlotlyの最新の機能を使用します。Matplotlibの可視化機能ではスタイルの設定が更新されています。ランダムウォークのプロジェクトでは、プロットの精度を向上させる小さな改良をしています。これにより、新しいランダムウォークを作成するたびによりバラエティに富んだパターンが出現します。Plotlyを扱うすべてのプロジェクトでPlotly Expressモジュールを使います。このモジュールを使うと、わずか数行のコードで最初の可視化を実現できます。また、1つのプロットをコミットする前にさまざまな可視化を簡単に試すことができるので、プロット内の個々の要素を洗練することに集中できます。

　学習ノートプロジェクト（第7章〜第9章）は最新バージョンのDjangoを使って構築し、最新バージョンのBootstrapを使ってスタイリングをします。プロジェクトの全体構造をわかりやすくするために、いくつかの部分で名称を変更しました。プロジェクトは、Platform.shというモダンなDjangoプロジェクトのホスティン

グサービスにデプロイします。デプロイの手順はYAML形式の構成ファイルで制御します。これにより、プロジェクトのデプロイ方法をきめ細かく設定できます。これは、プロのプログラマーがモダンなDjangoプロジェクトをデプロイするときと同じやり方です。

付録Aは引き続き、バージョン管理にGitを使用するための「ミニ短期集中コース」となっています。付録Bは第3版のために新たに書き下ろしました。どんなにすぐれた指示書に従ってアプリケーションをデプロイしたとしても、うまくいかないことはたくさんあります。この付録は、はじめてのデプロイ手順がうまくいかないときに使える、詳細なトラブル対応ガイドです。

『Python Crash Course』を読んでくださってありがとうございます！
フィードバックや質問があれば、お気軽にご連絡ください。

謝辞

『Python Crash Course』は、No Starch Pressの非常にすばらしくプロフェッショナルなスタッフがいなければ完成できませんでした。Bill Pollockは私に入門者向けの書籍を書くことを依頼しました。当初の申し出に深く感謝します。Liz Chadwickは全3版に関わっており、彼女の継続的な関わりによって本書はよりよくなっています。Eva Morrowはこの新しい版に新鮮な目を持ち込み、彼女の見識により本書はさらに改善されました。Doug McNairには堅苦しくなりすぎない、適切な言葉遣いを指導してもらい感謝しています。Jennifer Keplerには制作作業を監督してもらい、多くのファイルが最終成果物として磨き上げられました。

No Starch Pressの多くの人が本書を成功へと導いてくれましたが、私は直接一緒に仕事をする機会はありませんでした。No Starchのすばらしいマーケティングチームは書籍の販売のみにとどまらず、読者が目的に合った書籍を見つけ、読者自身の目標を達成する助けをしています。No Starchには強力な海外版権の部門もあります。『Python Crash Course』はこのチームの勤勉さによって、世界中の読者に複数の言語で届けられました。これらすべての人々と私は個別に仕事をしていませんが、『Python Crash Course』の読者を増やす手助けをしてくれたことに感謝しています。

『Python Crash Course』の全3版での技術的なレビュワーであるKenneth Loveにも感謝します。Kennethとの出会いはある年のPyConでした。彼のプログラミング言語とPythonコミュニティにかける熱意は、プロとしての発想の源となっています。Kennethは常に、簡単な事実確認のみでなく初心者プログラマーがPython言語とプログラミング全般についてしっかり理解できるようにレビューしてくれました。Kennethは以前の版で十分に動作している箇所についても、全面的に書き直す機会に改善できる点がないか目を配ってくれました。それでも不正確な点が残っていたとしたら、それは著者の責任です。

また、『Python Crash Course』を読んで得られた経験を共有してくれた、すべての読者に感謝します。プログラミングの基本を学ぶことは、世界に対する見方を変え、人々に多大な影響を与えることもあります。このような話を耳にすると深く謙虚な気持ちになります。そして、経験を率直に共有してくれたすべての人に感謝します。

そして、幼い私にプログラミングを紹介し、私が機材を壊すことを恐れなかった父に感謝します。複数の版を整備する作業の間、執筆中に私をサポートし励ましてくれた妻Erinにも感謝します。最後に、その好奇心で毎日私にひらめきを与えてくれる息子Everに感謝します。

はじめに

　すべてのプログラマーには、最初にプログラムを書くことを学んだときの物語があります。私は子どもの頃にプログラミングを始めました。そのとき、父親はDECという近代コンピューティング時代の先駆的な企業で働いていました。私の最初のプログラムは、家の地下で父親が組み立てたコンピューターキット上で作成されました。そのコンピューターは、ケースがなくむき出しのマザーボードにキーボードを接続したもので、モニターはむき出しのブラウン管でした。私のはじめてのプログラムは単純な数字当てゲームで、次のようなものです。

```
数字を考えたよ！ぼくが考えた数字を当ててね: 25
小さすぎる！もう一度: 50
大きすぎる！もう一度: 42
正解！もう一度遊びますか？(yes/no) no
遊んでくれてありがとう！
```

　私が作成したゲームが想定どおりに動き、それを家族が遊ぶところを見て、いつも満足していたことを覚えています。
　この幼い頃の経験はいつまでも私に影響を与えました。目的や課題を解決するために何かを作成することは満足感をもたらします。現在、私が作成しているソフトウェアは子どもの頃よりも重要なものですが、正しく動作するプログラムを作成することで得られる満足感は、同じくらい大きなままです。

この本の対象読者は?

　本書の目的は、Pythonをできるだけ早く使いこなせるようになることです。そのために、「実践編」では動作するプログラム（ゲーム、データの可視化、Webアプリケーション）を構築しながら、今後の人生で役立つプログラミングの基礎を習得します。『最短距離でゼロからしっかり学ぶPython入門』は、Pythonのプログラムを過去に書いたことがない、または全くプログラムを書いたことがないあらゆる世代の人に向けて書かれています。興味のあるプロジェクトに集中するためにプログラミングの基礎を学びたい人や、新しい概念を理解するために意味のある課題を解きたい人におすすめです。また、『最短距離でゼロからしっかり学ぶPython入門』は生徒に対してプロジェクトベースのプログラミング入門を提供したいすべての先生にとっても最適です。大学で受講しているPython講座のテキストよりもわかりやすい入門書が必要な場合は、本書が助けとなります。キャリアを変えたい場合、本書はさまざまなキャリアへの転換を支援します。本書は多様な読者に対して、広範囲のゴールを提供します。

なにを学ぶことができるのか?

　本書の目的は、読者に一般的な良いプログラマー、または特に優れたPythonプログラマーになってもらうことです。一般的なプログラミングの概念の基礎を説明することによって、プログラムを効率的に学び、よい習慣を身につけることができます。『最短距離でゼロからしっかり学ぶPython入門』の全体を通して学んだあとは、より高度なPythonのテクニックを学ぶ準備ができているでしょう。

『最短距離でゼロからしっかり学ぶ Python 入門』の「必修編」では、Python でプログラムを書くために必要な基本的なプログラミングの概念を学んでいます。この概念は、ほとんどのプログラミング言語を学びはじめるときに共通のものです。次のことを学びます。

- データのさまざまな種類とプログラムの中でデータを保存する方法
- データの集まり（リストや辞書など）を作成し、そのデータの集まり全体に対して効率的に処理を行う方法
- while ループと if 文で特定の条件をチェックし、成功した場合はコードの特定の箇所を実行し、失敗した場合は他の箇所を実行する方法（多くの処理を自動化するときに非常に役に立ちます）

また、対話的なプログラムを作成するためにユーザーからの入力を受け取る方法と、ユーザーが必要とする間のみプログラムを実行しつづける方法を学びます。関数の書き方を知ることでプログラムの一部を再利用できるようになり、特定の処理を行うコードのブロックを一度書くだけで必要なときに何度でも繰り返し使用できるようになります。この考え方を拡張し、より複雑な振る舞いをするクラスを使用することで、さまざまな状況にシンプルなプログラムで対応できるようになります。加えて、一般的なエラーを適切に処理するプログラムの書き方を学びます。これらの基本的な概念を実践したあとに、学習した内容を使用して徐々に複雑なプログラムをいくつか作成します。最後に、コードのテストの書き方を学ぶことで中級プログラミングの第一歩を踏み出します。テストを利用することでバグの混入を心配せずにプログラムを開発できます。必修編の情報はすべて、大規模で複雑なプロジェクトに取り組むための準備に必要なものです。

『最短距離でゼロからしっかり学ぶ Python 入門』の本書「実践編」では、必修編で学んだことを 3 つのプロジェクトに適用します。これらのプロジェクトのいずれか、またはすべてを好きな順番で進めてください。最初のプロジェクト（第 1 章から第 3 章）では、「エイリアン侵略ゲーム」というスペースインベーダーのようなシューティングゲームを作成します。ゲームを遊ぶと難易度が上がる機能も含んでいます。このプロジェクトを完了すると、2D ゲームを開発できるようになります。ゲームプログラマーになることを熱望していなくても、このプロジェクトに取り組むことで「必修編」で学んだ内容と実践を楽しみながら結びつけることができます。

2 番目のプロジェクト（第 4 章から第 6 章）はデータの可視化を紹介します。データサイエンスはさまざまな可視化の技術を利用して、大量の役立つ情報を理解する助けとしています。コードから生成したデータセット、インターネット上からダウンロードしたデータセット、またはプログラムで自動的にダウンロードしたデータセットを使用します。このプロジェクトを完了すると、大量のデータを詳しく調査し、異なる種類の情報を可視化して表現するプログラムを書けるようになります。

3 番目のプロジェクト（第 7 章から第 9 章）は「学習ノート」という名前の小さな Web アプリケーションを構築します。このプロジェクトでは特定のトピック（話題）に関する情報を、整理された記事として保管します。異なるトピックに対して別々のログで保存し、他のユーザーがアカウントを作成して自分の記事を書きはじめられるようにします。世界中のどこからでもアクセスできるように、プロジェクトをデプロイする方法も学びます。

インターネット上のリソース

この本「実践編」で使用しているソースコードと下記で説明しているセットアップ手順書の日本語版などは、サポートページ（https://gihyo.jp/book/2024/978-4-297-14526-2/support）をご参照ください。

原書サポートサイト（https://nostarch.com/python-crash-course-3rd-edition）またはGitHub（https://ehmatthes.github.io/pcc_3e）では次の内容が用意されています（英語による提供となります）。

- セットアップ手順書
  オンラインのセットアップ手順書は原書の内容と全く同じですが、それぞれの手順でリンクが有効なためクリックできます。セットアップ時に問題があった場合は、この手順書を参照してください。
- アップデート
  Pythonを含むすべてのプログラミング言語は進化しつづけています。アップデートの情報をもとにメンテナンスしているので、うまく動作しない場合は手順に変更がないかを確認してください。
- 演習問題の解答
  「やってみよう」セクションの演習問題に挑戦するには、多くの時間を費やす必要があります。しかし、つまってしまって進められなくなる場合もあるでしょう。ほとんどの演習問題については解答が公開されているので、そのような場合に活用してください。
- チートシート
  主要な概念に関するクイックリファレンスとなるチートシートのセットをダウンロードできます（このチートシートを日本語訳したものを特別付録としてダウンロード提供しています。IXページをご覧ください）。

なぜPythonなのか？

私は毎年、Pythonを使いつづけるか、他の言語（たいていは新しいプログラミング言語）に移行するかを検討します。しかし、私は多くの理由によりPythonを使い続けています。Pythonは非常に効率的な言語です。Pythonプログラムは、他の多くの言語よりも少ないコードでより多くのことを実行できます。Pythonの構文は「きれいな」コードを書くのにも役立ちます。他のプログラミング言語に比べて、コードは読みやすく、デバッグしやすく、構築と拡張が容易です。

人々は、ゲーム制作やWebアプリケーションの構築、ビジネス上の課題の解決、さまざまな企業の内部ツールの開発など、多くの目的でPythonを使用しています。また、Pythonは科学分野の学術研究や応用的な作業でも非常に多く使用されています。

私がPythonを使い続けるもっとも重要な理由の1つは、Pythonコミュニティに信じられないほど多様で友好的な人々がいるためです。プログラミングは孤独に探求するものではないので、コミュニティはプログラマーにとって必要不可欠です。私たちの多くは、経験豊富なプログラマーであっても、すでに同様の問題を解決した人からのアドバイスを必要としています。知り合いに恵まれた協力的なコミュニティを持つことは、問題を解決するために重要です。そしてPythonコミュニティは、Pythonを最初のプログラミング言語として学ぶ人や他の言語のバックグラウンドを持ちPythonを学ぶ人の十分な支えとなります。

Pythonは学ぶのに最適な言語です。さぁ、はじめましょう！

実践編の構成

おめでとうございます！必修編では、Pythonで対話的で意味があるプロジェクトを構築するために必要十分な知識を身に付けました。ここからは自分のプロジェクトを作成することで新しいスキルを身に付け、必修編で紹介した概念の理解を深めます。

実践編には3種類のプロジェクトがあります。この3つのプロジェクトはどんな順番で進めても、好きなプロジェクトだけを進めてもかまいません。各プロジェクトの簡単な説明を読んで、どのプロジェクトに最初に着手するかを決めてください。

エイリアン侵略ゲーム：Pythonでゲームを作る

「エイリアン侵略ゲーム」プロジェクト（第1章、第2章、第3章）では、Pygameパッケージを使用して2Dゲームを開発します。ゲームの目的はエイリアンの艦隊を撃ち落とすことです。レベルが上がるとエイリアンの下降するスピードが速くなり、ゲームが難しくなります。このプロジェクトを終了すると、Pygameを使用して独自の2Dゲームを開発するスキルが身につきます。

データの可視化

データの可視化プロジェクトは第4章から始まります。ここではデータの生成と一連の機能を作成し、MatplotlibとPlotlyを使用してデータを美しく可視化する方法を学びます。第5章では、インターネット上のデータにアクセスし、そのデータを可視化パッケージに投入し、気象データのグラフと世界の地震活動の地図を作成する方法を学びます。最後に、第6章では自動的にデータをダウンロードして可視化するプログラムの作成方法を学びます。データの可視化を学ぶことで、データサイエンスの分野を探求できるようになります。データサイエンスは今日ではもっとも需要の高いプログラミング領域です。

Webアプリケーション

Webアプリケーションのプロジェクト（第7章、第8章、第9章）では、Djangoパッケージを使用して簡単なWebアプリケーションを作成します。そのWebアプリケーションでは複数のユーザーが自分が学習したことをさまざまなトピックの記事として記録できます。ユーザーはユーザー名とパスワードを指定してアカウントを作成し、トピックを入力し、そのトピックについて学習したことを記事（エントリー）として作成します。世界中の誰もがアクセスできるように、Webアプリケーションをリモートサーバーにデプロイします。

このプロジェクトを完成させると、シンプルなWebアプリケーションの構築ができ、DjangoでWebアプリケーションを構築するためのドキュメントなどのリソースを深く調査する準備ができます。

必修編

- 第 1 章　はじめの一歩 ... 1
- 第 2 章　変数とシンプルなデータ型 ... 15
- 第 3 章　リスト入門 ... 37
- 第 4 章　リストを操作する ... 55
- 第 5 章　if文 ... 81
- 第 6 章　辞書 ... 105
- 第 7 章　ユーザー入力とwhileループ ... 131
- 第 8 章　関数 ... 149
- 第 9 章　クラス ... 181
- 第10章　ファイルと例外 ... 211
- 第11章　コードをテストする ... 243

付録 ... 263
- A Pythonのインストールとトラブルシュート ... 264
- B テキストエディターとIDE ... 268
- C 助けを借りる ... 276

実践編

プロジェクト1　エイリアン侵略ゲーム　　1

第 1 章　弾を発射する宇宙船 3

第 2 章　エイリアン! 37

第 3 章　得点を表示する 65

プロジェクト2　データの可視化　　95

第 4 章　データを生成する 97

第 5 章　データをダウンロードする 133

第 6 章　API を取り扱う 163

プロジェクト3　Web アプリケーション　　185

第 7 章　Django をはじめる 187

第 8 章　ユーザーアカウント 223

第 9 章　アプリケーションのスタイル設定とデプロイ 259

付録 297

A バージョン管理に Git を使う 298

B デプロイのトラブルシューティング 308

C Matplotlib に日本語フォントを設定する 317

XIX

実践編 目次

巻頭言 辻真吾 ·· IV
原書『Python Crash Course』への賛辞 ···································· VI
日本語版に寄せて ··· VII
著者について ·· VIII
『Python Crash Course』第3版刊行に際しての序文 ··············· X
はじめに ·· XIII

プロジェクト
1 エイリアン侵略ゲーム
1

第1章 弾を発射する宇宙船 ······································· 3

プロジェクトの計画を立てる ······································· 4

Pygame をインストールする ·· 5

ゲームのプロジェクトを開始する ································ 6
Pygameの画面を作成してユーザーの入力を受け付ける ······· 6
フレームレートを制御する ·· 8
背景色を設定する ·· 9
Settingsクラスを作成する ·· 9

宇宙船の画像を追加する ·· 11
Shipクラスを作成する ··· 12
宇宙船を画面に描画する ·· 14

リファクタリング：_check_events() と _update_screen() メソッド ··· 15
_check_events() メソッド ··· 15
_update_screen() メソッド ··· 16

宇宙船を操縦する ··· 17
キー入力に反応する ··· 17

XX

連続した移動に対応する ……………………………………………………… 18

左右に移動する ………………………………………………………………… 20

宇宙船のスピードを調整する ………………………………………………… 21

宇宙船の移動範囲を制限する ………………………………………………… 23

_check_events() をリファクタリングする ………………………………… 24

Qが押されたら終了する ……………………………………………………… 25

ゲームをフルスクリーンモードで実行する ……………………………… 25

振り返り ……………………………………………………………………………… 26

alien_invasion.py ……………………………………………………………… 26

settings.py ……………………………………………………………………… 27

ship.py …………………………………………………………………………… 27

弾を発射する …………………………………………………………………………… 28

弾の設定を追加する …………………………………………………………… 28

Bullet クラスを作成する …………………………………………………… 28

複数の弾をグループに保存する ……………………………………………… 30

弾を発射する …………………………………………………………………… 31

古い弾を削除する ……………………………………………………………… 32

弾の数を制限する ……………………………………………………………… 33

_update_bullets() メソッドを作成する ………………………………… 34

まとめ ……………………………………………………………………………………… 35

第2章 エイリアン！ …………………………………………………………… 37

プロジェクトをレビューする ……………………………………………………… 38

最初のエイリアンを生成する ……………………………………………………… 39

Alien クラスを作成する ……………………………………………………… 39

Alien のインスタンスを生成する ………………………………………… 40

エイリアンの艦隊を編成する ……………………………………………………… 42

1列のエイリアンを作成する ………………………………………………… 42

_create_fleet() をリファクタリングする ……………………………… 44

複数の列を追加する …………………………………………………………… 45

艦隊を動かす …………………………………………………………………………… 47

エイリアンを右に移動する …………………………………………………… 47

艦隊の移動する方向の設定を追加する …………………………………… 49

XXI

エイリアンがどちらかの端に到達したかを確認する ……………………………… 49

艦隊を下に移動して進行方向を変える ……………………………………………… 50

エイリアンを撃つ …………………………………………………………………… 52

弾が衝突したことを検出する ……………………………………………………… 52

テスト用に大きな弾を作成する …………………………………………………… 53

艦隊を再度出現させる ……………………………………………………………… 54

弾のスピードを上げる ……………………………………………………………… 55

_update_bullets()をリファクタリングする …………………………………… 55

ゲームを終了する ………………………………………………………………… 56

エイリアンと宇宙船の衝突を検出する …………………………………………… 56

エイリアンと宇宙船の衝突に対応する …………………………………………… 57

エイリアンが画面の一番下に到達する …………………………………………… 60

ゲームオーバー！ …………………………………………………………………… 61

ゲームの状態によって実行される箇所を明確にする ………………………… 62

まとめ ……………………………………………………………………………… 63

第3章 得点を表示する …………………………………………………………… 65

Playボタンを追加する …………………………………………………………… 66

Buttonクラスを作成する …………………………………………………………… 66

画面にボタンを描画する …………………………………………………………… 68

ゲームを開始する …………………………………………………………………… 70

ゲームをリセットする …………………………………………………………… 71

ゲーム開始ボタンを無効化する …………………………………………………… 71

マウスカーソルを隠す ……………………………………………………………… 72

レベルアップする ………………………………………………………………… 73

速度の設定を変更する ……………………………………………………………… 74

速度をリセットする ………………………………………………………………… 76

得点を表示する …………………………………………………………………… 77

得点を画面に表示する ……………………………………………………………… 77

スコアボードを作成する …………………………………………………………… 79

エイリアンを撃ち落とすと得点を更新する …………………………………… 80

得点をリセットする ………………………………………………………………… 81

撃ち落としたすべての点数を確認する …………………………………………… 82

エイリアンの点数を増やす 82

得点を丸める 83

ハイスコア 85

レベルを表示する 87

宇宙船の数を表示する 90

まとめ 94

プロジェクト

2 データの可視化 95

第4章 データを生成する 97

Matplotlibをインストールする 99

簡単な折れ線グラフを描画する 99

ラベルと線の太さを変更する 101

グラフを修正する 102

組み込みのスタイルを使用する 103

scatter()で複数の点にスタイルを指定して描画する 105

scatter()で連続した点を描画する 106

データを自動的に計算する 107

軸ラベルをカスタマイズする 108

色をカスタマイズする 109

カラーマップを使用する 109

グラフを自動的に保存する 110

ランダムウォーク 111

RandomWalkクラスを作成する 111

方向を選択する 112

ランダムウォークを描画する 114

複数のランダムウォークを生成する 115

ランダムウォークにスタイルを設定する 116

Plotlyでサイコロを転がす 121

Plotlyをインストールする 121

Dieクラスを作成する 122

XXIII

サイコロを転がす 122

結果を分析する 123

ヒストグラムを作成する 124

グラフをカスタマイズする 125

2個のサイコロを転がす 127

さらにカスタマイズする 128

異なるサイズのサイコロを転がす 129

グラフを保存する 130

まとめ 132

第5章　データをダウンロードする
133

CSV ファイル形式
134

CSV ファイルのヘッダーを解析する 135

ヘッダーとその位置を出力する 136

データを抽出して読み込む 136

気温のグラフにデータを描画する 137

datetime モジュール 139

日付を描画する 140

長い時間の範囲を描画する 141

2番目のデータを描画する 142

グラフ内の領域に陰影をつける 143

エラーをチェックする 145

データをダウンロードする 148

地球全体のデータセットを地図に描画する（GeoJSON 形式）
150

地震データをダウンロードする 150

GeoJSON データを調査する 150

すべての地震のリストを作成する 153

マグニチュードを取り出す 154

位置データを取り出す 154

世界地図を構築する 155

マグニチュードを表現する 156

マーカーの色をカスタマイズする 158

他のカラースケール 160

ホバーテキストを追加する 160

まとめ
162

第6章　APIを取り扱う　163

APIを使う　164
Git と GitHub　164
API 呼び出しを使用してデータをリクエストする　165
Requests をインストールする　166
API のレスポンスを処理する　166
レスポンスの辞書を処理する　167
上位のリポジトリを要約する　170
API 利用頻度の制限を監視する　171

Plotly を使ってリポジトリを可視化する　172
グラフにスタイルを設定する　174
カスタマイズしたツールチップを追加する　175
クリック可能なリンクを追加する　177
マーカーの色をカスタマイズする　178
Plotly および GitHub API についてさらに詳しく　179

Hacker News の API　179

まとめ　184

プロジェクト
3　Webアプリケーション　185

第7章　Djangoをはじめる　187

プロジェクトの準備をする　188
仕様書を作成する　188
仮想環境を作成する　189
仮想環境を有効化する　189
Django をインストールする　190
Django プロジェクトを作成する　191
データベースを作成する　192
プロジェクトを表示する　192

アプリケーションを開始する ⋯⋯⋯⋯⋯⋯⋯⋯⋯⋯⋯⋯⋯⋯⋯ 194

モデルを定義する ⋯⋯⋯⋯⋯⋯⋯⋯⋯⋯⋯⋯⋯⋯⋯⋯⋯⋯⋯⋯ 195
モデルを有効化する ⋯⋯⋯⋯⋯⋯⋯⋯⋯⋯⋯⋯⋯⋯⋯⋯⋯⋯ 196
Django 管理サイト ⋯⋯⋯⋯⋯⋯⋯⋯⋯⋯⋯⋯⋯⋯⋯⋯⋯⋯⋯ 198
Entry モデルを定義する ⋯⋯⋯⋯⋯⋯⋯⋯⋯⋯⋯⋯⋯⋯⋯⋯ 201
Entry モデルをマイグレーションする ⋯⋯⋯⋯⋯⋯⋯⋯⋯⋯ 202
管理サイトに Entry モデルを登録する ⋯⋯⋯⋯⋯⋯⋯⋯⋯ 202
Django シェル ⋯⋯⋯⋯⋯⋯⋯⋯⋯⋯⋯⋯⋯⋯⋯⋯⋯⋯⋯⋯ 204

ページを作成する：学習ノートのホームページ ⋯⋯⋯⋯⋯⋯ 206

URL を対応付ける ⋯⋯⋯⋯⋯⋯⋯⋯⋯⋯⋯⋯⋯⋯⋯⋯⋯⋯ 207
ビューを作成する ⋯⋯⋯⋯⋯⋯⋯⋯⋯⋯⋯⋯⋯⋯⋯⋯⋯⋯⋯ 208
テンプレートを作成する ⋯⋯⋯⋯⋯⋯⋯⋯⋯⋯⋯⋯⋯⋯⋯⋯ 209

追加のページを作成する ⋯⋯⋯⋯⋯⋯⋯⋯⋯⋯⋯⋯⋯⋯⋯⋯ 211

テンプレートの継承 ⋯⋯⋯⋯⋯⋯⋯⋯⋯⋯⋯⋯⋯⋯⋯⋯⋯⋯ 211
トピック一覧ページ ⋯⋯⋯⋯⋯⋯⋯⋯⋯⋯⋯⋯⋯⋯⋯⋯⋯⋯ 214
個別トピックのページ ⋯⋯⋯⋯⋯⋯⋯⋯⋯⋯⋯⋯⋯⋯⋯⋯⋯ 217

まとめ ⋯⋯⋯⋯⋯⋯⋯⋯⋯⋯⋯⋯⋯⋯⋯⋯⋯⋯⋯⋯⋯⋯⋯ 222

第8章 ユーザーアカウント ⋯⋯⋯⋯⋯⋯⋯⋯ 223

ユーザーがデータを入力できるようにする ⋯⋯⋯⋯⋯⋯⋯ 224

新しいトピックを追加する ⋯⋯⋯⋯⋯⋯⋯⋯⋯⋯⋯⋯⋯⋯⋯ 224
新しい記事を追加する ⋯⋯⋯⋯⋯⋯⋯⋯⋯⋯⋯⋯⋯⋯⋯⋯⋯ 229
記事を編集する ⋯⋯⋯⋯⋯⋯⋯⋯⋯⋯⋯⋯⋯⋯⋯⋯⋯⋯⋯ 234

ユーザーアカウントを設定する ⋯⋯⋯⋯⋯⋯⋯⋯⋯⋯⋯⋯ 238

accounts アプリケーション ⋯⋯⋯⋯⋯⋯⋯⋯⋯⋯⋯⋯⋯⋯ 238
ログインページ ⋯⋯⋯⋯⋯⋯⋯⋯⋯⋯⋯⋯⋯⋯⋯⋯⋯⋯⋯ 239
ログアウトする ⋯⋯⋯⋯⋯⋯⋯⋯⋯⋯⋯⋯⋯⋯⋯⋯⋯⋯⋯ 242
ユーザー登録ページ ⋯⋯⋯⋯⋯⋯⋯⋯⋯⋯⋯⋯⋯⋯⋯⋯⋯⋯ 244

ユーザーが自分のデータを持てるようにする ⋯⋯⋯⋯⋯⋯ 247

@login_required を使用してアクセスを制限する ⋯⋯⋯⋯⋯ 247
データを特定のユーザーと関連付ける ⋯⋯⋯⋯⋯⋯⋯⋯⋯⋯ 250
トピックへのアクセスを適切なユーザーに制限する ⋯⋯⋯⋯ 253
ユーザーのトピックを保護する ⋯⋯⋯⋯⋯⋯⋯⋯⋯⋯⋯⋯⋯ 254

| edit_entryページを保護する | 255 |
| 新しいトピックを現在のユーザーと関連付ける | 255 |

まとめ 257

第9章 アプリケーションの スタイル設定とデプロイ 259

「学習ノート」にスタイルを設定する 260

django-bootstrap5アプリケーション	261
「学習ノート」のスタイルにBootstrapを使用する	262
base.htmlを変更する	262
Jumbotronを使用してホームページにスタイルを設定する	269
ログインページにスタイルを設定する	270
トピック一覧ページにスタイルを設定する	271
個別トピックページの各記事にスタイルを設定する	272

「学習ノート」をデプロイする 275

Platform.shのアカウントを作成する	275
Platform.sh CLIをインストールする	275
platformshconfigをインストールする	276
requirements.txtファイルを作成する	276
デプロイに必要な追加の要件	277
設定ファイルを追加する	278
Platform.sh用にsettings.pyを変更する	282
プロジェクトファイルを追跡するためにGitを使う	283
Platform.shにプロジェクトを作成する	285
Platform.shにプッシュする	287
公開されたプロジェクトを確認する	288
Platform.shのデプロイを改良する	289
公開中のプロジェクトを保護する	290
変更をコミットしてプッシュする	291
エラーページをカスタマイズする	292
開発を継続する	294
Platform.shプロジェクトを削除する	294

まとめ 296

付録　297

A バージョン管理にGitを使う　298

Gitをインストールする　298

プロジェクトを作成する　299

ファイルを無視する　299

リポジトリを初期化する　300

状態を確認する　300

リポジトリにファイルを追加する　301

コミットを作成する　301

ログを確認する　302

2番目のコミット　303

変更を破棄する　304

過去のコミットをチェックアウトする　305

リポジトリを削除する　307

B デプロイのトラブルシューティング　308

デプロイを理解する　309

基本的なトラブルシューティング　309

OS特有のトラブルシューティング　312

その他のデプロイ方法　315

C Matplotlibに日本語フォントを設定する　317

日本語はデフォルト設定では文字化けする　317

設定ファイルにフォントを設定する　318

rcParamsを使用してフォントを設定する　321

「実践編」のおわりに　323

索引　326

プロジェクト

1

エイリアン侵略ゲーム

第1章

弾を発射する宇宙船

第1章 弾を発射する宇宙船

エイリアン侵略ゲームという名前のゲームを構築しましょう！ここではPygameを使用します。Pygameは楽しくかつ強力なPythonモジュールの集まりで、グラフィックス、アニメーションに加えてサウンドも管理し、洗練されたゲームを簡単に構築できます。画面に画像を描画するような作業をPygameに任せることで、より高度なゲームダイナミクスのロジックに集中できます。

この章では、Pygameをセットアップし、プレイヤーの入力によって左右に移動し、弾を発射する宇宙船を作成します。続く2つの章では、撃墜する対象となるエイリアンの艦隊を作成し、宇宙船の上限数を設定してスコアボードを追加することでゲームを洗練させます。

ゲームを構築しながら、複数のファイルにまたがる大規模プロジェクトの管理方法についても学びます。多くのコードをリファクタリングし、ファイルの中身を管理してプロジェクトを整理し、コードを効率的にします。

ゲーム作りは、プログラミング言語を学びながら楽しめる理想的な方法です。自分が作成したゲームをプレイすることは非常に満足感があります。また、簡単なゲームの作成は、プロがゲームを開発する方法について多くのことを教えてくれます。この章を最後まで読んでコードを入力して実行すれば、各コードブロックがゲームのプレイ全体に影響していることを確認できます。異なる値や設定で実験することで、ゲームの相互作用を洗練させる方法を理解できます。

エイリアン侵略ゲームは複数の異なるファイルにまたがるため、PCに新しいalien_invasionフォルダーを作成します。プロジェクトの全ファイルをこのフォルダーに保存すると、import文が正しく動作します。またバージョン管理に慣れているのであれば、このプロジェクトで使用してみてください。バージョン管理ツールを使用したことがなければ、**付録**の「A バージョン管理にGitを使う」（298ページ）の概要を参照してください。

プロジェクトの計画を立てる

大規模プロジェクトを構築するときには、コードを書きはじめる前に計画を立てることが重要です。計画を立てることでプロジェクトに集中でき、プロジェクトを完成できる可能性が高まります。

ゲームの全体的な説明を書き出してみましょう。次の説明では、エイリアン侵略ゲームのすべての詳細を網羅してはいませんが、どのようにゲームを構築しはじめればよいかについて明確な方向性を示しています。

- エイリアン侵略ゲームでプレイヤーは画面の下部中央に表示される宇宙船を操縦する
- プレイヤーは ← → キーで宇宙船を左右に動かし、 Space キーで弾を発射する
- ゲーム開始時にエイリアンの艦隊が空を埋め、画面を横断しながら下降してくる
- プレイヤーはエイリアンを撃って破壊する
- プレイヤーがすべてのエイリアンを撃ち落とした場合は、新しい艦隊が現れて1つ前の艦隊よりも素早く移動する
- エイリアンがプレイヤーの宇宙船に衝突するか、画面の一番下に到達すると、プレイヤーは宇宙船を1機失う
- プレイヤーが宇宙船を3機失うとゲームは終了する

　最初の開発フェーズでは、宇宙船を作成します。宇宙船は、プレイヤーが ← → キーを押すと左右に移動し、 Space キーを押すと弾を発射します。このような動作を設定したあとにエイリアンを作成してゲームを改良していきます。

Pygameをインストールする

　コーディングを始める前にPygameをインストールします。これは必修編の**第11章**の中でpipを使用してpytestをインストールした手順と同じです。必修編の**第11章**を読んでいないか、pipについて再度確認したい場合は244ページの「pipを使用してpytestをインストールする」を参照してください。

> **訳注**
>
> 原書では1冊の書籍ですが、日本語の翻訳版では**必修編**と**実践編**に分かれています。pipについては**必修編**を確認してください。

　Pygameをインストールするには、次のコマンドをターミナルのプロンプトに入力します。

```
$ python -m pip install --user pygame
```

　python以外のコマンドを使用してプログラムを実行したり、対話モードを開始したりしている場合は、代わりにそのコマンド（たとえばpython3）を使用してください。

第1章　弾を発射する宇宙船

ゲームのプロジェクトを開始する

　ゲームの構築では最初に空のPygameウィンドウを作成します。その後、宇宙船やエイリアンなどゲームの各種要素をこのウィンドウに描画します。またこのゲームは、ユーザーの入力に応答し、背景色を設定し、宇宙船の画像を読み込みます。

Pygameの画面を作成してユーザーの入力を受け付ける

　ゲームを表すクラスを作成し、空のPygameウィンドウを作成します。テキストエディターで新しいファイルを作成し、alien_invasion.pyという名前で保存します。ファイルの中に次のコードを記述します。

alien_invasion.py

```python
import sys

import pygame

class AlienInvasion:
    """ゲームのアセットと動作を管理する全体的なクラス"""

    def __init__(self):
        """ゲームを初期化し、ゲームのリソースを作成する"""
❶       pygame.init()

❷       self.screen = pygame.display.set_mode((1200, 800))
        pygame.display.set_caption("エイリアン侵略")

    def run_game(self):
        """ゲームのメインループを開始する"""
❸       while True:
            # キーボードとマウスのイベントを監視する
❹           for event in pygame.event.get():
❺               if event.type == pygame.QUIT:
                    sys.exit()

            # 最新の状態の画面を表示する
❻           pygame.display.flip()
```

6

```
if __name__ == '__main__':
    # ゲームのインスタンスを作成し、ゲームを実行する
    ai = AlienInvasion()
    ai.run_game()
```

　最初にpygameモジュールをインポートします。pygameモジュールには、ゲームを作るために必要な各種機能が含まれています。sysモジュールの中のツールを使用し、プレイヤーがゲームをやめるときに終了できるようにします。

　エイリアン侵略ゲームはAlienInvasionクラスで開始します。__init__()メソッドの中にあるpygame.init()関数は、Pygameが正しく動作するのに必要な初期化処理を行います❶。次に、pygame.display.set_mode()を呼び出して表示ウィンドウを作成します❷。このウィンドウにゲームで使用するすべてのグラフィックス要素を描画します。タプル形式の引数(1200, 800)は、ゲーム画面のサイズを定義しており、幅1,200ピクセル、高さ800ピクセルを意味します（この値はPCのディスプレイのサイズに合わせて調整できます）。表示ウィンドウを属性self.screenに代入することで、クラス内の全メソッドから利用できるようにします。

　self.screenに代入したオブジェクトを**surface**（サーフェス）と呼びます。Pygameの**surface**は、ゲームの要素を表示できる画面の一部を指します。エイリアンや宇宙船といったゲームの各要素も独自のsurfaceです。display.set_mode()が返すsurfaceはゲーム全体の画面を表します。ゲームのアニメーションのループを有効化すると、ループで通過するたびにsurfaceが再描画されるので、ユーザーの入力によって変更された内容で画面を更新できます。

　ゲームはrun_game()メソッドによって制御されます。このメソッドの中にはwhileループ❸による繰り返し処理があります。whileループの中にはイベントループと画面の更新を管理するコードがあります。**イベント**（event）は、キー入力やマウス操作といったゲームをプレイするユーザーの操作を表します。プログラムがイベントに応答できるように**イベントループ**を作成してイベントを**待ち受けます**。そして、発生したイベントの種類によって適切な処理を実行します。whileループの内側にネストされたforループ❹がイベントループです。

　Pygameが検知したイベントにアクセスするには、pygame.event.get()関数を使用します。この関数は、前回この関数が呼ばれたあとに発生したイベントのリストを返します。キーボードやマウスを操作して発生したイベントがあると、このforループが実行されます。ループの中には、イベントを特定して応答するための一連のif文を記述します。たとえば、プレイヤーがゲーム画面の閉じるボタンをクリックするとpygame.QUITイベントが検出され、sys.exit()を呼び出してゲームを終了します❺。

　Pygameに最新の画面を表示するためにpygame.display.flip()を呼び出します❻。この場合は、whileループが関数を呼び出すたびに古い画面を削除し、新しい空の画面を描画して表示します。ゲーム中の要素を移動すると、pygame.display.flip()はその要素を新しい位置に表示して、古いものを非表示にして画面を更新し続け、ゲーム内の要素が滑らかに動いているように錯覚させます。

このファイルの最後でゲームのインスタンスを生成し、run_game()を呼び出します。ファイルを直接呼び出したときだけに実行されるifブロックの中にrun_game()を配置します。このalien_invasion.pyを実行すると、空のPygameウィンドウが表示されます。

フレームレートを制御する

理想的にはゲームはすべてのシステムで同じスピードまたは**フレームレート**で実行されるべきです。複数のシステムでゲームのフレームレートを制御することは複雑な問題です。しかしPygameは、この目的を達成するための比較的簡単な方法を提供しています。時計（Clock）を作成し、メインループを1回通過するごとに時計を一定単位進めることを保証します。定義したペースよりもループが速く処理されたときには、ゲームが一定のペースで実行されるように一時停止する適切な時間をPygameが計算します。

__init__()メソッドの中で時計を定義します。

alien_invasion.py
```python
    def __init__(self):
        """ゲームを初期化し、ゲームのリソースを作成する"""
        pygame.init()
        self.clock = pygame.time.Clock()
        --省略--
```

pygameを初期化したあとに、pygame.timeモジュールからClockクラスのインスタンスを生成します。そしてrun_game()のwhileループの最後に時間を刻む（tick）処理を作成します。

```python
    def run_game(self):
        """ゲームのメインループを開始する"""
        while True:
            --省略--
            pygame.display.flip()
            self.clock.tick(60)
```

tick()メソッドには1つの引数、ゲームのフレームレートを表す値を指定します。ここでは60を指定しているため、Pygameは1秒間に正確に60回ループが実行されるように最善を尽くします。

> PygameのClockは、多くのシステムでゲームを安定して動作させるのに役立ちます。自身のPCで安定してゲームが実行されない場合は、フレームレートの値を変更してみてください。自身のPCでの適切なフレームレートが見つけられない場合は、Clockを完全に削除し、ゲームの設定を調整することでうまく動作させることができます。

背景色を設定する

Pygameはデフォルトで黒い画面を生成します。これではつまらないので、異なる背景色を設定しましょう。__init__()メソッドの最後で背景色を設定します。

```
alien_invasion.py
    def __init__(self):
        --省略--
        pygame.display.set_caption("エイリアン侵略")

        # 背景色を設定する
❶      self.bg_color = (230, 230, 230)

    def run_game(self):
        --省略--
            for event in pygame.event.get():
                if event.type == pygame.QUIT:
                    sys.exit()

            # ループを通過するたびに画面を再描画する
❷          self.screen.fill(self.bg_color)

            # 最新の状態の画面を表示する
            pygame.display.flip()
            self.clock.tick(60)
```

Pygameの色はRGBカラー（Red、Green、Blue）で指定します。各色は0から255の範囲で値を指定します。(255, 0, 0)は赤、(0, 255, 0)は緑、(0, 0, 255)は青となります。異なるRGBの値を指定することにより1600万色以上を作成できます。(230, 230, 230)という色の値は、赤と緑と青の値が等しく混ざっており、背景色として明るいグレーを指定するものです。この色をself.bg_colorに代入します❶。

fill()メソッドを使用して画面を背景色で塗りつぶします❷。このメソッドはsurfaceに対して呼び出すことができ、1つの色を引数に指定できます。

Settingsクラスを作成する

ゲームに新しい機能を導入するときには、あわせて新しい設定値を作成することになります。コードに設定を追加する代わりにsettingsというモジュールを作成しましょう。このモジュールはすべての設定情報を格納するSettingsというクラスを持ちます。この手法では、ただ一つの設定オブジェクトを使って個別の設定値にアクセスできます。また、プロジェクトの成長に合わせてゲームの見た目や動作を簡単に変更できます。ゲー

第1章 弾を発射する宇宙船

ムを変更する際、プロジェクト全体から設定値を探す必要がなく、settings.pyの関連する値を変更するだけでよくなります。

alien_invasionフォルダーにsettings.pyという新しいファイルを作成し、次のように最初のSettingsクラスを記述します。

settings.py

```python
class Settings:
    """エイリアン侵略の全設定を格納するクラス"""

    def __init__(self):
        """ゲームの初期設定"""
        # 画面に関する設定
        self.screen_width = 1200
        self.screen_height = 800
        self.bg_color = (230, 230, 230)
```

プロジェクトでSettingsのインスタンスを生成して設定情報にアクセスするために、alien_invasion.pyを次のように変更します。

alien_invasion.py

```python
--省略--
import pygame

from settings import Settings

class AlienInvasion:
    """ゲームのアセットと動作を管理する全体的なクラス"""

    def __init__(self):
        """ゲームを初期化し、ゲームのリソースを作成する"""
        pygame.init()
        self.clock = pygame.time.Clock()
❶      self.settings = Settings()

❷      self.screen = pygame.display.set_mode(
            (self.settings.screen_width, self.settings.screen_height))
        pygame.display.set_caption("エイリアン侵略")

    def run_game(self):
        --省略--
        # ループを通過するたびに画面を再描画する
❸      self.screen.fill(self.settings.bg_color)
```

```
# 最新の状態の画面を表示する
pygame.display.flip()
    self.clock.tick(60)
--省略--
```

　メインのプログラムファイルでSettingsをインポートします。pygame.init()を呼び出したあとでSettings
のインスタンスを生成してself.settingsに代入します❶。画面を作成するときにself.settingsのscreen_
widthとscreen_height属性を使用します❷。また、画面を塗りつぶすときにself.settingsの背景色を表す
属性を使用します❸。

　alien_invasion.pyを実行しても何も見た目は変わりません。これはすでに使用している設定を他の場所に
移動しただけだからです。これで画面に新しい要素を追加する準備が整いました。

宇宙船の画像を追加する

　ゲームに宇宙船を追加しましょう。プレイヤーが操縦する宇宙船の画像を読み込んで、Pygameのblit()
メソッドを使用して画面に描画します。

　ゲームで使用する画像を選ぶときにはライセンスに注意を払うことを忘れないでください。安全で安価な方
法は、画像の利用や変更に対してのライセンスがフリーな素材を配布しているhttps://opengameart.org
のようなWebサイトを利用することです。

　ゲームではさまざまな形式の画像ファイルを扱えますが、Pygameがデフォルトで読み込めるビットマップ
（.bmp）形式を使用するのがもっとも簡単です。Pygameの設定によって他の形式の画像ファイルも使用でき
ますが、一部のファイル形式を扱うためには画像ライブラリをPCにインストールする必要があります。画像
ファイルは「.jpg」や「.png」といった形式の場合も多いですが、PhotoshopやGIMPやペイントといったツー
ルでビットマップ形式に変換できます。

　選んだ画像の背景色によっては特別な注意を払う必要があります。画像ファイルの背景が透明や単色の場
合は、画像エディターで任意の背景色を指定できます。その際、画像の背景色とゲームの背景色を一致させ
ることにより、ゲームの見た目をよくできます。そうでない場合は、ゲームの背景色をその画像の背景色に合
わせる必要があります。

　エイリアン侵略ゲームでは、ship.bmp（図1-1）の画像を使用します。この画像は、本書のリソースとして
サポートサイト（https://gihyo.jp/book/2024/978-4-297-14526-2/support）で公開されています。

ファイルの背景色はプロジェクトの設定と一致しています。alien_invasionというプロジェクトのメインフォルダーの中にimagesフォルダーを作成します。画像ファイルship.bmpをimagesフォルダーに保存します。

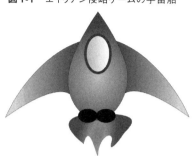

図1-1　エイリアン侵略ゲームの宇宙船

Shipクラスを作成する

宇宙船の画像を選んだら、その画像を画面上に表示します。宇宙船を使用するためにshipモジュールを新規に作成し、その中にShipクラスを記述します。このクラスでプレイヤーの宇宙船の動作の大部分を管理します。

ship.py
```python
import pygame

class Ship:
    """宇宙船を管理するクラス"""

    def __init__(self, ai_game):
        """宇宙船を初期化し、開始時の位置を設定する"""
❶       self.screen = ai_game.screen
❷       self.screen_rect = ai_game.screen.get_rect()

        # 宇宙船の画像を読み込み、サイズを取得する
❸       self.image = pygame.image.load('images/ship.bmp')
        self.rect = self.image.get_rect()

        # 新しい宇宙船を画面下部の中央に配置する
❹       self.rect.midbottom = self.screen_rect.midbottom

❺   def blitme(self):
        """宇宙船を現在位置に描画する"""
        self.screen.blit(self.image, self.rect)
```

Pygameが効率的なのは、ゲーム上のすべての要素を実際の形状にかかわらず長方形（rect）として扱える点です。長方形は単純な幾何学図形なので、要素を長方形として扱うことで処理を効率化できます。Pygameでゲーム内の2つの要素が衝突したかどうかを判定する必要がある場合、各要素のオブジェクトを長方形として扱っていれば素早く判断できます。この手法は、ゲームの各要素が正確な形で使用されていないことにプレイヤーが誰も気づかないくらい、問題なく動作します。このクラスでは宇宙船と画面を長方形として扱います。

クラス定義の前にpygameモジュールをインポートします。Shipクラスの__init__()メソッドでは、2つの引数としてselfとAlienInvasionクラスの現在のインスタンスを受け取ります。こうすることにより、ShipはAlienInvasionで定義されたすべてのゲームリソースにアクセスできます。そして、Shipの属性に画面を代入し❶、画面クラスのすべてのメソッドに簡単にアクセスできるようにします。get_rect()メソッドを使用して画面のrect属性にアクセスし、self.screen_rectに代入します❷。このようにすることで、宇宙船を画面上の正しい位置に配置できます。

画像を読み込むためにpygame.image.load()を呼び出し❸、宇宙船の画像の位置を指定します。この関数は宇宙船を表すsurfaceを返すので、その値をself.imageに代入します。画像が読み込まれたらget_rect()を呼び出して宇宙船のsurfaceのrect属性を取得し、あとで宇宙船の位置を指定できるようにします。

rectオブジェクトを扱う際には、長方形の上下左右の頂点や中心点のX座標、Y座標を使用してオブジェクトを配置できます。これらの座標のいずれかを設定して、rectオブジェクトの位置を決定します。ゲームの要素を中央に配置する場合はrectのcenterやcenterx、centery属性を使用します。画面の端に配置する場合は、top、bottom、left、right属性のいずれかを使用します。

またmidbottom、midtop、midleft、midrightのように、これらのプロパティを組み合わせた属性もあります。要素の水平または垂直の位置を調整するには、左上の角のX、Y座標を表すx、y属性を使用します。これらの属性により、ゲーム開発者は計算することなく必要な座標の値を取得できます。

Pygameでは、基準点(0, 0)が画面の左上の角となっており、下や右に行くにしたがって座標の値が大きくなります。1,200×800の画面の場合、画面の左上の角が基準点のため、右下の角の座標は(1200, 800)となります。この座標はゲームウィンドウ上の位置を示すものであり、**物理的なディスプレイ上の座標ではありません。**

ここでは宇宙船の位置を画面下部の中央に指定します。そのためには、self.rect.midbottomの値と画面のrectのmidbottom属性を一致させます❹。Pygameはこれらの属性を使用し、宇宙船の画像を画面下部の中央に配置します。

最後に、self.rectで指定した画面上の位置に画像を描画するblitme()メソッドを定義します❺。

宇宙船を画面に描画する

alien_invasion.pyを更新し、宇宙船を生成してblitme()メソッドを呼び出しましょう。

```
alien_invasion.py
--省略--
from settings import Settings
from ship import Ship

class AlienInvasion:
    """ゲームのアセットと動作を管理する全体的なクラス"""

    def __init__(self):
        --省略--
        pygame.display.set_caption("エイリアン侵略")

❶      self.ship = Ship(self)

    def run_game(self):
        --省略--
        # ループを通過するたびに画面を再描画する
        self.screen.fill(self.settings.bg_color)
❷      self.ship.blitme()

        # 最新の状態の画面を表示する
        pygame.display.flip()
            self.clock.tick(60)
--省略--
```

Shipモジュールをインポートし、画面を作成したあとにShipクラスのインスタンスを生成します❶。Ship()を呼び出すには、AlienInvasionのインスタンスを第1引数に指定する必要があります。self引数は現在のAlienInvasionのインスタンスを指します。この引数は、Shipが画面オブジェクトなどのゲームのリソースにアクセスするために必要です。Shipのインスタンスをself.shipに代入します。

背景色を塗りつぶしたあとに、ship.blitme()を呼び出して画面上に宇宙船を描画します。そのようにすることにより背景の上に宇宙船が表示されます❷。

alien_invasion.pyを実行すると、下部中央に宇宙船が配置された空のゲーム画面が表示されます（**図1-2**）。

図1-2　下部中央に宇宙船が配置されたエイリアン侵略ゲームの画面

リファクタリング：_check_events()と_update_screen()メソッド

　大規模なプロジェクトでは、コードを追加する前に既存のコードをリファクタリングすることがよくあります。リファクタリングによって既存のコードの構造がシンプルになり、機能を追加しやすくなります。この節では、長くなってきたrun_game()メソッドを2つのヘルパーメソッドに分割します。**ヘルパーメソッド**とはクラスの内部で動作するもので、クラスの外側のコードから使用することを想定していません。Pythonでは、名前の先頭にアンダースコアを1つ付けてヘルパーメソッドであることを表します。

_check_events()メソッド

　まず、イベントを管理するコードを分離して_check_events()メソッドに移動します。そうすることにより、イベント管理のループが分離されてrun_game()がシンプルになります。イベントループを分離すると、画面の更新などゲームの他の観点と分離してイベントを管理できるようになります。

　次に示すのが、新しい_check_events()メソッドを持ったAlienInvasionクラスです。この変更はrun_game()のコードにのみ影響します。

第1章　弾を発射する宇宙船

```
alien_invasion.py
    def run_game(self):
        """ゲームのメインループを開始する"""
        while True:
❶          self._check_events()

            # ループを通過するたびに画面を再描画する
            --省略--

❷  def _check_events(self):
        """キーボードとマウスのイベントに対応する"""
        for event in pygame.event.get():
            if event.type == pygame.QUIT:
                sys.exit()
```

　新規に_check_events()メソッドを作成し❷、プレイヤーが閉じるボタンをクリックしてウィンドウを閉じたかを調べるコードをこのメソッドの中に移動します。

　クラス内のメソッドを呼び出すために、self変数とメソッド名をドット（.）でつなげます❶。run_game()のwhileループの中からメソッドを呼び出します。

_update_screen()メソッド

　さらにrun_game()をシンプルにするために、画面を更新するコードを_update_screen()というメソッドに移動します。

```
alien_invasion.py
    def run_game(self):
        """ゲームのメインループを開始する"""
        while True:
            self._check_events()
            self._update_screen()
            self.clock.tick(60)

    def _check_events(self):
        --省略--

    def _update_screen(self):
        """画面上の画像を更新し、新しい画面に切り替える"""
        self.screen.fill(self.settings.bg_color)
        self.ship.blitme()

        pygame.display.flip()
```

16

背景色と宇宙船を描画して画面を最新にするコードを_update_screen()に移動します。これでrun_game()のメインループの中身がとてもシンプルになりました。ループを通過するたびに新しいイベントのチェック、画面の更新と時間を刻む処理が行われることが一目でわかります。

　すでに多くのゲームを構築したことがあれば、この例のようにいくつかのメソッドに分割されたコードを最初から書けるかもしれません。しかし、このようなプロジェクトに取り組んだことがなければ、最初にコードをどのように構造化すればよいかはわからないでしょう。この手法は、実際の開発プロセスでもよく行われます。できるだけシンプルにコードを書きはじめ、プロジェクトが複雑になったらリファクタリングします。

　再構成されたコードは機能を追加しやすくなりました。これでゲームの動的な処理に着手できます！

やってみよう

1-1. 青い空
青い背景のPygameウィンドウを作成してください。

1-2. ゲームのキャラクター
好きなゲームのキャラクターについてビットマップ形式の画像を探すか、画像をビットマップ形式に変換します。そのキャラクターのクラスを作成し、画面の背景色とキャラクターの背景色を一致させて画面の中心にキャラクターを描画します。

宇宙船を操縦する

　続いて、プレイヤーが宇宙船を左右に移動できるようにしましょう。プレイヤーによる←→キーの入力に対応するコードを作成します。最初は右への移動だけに対応し、続いて同じ原理で左への移動を実装します。このコードを追加することで、画面上の画像の移動を制御する方法とユーザーの入力に対応する方法を学びます。

▶ キー入力に反応する

　プレイヤーがキーを押すたびに、そのキー入力がイベントとしてPygameに登録されます。各イベントは、pygame.event.get()メソッドを使用して取り出します。_check_events()メソッドの中で、取り出したイベントの種類を確認します。キーを押したというイベントはKEYDOWNイベントとして登録されます。

PygameがKEYDOWNイベントを検出した場合、押されたキーが特定のイベントを発生させるものかを確認する必要があります。たとえば、→キーが押された場合は、宇宙船のrect.xの値を増加させることによって宇宙船を右に移動します。

```
alien_invasion.py
      def _check_events(self):
          """キーボードとマウスのイベントに対応する"""
          for event in pygame.event.get():
              if event.type == pygame.QUIT:
                  sys.exit()
❶            elif event.type == pygame.KEYDOWN:
❷                if event.key == pygame.K_RIGHT:
                      # 宇宙船を右に移動する
❸                    self.ship.rect.x += 1
```

_check_events()のイベントループの中にelifブロックを追加し、Pygameが検知したKEYDOWNイベントに対応します❶。押されたキー event.key が→キーかを確認します❷。→キーはpygame.K_RIGHTで表されます。→キーが押されたら、self.ship.rect.xの値に1を足して宇宙船を右に移動します❸。

alien_invasion.pyを実行すると、→キーを押すたびに宇宙船が1ピクセル右に移動します。宇宙船が動くようにはなりましたが、宇宙船の操作方法としては効率がよくありません。制御方法を改善して連続した移動に対応しましょう。

連続した移動に対応する

プレイヤーが→キーを押し続けたときには、キーを離すまで宇宙船が右に移動し続けるようにしたいと思います。ゲームがpygame.KEYUPイベントを検出することにより、いつ→キーを離したかをわかるようにします。そして、KEYDOWNとKEYUPイベントとあわせてmoving_rightというフラグを使用して、連続的な動きを実装します。

moving_rightフラグの値がFalseのときは宇宙船を静止させます。プレイヤーが→キーを押したらフラグをTrueに設定し、プレイヤーがキーを離したらフラグを再度Falseに設定します。

Shipクラスには宇宙船を制御するためのすべての属性があるので、moving_rightという属性とmoving_rightフラグの状態を確認するupdate()メソッドを追加します。update()メソッドはフラグがTrueのときに宇宙船の位置を変更します。このメソッドはwhileループを通るたびに呼び出され、宇宙船の位置を更新します。

Shipクラスを次のように書き換えます。

宇宙船を操縦する

ship.py

```python
class Ship:
    """宇宙船を管理するクラス"""

    def __init__(self, ai_game):
        --省略--
        # 新しい宇宙船を画面下部の中央に配置する
        self.rect.midbottom = self.screen_rect.midbottom

        # 移動フラグ: 開始時は宇宙船は移動していない
❶       self.moving_right = False

❷   def update(self):
        """移動フラグによって宇宙船の位置を更新する"""
        if self.moving_right:
            self.rect.x += 1

    def blitme(self):
        --省略--
```

　__init__()メソッドの中でself.moving_right属性を追加し、初期値としてFalseを設定します❶。そして、このフラグがTrueのときに宇宙船を移動するupdate()メソッドを追加します❷。update()メソッドはクラスの外側から呼び出されるため、ヘルパーメソッドではありません。

　次に、→キーが押されるとmoving_rightにTrueを設定し、キーが離されるとFalseを設定するように、_check_events()を変更する必要があります。

alien_invasion.py

```python
    def _check_events(self):
        """キーボードとマウスのイベントに対応する"""
        for event in pygame.event.get():
            --省略--
            elif event.type == pygame.KEYDOWN:
                if event.key == pygame.K_RIGHT:
❶                   self.ship.moving_right = True
❷           elif event.type == pygame.KEYUP:
                if event.key == pygame.K_RIGHT:
                    self.ship.moving_right = False
```

　ここではプレイヤーが→キーを押したときの処理を変更します。宇宙船の位置を直接変更する代わりに、単にmoving_rightにTrueを設定します❶。そして、KEYUPイベントに対応する新しいelifブロックを追加します❷。プレイヤーが→キー（K_RIGHT）を離すと、moving_rightにFalseを設定します。

第1章　弾を発射する宇宙船

次に、run_game()のwhileループの中で宇宙船のupdate()メソッドを毎回呼び出すように変更します。

```
alien_invasion.py
    def run_game(self):
        """ゲームのメインループを開始する"""
        while True:
            self._check_events()
            self.ship.update()
            self._update_screen()
            self.clock.tick(60)
```

キーボードのイベントをチェックしたあとで宇宙船の位置を更新し、そのあとに画面を更新します。このようにすることでプレイヤーの入力によって宇宙船の位置が更新され、宇宙船を画面に描画するときに確実に更新された位置が使用されます。

alien_invasion.pyを実行して→キーを押し続けると、宇宙船はキーを離すまで右に移動し続けます。

左右に移動する

宇宙船が右に移動し続けるようにできたので、左に移動できるようにするのは簡単です。再度、Shipクラスと_check_events()メソッドを変更します。Shipクラスの__init__()とupdate()に関連する変更箇所は次のとおりです。

```
ship.py
    def __init__(self, ai_game):
        --省略--
        # 左右の移動フラグ: 開始時は宇宙船は移動していない
        self.moving_right = False
        self.moving_left = False

    def update(self):
        """左右の移動フラグによって宇宙船の位置を更新する"""
        if self.moving_right:
            self.rect.x += 1
        if self.moving_left:
            self.rect.x -= 1
```

__init__()メソッドにself.moving_leftフラグを追加します。update()メソッドではelifでなく2つの別々のifブロックを使用しています。これは、←キーと→キーが同時に押されたときに、宇宙船のrect.xの値を増加して、すぐあとで減少させるためです。その結果、宇宙船の位置は変わりません。左への移動にelifを

20

使用すると ⟶ キーが優先されてしまうので、このように書くことで宇宙船の挙動をより正しいものにできます。2つのifブロックを使用することによって、プレイヤーが方向転換するときに両方のキーを一瞬押しても、正確に動作します。

_check_events()に2つ処理を追加します。

alien_invasion.py

```
    def _check_events(self):
        """キーボードとマウスのイベントに対応する"""
        for event in pygame.event.get():
            --省略--
            elif event.type == pygame.KEYDOWN:
                if event.key == pygame.K_RIGHT:
                    self.ship.moving_right = True
                elif event.key == pygame.K_LEFT:
                    self.ship.moving_left = True

            elif event.type == pygame.KEYUP:
                if event.key == pygame.K_RIGHT:
                    self.ship.moving_right = False
                elif event.key == pygame.K_LEFT:
                    self.ship.moving_left = False
```

K_LEFTキーのKEYDOWNイベントが発生したら、moving_leftにTrueを設定します。K_LEFTキーのKEYUPイベントが発生したら、moving_leftにFalseを設定します。1つのイベントには1つのキーしか関連付かないため、ここではelifブロックを使用できます。プレイヤーが一度に両方のキーを押すと、2つの別のイベントが発生します。

alien_invasion.pyを実行すると、宇宙船を左右に連続して移動できるようになっています。両方のキーを押すと、宇宙船は静止します。

次に、宇宙船の移動をさらに洗練させます。宇宙船のスピードを調整できるようにし、宇宙船が画面の端から消えないように位置の上限を設定しましょう。

◤ 宇宙船のスピードを調整する

ここまでの宇宙船はwhileループを通るたびに1ピクセル移動していました。ここではship_speed属性をSettingsクラスに追加することにより、宇宙船の速度をより細かく制御できるようにします。この属性は、ループを通るたびに宇宙船が移動する距離を決定するために使用します。settings.pyに新しい属性を追加します。

第1章　弾を発射する宇宙船

settings.py

```
class Settings
    """エイリアン侵略の全設定を格納するクラス"""

    def __init__(self):
        --省略--

        # 宇宙船の設定
        self.ship_speed = 1.5
```

ship_speedの初期値として1.5を設定します。宇宙船が移動するときには、ループを通過するたびに1.5ピクセル（1ピクセルではなく）ずつ位置が調整されます。

あとでゲームの速さを上げるときに宇宙船のスピードをより細かく制御できるように、浮動小数点数を速度設定に使用しています。しかし、xのようなrectの属性に格納できる値は整数だけなので、Shipにいくつかの変更が必要となります。

ship.py

```
class Ship:
    """宇宙船を管理するクラス"""

    def __init__(self, ai_game):
        """宇宙船を初期化し、開始時の位置を設定する"""
        self.screen = ai_game.screen
❶      self.settings = ai_game.settings
        --省略--

        # 新しい宇宙船を画面下部の中央に配置する
        self.rect.midbottom = self.screen_rect.midbottom

        # 宇宙船の水平位置の浮動小数点数を格納する
❷      self.x = float(self.rect.x)

        # 左右の移動フラグ：開始時は宇宙船は移動していない
        self.moving_right = False
        self.moving_left = False

    def update(self):
        """左右の移動フラグによって宇宙船の位置を更新する"""
        # 宇宙船のxの値を更新する（rectではない）
        if self.moving_right:
❸          self.x += self.settings.ship_speed
        if self.moving_left:
            self.x -= self.settings.ship_speed
```

宇宙船を操縦する

```
      # self.xからrectオブジェクトの位置を更新する
❹      self.rect.x = self.x

   def blitme(self):
       --省略--
```

Shipクラスにsettings属性を作成し、update()で使用できるようにします❶。1ピクセルより小さい値で船の位置を調整しているため、浮動小数点数の値を保存できる変数に位置を表す値を代入する必要があります。rectの属性に浮動小数点数を指定することもできますが、保持されるのはその値の整数部分だけです。宇宙船の位置を正確に追跡するために、浮動小数点数の値を保存するself.x属性を新たに定義します❷。float()関数を使用してself.rect.xの値を浮動小数点数に変換してself.xに代入します。

宇宙船の位置をupdate()で更新するときにself.xの値がsettings.ship_speedの量によって調整されます❸。self.xを更新したあと、宇宙船の位置を制御するためにself.rect.xの値を更新します❹。self.rect.xに代入されるのはself.xの整数部分だけですが、宇宙船を表示するにはそれで十分です。

これで、ship_speedの値を変更できるようになりました。1より大きい値を指定すると、宇宙船がより速く移動します。宇宙船がエイリアンを素早く撃墜できるようになり、プレイヤーのゲームの進み具合によってゲームのテンポを変更できるようになります。

宇宙船の移動範囲を制限する

現時点では、左右どちらかの矢印キーを長く押し続けると宇宙船が画面の端から消えてしまいます。この問題に対処するために、宇宙船が画面の端に到達したら移動を停止するようにしましょう。そのためにShipのupdate()メソッドを変更します。

ship.py
```
   def update(self):
       """左右の移動フラグによって宇宙船の位置を更新する"""
       # 宇宙船のxの値を更新する（rectではない）
❶     if self.moving_right and self.rect.right < self.screen_rect.right:
           self.x += self.settings.ship_speed
❷     if self.moving_left and self.rect.left > 0:
           self.x -= self.settings.ship_speed

       # self.xからrectオブジェクトの位置を更新する
       self.rect.x = self.x
```

このコードはself.xの値を変更する前に宇宙船の位置を確認します。self.rect.rightは宇宙船を表すrectの右端のX座標を返します。この値がself.screen_rect.rightよりも小さければ、宇宙船は画面の右端には到達していません❶。同様にrectの左端のX座標が0よりも大きければ、宇宙船は画面の左端には到達していません❷。この処理により、self.xの値を調整する前に宇宙船が境界線を越えないことが保証されます。

alien_invasion.pyを実行すると、宇宙船が画面の両端より外に移動しなくなります。これはかなりかっこいいですね。if文の条件テストを追加しただけですが、宇宙船が画面の両端にある壁やフォースフィールドに衝突したように感じられます！

_check_events()をリファクタリングする

ゲームの開発を進めるにしたがって_check_events()メソッドが長くなってきました。そこで、_check_events()から2つのメソッドを分離します。メソッドの1つはKEYUPイベントを、もう1つはKEYDOWNイベントを扱います。

alien_invasion.py

```python
    def _check_events(self):
        """キーボードとマウスのイベントに対応する"""
        for event in pygame.event.get():
            if event.type == pygame.QUIT:
                sys.exit()
            elif event.type == pygame.KEYDOWN:
                self._check_keydown_events(event)
            elif event.type == pygame.KEYUP:
                self._check_keyup_events(event)

    def _check_keydown_events(self, event):
        """キーを押すイベントに対応する"""
        if event.key == pygame.K_RIGHT:
            self.ship.moving_right = True
        elif event.key == pygame.K_LEFT:
            self.ship.moving_left = True

    def _check_keyup_events(self, event):
        """キーを離すイベントに対応する"""
        if event.key == pygame.K_RIGHT:
            self.ship.moving_right = False
        elif event.key == pygame.K_LEFT:
            self.ship.moving_left = False
```

2つの新しいヘルパーメソッド_check_keydown_events()と_check_keyup_events()を作成しました。この2つのメソッドはself引数とevent引数を受け取ります。メソッドの中身は_check_events()からコピーし、コードが元々あった場所は新しいメソッドの呼び出しに置き換えます。_check_events()メソッドのコードがシンプルでわかりやすい構成になり、プレイヤーの入力に対応する処理の追加がより簡単になりました。

Qが押されたら終了する

押されたキーに対して効率的に対応できるようになったので、今度はゲームを終了する別の方法を追加します。新しい機能を追加してテストするたびに、画面上部の閉じるボタンをクリックしてゲームを終了するのは面倒です。そこで、プレイヤーが Q キーを押すとゲームが終了するようにショートカットキーを追加します。

alien_invasion.py

```python
def _check_keydown_events(self, event):
    --省略--
    elif event.key == pygame.K_LEFT:
        self.ship.moving_left = True
    elif event.key == pygame.K_q:
        sys.exit()
```

_check_keydown_events()に新しいブロックを追加し、プレイヤーが Q キーを押すとゲームを終了するようにします。これで、ゲームをテストするときにマウスクリックで画面を閉じる代わりに Q キーを押してゲームを終了できるようになりました。

ゲームをフルスクリーンモードで実行する

Pygameにはフルスクリーンモードがあり、標準のウィンドウでゲームを実行するよりもよい場合があります。中にはフルスクリーンモードに向いているゲームもあり、システムによってはフルスクリーンモードでパフォーマンスが向上するかもしれません。

フルスクリーンモードでゲームを実行するには、次のように__init__()を変更します。

alien_invasion.py

```python
    def __init__(self):
        """ゲームを初期化し、ゲームのリソースを作成する"""
        pygame.init()
        self.settings = Settings()

❶      self.screen = pygame.display.set_mode((0, 0), pygame.FULLSCREEN)
❷      self.settings.screen_width = self.screen.get_rect().width
```

```
self.settings.screen_height = self.screen.get_rect().height
pygame.display.set_caption("エイリアン侵略")
```

画面のsurfaceを生成するときに、(0, 0)というサイズとpygame.FULLSCREENを引数に指定します❶。この引数により、Pygameは画面全体に表示されるウィンドウの大きさを計算します。画面の幅と高さは事前にわからないため、画面のsurfaceを生成したあとに設定を更新します❷。画面のrectのwidthとheight属性を使用し、settingsオブジェクトを更新します。

フルスクリーンモードの見た目や動作が気に入った場合は、これらの設定をそのままにしておきましょう。通常のウィンドウが好みの場合は、任意の画面サイズを指定することでもとの表示に戻すことができます。

> **NOTE** フルスクリーンモードでゲームを実行する前に、Qキーを押してゲームが終了できることを確認してください。Pygameでは、フルスクリーンモードのゲームを終了する方法がデフォルトでは提供されていません。

振り返り

次の節では、bullet.pyという新しいファイルを追加し、ここまでに使用したいくつかのファイルに変更を加えて弾を発射する機能を追加します。ここまで、いくつかのクラスとメソッドを含んだ3つのファイルを作成しました。プロジェクトがどのように構成されているかを明確にするために、新しい機能を追加する前に各ファイルについて復習しておきましょう。

alien_invasion.py

メインのファイルであるalien_invasion.pyは、AlienInvasionクラスを含んでいます。このクラスは、ゲーム全体で使用する重要な属性を生成します。設定値をsettings、メイン画面のsurfaceをscreenに代入し、宇宙船を表すshipのインスタンスもこのファイルで生成します。ゲームのメインループであるwhileループもこのモジュールに含まれています。whileループの中で_check_events()、ship.update()、_update_screen()を呼び出します。また、ループを通過するたびに時間を刻みます。

_check_events()メソッドは、キーを押す、離すといった関連イベントを検出し、それぞれのイベントに対応する_check_keydown_events()メソッドと_check_keyup_events()メソッドを介して処理を行います。現時点でこれらのメソッドは宇宙船の移動を制御しています。またAlienInvasionクラスには、_update_screen()メソッドも含まれています。このメソッドはメインループで毎回呼び出されて画面を再描画します。

ファイル alien_invasion.py は、エイリアン侵略ゲームを遊ぶときに実行の対象となるただ一つのファイルです。他のファイル（settings.py と ship.py）に含まれるコードは、直接または間接的にこのファイルにインポートされます。

settings.py

settings.py ファイルには Settings クラスが含まれます。このクラスが持つのは __init__() メソッドだけです。このメソッドは、ゲームの見た目と宇宙船の速度を制御する属性を初期化します。

ship.py

ship.py ファイルには Ship クラスが含まれます。Ship クラスは __init__() メソッド、宇宙船の位置を管理する update() メソッド、宇宙船を画面に描画する blitme() メソッドを持ちます。宇宙船の画像イメージは ship.bmp に格納されており、そのファイルは images フォルダーに配置されています。

やってみよう

1-3. Pygame のドキュメント
ゲームについて十分理解したところで Pygame のドキュメントを見てみましょう。

- Pygame のホームページ
  https://www.pygame.org/
- ドキュメントのホームページ
  https://www.pygame.org/docs/

ドキュメントにざっと目を通してみましょう。プロジェクトの完成までドキュメントは必要ありませんが、エイリアン侵略ゲームを変更したり、別のゲームを作ったりするときに役立ちます。

1-4. ロケット
画面中央にロケットを表示して開始するゲームを作りましょう。プレイヤーは ↑ ↓ ← → キーでロケットを上下左右に移動できます。ロケットは画面の端を越えて移動できません。

1-5. キー
空白の画面を生成する Pygame のファイルを作成します。イベントループで pygame.KEYDOWN イベントを検知するたびに event.key 属性を出力します。プログラムを実行し、さまざまなキーを押して Pygame の出力を見てみましょう。

第1章　弾を発射する宇宙船

弾を発射する

　ここでは弾を発射する機能を追加します。プレイヤーが [Space] キーを押すと、弾（小さな長方形で表現します）を発射するコードを書きます。弾は画面をまっすぐ上昇し、画面の上端に到達すると消えます。

弾の設定を追加する

　新しいBulletクラスに必要な値をsettings.pyの__init__()メソッドの最後に追加します。

settings.py
```
    def __init__(self):
        --省略--
        # 弾の設定
        self.bullet_speed = 2.0
        self.bullet_width = 3
        self.bullet_height = 15
        self.bullet_color = (60, 60, 60)
```

　これらの設定によって幅3ピクセル、高さ15ピクセルの灰色の弾を作成します。弾は宇宙船よりも素早く移動します。

Bulletクラスを作成する

　Bulletクラスを格納するbullet.pyファイルを作成します。次に示すのはbullet.pyの最初の部分です。

bullet.py
```
import pygame
from pygame.sprite import Sprite

class Bullet(Sprite):
    """宇宙船から発射される弾を管理するクラス"""

    def __init__(self, ai_game):
        """宇宙船の現在の位置から弾のオブジェクトを生成する"""
        super().__init__()
        self.screen = ai_game.screen
```

```
        self.settings = ai_game.settings
        self.color = self.settings.bullet_color

        # 弾のrectを(0, 0)の位置に作成してから、正しい位置を設定する
❶      self.rect = pygame.Rect(0, 0, self.settings.bullet_width,
            self.settings.bullet_height)
❷      self.rect.midtop = ai_game.ship.rect.midtop

        # 弾の位置を浮動小数点数で保存する
❸      self.y = float(self.rect.y)
```

　Bulletクラスはpygame.spriteモジュールからインポートしたSpriteクラスを継承しています。スプライト（sprite）を使用すると、ゲーム上の関連する要素をグループ化し、グループ化したすべての要素を一度に処理できます。弾のインスタンスを生成するには、__init__()メソッドにAlienInvasionの現在のインスタンスが必要です。そしてSpriteから適切に継承するためにsuper()を呼び出します。また画面（screen）、設定値（settings）のオブジェクト、弾の色の属性を設定します。

　次に、弾のrect属性を生成します❶。弾にはもととなる画像がなく、pygame.Rect()を使用してゼロから長方形を作成します。このクラスは、rectの左上のX、Y座標と幅と高さを必要とします。rectの位置を(0, 0)で初期化していますが、その次の行で正しい位置に移動します。このようにするのは、弾の位置が宇宙船の位置に依存するためです。弾の幅と高さはself.settingsに格納された値を使用します。

　弾のmidtop属性に宇宙船のmidtop属性と同じ値を設定します❷。このようにすることで、宇宙船の上部から弾が出現して宇宙船から弾が発射されているように見えます。弾のY座標を浮動小数点数にしたものを使用し、弾の速度を調整できるようにしておきます❸。

　bullet.pyの次の箇所にはupdate()とdraw_bullet()を書きます。

bullet.py

```
    def update(self):
        """画面上の弾を移動する"""
        # 弾の正確な位置を更新する
❶      self.y -= self.settings.bullet_speed
        # rectの位置を更新する
❷      self.rect.y = self.y

    def draw_bullet(self):
        """画面に弾を描画する"""
❸      pygame.draw.rect(self.screen, self.color, self.rect)
```

　update()メソッドは弾の位置を管理します。発射された弾は、Y座標の値を減少させることで画面の上に向かって移動します。self.yからsettings.bullet_speedを引くことにより、弾の位置を更新します❶。次に

self.yの値を使用してself.rect.yの値を設定します❷。

bullet_speedの設定値を変更することで弾の速度を上げ、ゲームの進行状況に対応したり動作を洗練させたりできます。一度発射された弾のX座標の値は決して変わらないため、宇宙船が移動しても弾は垂直にまっすぐ進みます。

弾を描画するには、draw_bullet()を呼び出します。draw.rect()関数は、画面の一部である弾のrectで定義された領域をself.colorに格納された色で塗りつぶします❸。

複数の弾をグループに保存する

ここまでの内容で、Bulletクラスとそのクラスが必要とする設定を定義できました。次に、プレイヤーが[Space]キーを押すたびに弾を発射するコードを書きます。まずAlienInvasionに現在有効なすべての弾を格納するグループを作成します。このようにすることで発射された複数の弾を管理できるようになります。このグループはpygame.sprite.Groupのインスタンスでリストのように動作し、ゲームの作成に便利な機能が追加されています。グループはメインループで毎回弾の位置を更新し、画面上にすべての弾を描画するために使用します。

最初に新しいBulletクラスをインポートします。

```
alien_invasion.py
--省略--
from ship import Ship
from bullet import Bullet
```

次に__init__()の中で複数の弾を保持するグループを生成します。

```
alien_invasion.py
    def __init__(self):
        --省略--
        self.ship = Ship(self)
        self.bullets = pygame.sprite.Group()
```

そして、whileループを通るたびに弾の位置を更新する必要があります。

```
alien_invasion.py
    def run_game(self):
        """ゲームのメインループを開始する"""
        while True:
            self._check_events()
            self.ship.update()
```

```
            self.bullets.update()
            self._update_screen()
            self.clock.tick(60)
```

グループのupdate()を呼び出すと、グループの中にある各スプライトに対してupdate()が自動的に呼び出されます。self.bullets.update()の行はbulletsグループの中に格納されているそれぞれの弾に対してbullet.update()を呼び出します。

弾を発射する

プレイヤーが [Space] キーを押したときに弾を発射するようにAlienInvasionの中の_check_keydown_events()を変更する必要があります。[Space] キーを離したときには何のイベントも発生しないので、_check_keyup_events()を変更する必要はありません。また_update_screen()を変更し、flip()を呼び出す前に各弾が画面に描画されるようにします。

弾を発射する処理を行う新しいメソッド_fire_bullet()を作成しましょう。

alien_invasion.py

```
     def _check_keydown_events(self, event):
         --省略--
         elif event.key == pygame.K_q:
             sys.exit()
❶    elif event.key == pygame.K_SPACE:
             self._fire_bullet()

     def _check_keyup_events(self, event):
         --省略--

     def _fire_bullet(self):
         """新しい弾を生成し bullets グループに追加する"""
❷    new_bullet = Bullet(self)
❸    self.bullets.add(new_bullet)

     def _update_screen(self):
         """画面上の画像を更新し、新しい画面に切り替える"""
         self.screen.fill(self.settings.bg_color)
❹    for bullet in self.bullets.sprites():
             bullet.draw_bullet()
         self.ship.blitme()
         pygame.display.flip()
--省略--
```

Spaceキーが押されたときに_fire_bullet()を呼び出します❶。_fire_bullet()の中でBulletのインスタンスを生成し、new_bulletに代入します❷。生成したインスタンスをbulletsグループに追加するためにadd()メソッドを使用します❸。add()メソッドはappend()と似ていますが、このメソッドはPygameのグループ用に書かれています。

bullets.sprites()メソッドはbulletsグループの中にある全スプライトの一覧を返します。発射されたすべての弾を画面上に描画するためにbulletsの中の全スプライトに対してループ処理を行い、それぞれのスプライトに対してdraw_bullet()を呼び出します❹。このループ処理を宇宙船の描画コードの前に配置することで、弾が宇宙船の真上から始まらないようにしています。

alien_invasion.pyを実行すると、宇宙船を左右に移動し、複数の弾を発射できるようになります。弾は画面を上昇し、端に到達すると消滅します（図1-3）。弾の大きさ、色、スピードはsettings.pyで変更できます。

図1-3　複数の弾を発射した宇宙船

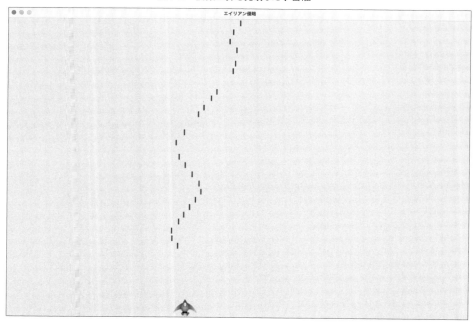

古い弾を削除する

現時点で弾は画面の上に到達すると消えますが、これはPygameが画面の上端より上に描画できないためです。弾は存在し続け、Y座標は負の値で増えていきます。これは、メモリーやCPUの処理能力を消費してしまう問題があります。

このような古い弾を廃棄しなければ、多くの余計な動作によってゲームが遅くなっていきます。この問題に対処するには、画面の上端を通り過ぎた弾を見つける必要があります。画面の上端を通り過ぎると、弾を表すrectのbottomの値が0になります。

```
alien_invasion.py

    def run_game(self):
        """ゲームのメインループを開始する"""
        while True:
            self._check_events()
            self.ship.update()
            self.bullets.update()

            # 見えなくなった弾を廃棄する
❶          for bullet in self.bullets.copy():
❷              if bullet.rect.bottom <= 0:
❸                  self.bullets.remove(bullet)
❹          print(len(self.bullets))

            self._update_screen()
            self.clock.tick(60)
```

forループに対してリスト（またはPygameのグループ）を使用する場合、Pythonはループの実行中にリストの長さが変わらないことを期待して動作します。これはforループの中ではリストやグループからアイテムを削除できないことを意味しており、そのため、グループのコピーを使用してループ処理を行う必要があります。forループでcopy()メソッドを使用し❶、ループの中で元のbulletsを自由に変更できるようにします。それぞれの弾が画面の上端から見えなくなっているかを確認します❷。見えなくなっている場合はbulletsからその弾を削除します❸。ゲーム中で現在有効な弾の数を出力するprint()関数の呼び出しを追加し、画面の上部に到達した弾が正しく削除されていることを確認します❹。

このコードが正しく動作すると、発射された弾の数がターミナルに出力され、画面から弾が消えるとその数が減って最終的には0になります。ゲームを実行して弾がきちんと削除されていることを確認できたら、このprint()関数を削除します。そのままにしておくとゲームがかなり遅くなります。ゲーム画面に画像を描画するよりもターミナルに出力するほうが処理に時間を要するためです。

弾の数を制限する

多くのシューティングゲームでは、画面上で一度に発射できる弾の数を制限しています。そのようにすることで、プレイヤーが弾を正確に撃とうとするようになります。エイリアン侵略ゲームでも同じようにしましょう。

はじめに、settings.pyに弾の数の上限を格納します。

第1章　弾を発射する宇宙船

settings.py

```
# 弾の設定
--省略--
self.bullet_color = (60, 60, 60)
self.bullets_allowed = 3
```

　一度にプレイヤーが撃てる弾の数を3発に制限しています。この設定をAlienInvasionで使用し、_fire_
bullet()で新しい弾を生成する前に弾がいくつ存在するかを確認します。

alien_invasion.py

```
def _fire_bullet(self):
    """新しい弾を生成してbulletsグループに追加する"""
    if len(self.bullets) < self.settings.bullets_allowed:
        new_bullet = Bullet(self)
        self.bullets.add(new_bullet)
```

　プレイヤーが Space キーを押すと、プログラムはbulletsの長さを確認します。len(self.bullets)が3
よりも小さければ、新しい弾が生成されます。すでに3つの弾が存在する場合は、 Space キーを押しても何
も起こりません。ゲームを実行すると、最大3つの弾を発射できます。

_update_bullets()メソッドを作成する

　AlienInvasionクラスを適切に整理された状態に保つために、ここまでに作成した弾を管理するためのコー
ドを別のメソッドに移動します。_update_screen()の直前に_update_bullets()メソッドを新規に作成します。

alien_invasion.py

```
def _update_bullets(self):
    """弾の位置を更新し、古い弾を廃棄する"""
    # 弾の位置を更新する
    self.bullets.update()

    # 見えなくなった弾を廃棄する
    for bullet in self.bullets.copy():
        if bullet.rect.bottom <= 0:
            self.bullets.remove(bullet)
```

　_update_bullets()のコードはrun_game()からコピーして貼り付けます。ここで行ったのはわかりやすいコ
メントの追加だけです。run_game()のwhileループは再度シンプルなものになりました。

alien_invasion.py

```
        while True:
            self._check_events()
            self.ship.update()
            self._update_bullets()
            self._update_screen()
            self.clock.tick(60)
```

メインループには最小限のコードだけが含まれ、メソッド名を読むだけでゲームの中で何が行われているか
を素早く理解できます。メインループでは、プレイヤーの入力をチェックして宇宙船と発射された弾の位置を
更新します。そして、更新された位置に基づいて新しい画面を描画し、ループを通過する処理の最後で時間
を刻みます。

alien_invasion.pyを再度実行して、エラーが発生することなく弾を発射できることを確認してください。

やってみよう

1-6. 横向きのシューティングゲーム
左端に宇宙船を配置し、プレイヤーが宇宙船を上下に動かせるゲームを作成します。プレイヤーが Space キー
を押すと宇宙船が弾を発射し、その弾は画面を右に横切ります。画面上に弾が見えなくなったら、その弾を
削除します。

まとめ

この章では次のことを学びました。

- ゲームを作成する計画の立て方
- Pygameでゲームを作成するときの基本的な構造
- 背景色の設定方法
- ゲームで使用する各種の設定値を別のクラスに格納し、より簡単に設定値を調整する方法
- 画像を画面に描画する方法とプレイヤーの操作によってゲーム中の要素を動かすこと
- 画面の上に向かう弾など複数の要素を生成して動かすことと、不要になったオブジェクトを削除する方法
- 開発を進行しやすくするために、定期的にプロジェクトのコードをリファクタリングすること

第2章ではエイリアン侵略ゲームにエイリアンを追加します。この章の終了時点で、うまくいけば宇宙船にエイリアンが到達する前にエイリアンをすべて撃ち落とせるようになります！

エイリアン!

第2章　エイリアン!

　　　　この章では**エイリアン侵略ゲーム**にエイリアンを追加します。最初は1匹のエイリアンを
　　　　画面の上部に追加し、その後エイリアンの艦隊を生成します。艦隊が横と下に移動
できるようにし、弾で撃たれたエイリアンを削除します。最後にプレイヤーの宇宙船の数に
上限を設け、プレイヤーがすべての宇宙船を失うとゲームが終了するようにします。
　この章では、Pygameと大規模プロジェクトの管理方法についてより深く学びます。また、
弾とエイリアンのようなゲーム上のオブジェクト同士の衝突を検出する方法についても学び
ます。衝突を検出することで、ゲーム内の複数の要素間における相互作用を定義できます。
相互作用の例としては、迷路の壁にキャラクターを閉じ込めたり、2つのキャラクター間で
ボールをパスしたりといったことが考えられます。当初の計画に基づいて作業を続け、作業
の焦点がずれないように計画を再確認しましょう。
　エイリアンの艦隊を画面に追加するコードを書く前に、プロジェクト全体を見渡して計画を
更新しましょう。

プロジェクトをレビューする

　大規模プロジェクトの新しい開発フェーズを始めるときには、計画を再確認してこれから作成するコードで
達成したい目的を明確にしましょう。この章では次のことを行います。

- 画面の左上の角に適切な余白をつけて1匹のエイリアンを配置する
- 画面上部を画面幅に合わせて多数のエイリアンで埋める。そしてエイリアンの隊列を増やして、艦隊を作成
  する
- エイリアンの艦隊が全滅するか、エイリアンが宇宙船に衝突するか、エイリアンが画面の一番下に到達する
  まで、艦隊を横と下に移動する。全艦隊が撃ち落とされた場合は、新しい艦隊を作成する。エイリアンが
  宇宙船に衝突するか、画面の一番下に到達した場合は、宇宙船を破壊して新しい艦隊を作成する
- プレイヤーが使用できる宇宙船の数を制限し、プレイヤーが割り当てられた宇宙船をすべて使い切るとゲーム
  を終了する

　この計画は、機能を実装しながらさらに改良していきますが、コードを書きはじめるには十分な内容です。
　また、プロジェクトに一連の新機能を追加する作業を始める際には、事前に既存のコードを見直す必要があ
ります。新しいフェーズに入るとプロジェクトはより複雑になるので、その前に乱雑で非効率なコードは整理
しておくべきです。エイリアン侵略ゲームについてはこれまでもリファクタリングを実施しているので、現時点
でリファクタリングの必要なコードはありません。

最初のエイリアンを生成する

　宇宙船を画面に配置したときと同じように、1匹のエイリアンを画面に配置します。各エイリアンの動作はAlienクラスで制御します。このクラスはShipクラスと似た構造になっています。単純化のために引き続きビットマップ画像を使用します。自分の好きなエイリアン画像を用意してもよいですし、図2-1の画像を使用してもよいです。この画像はサポートサイト（https://gihyo.jp/book/2024/978-4-297-14526-2/support）からダウンロードできます。この画像の背景色はグレーなので画面の背景色とも合っています。画像ファイルをimagesフォルダーに保存します。

図2-1　艦隊に使用するエイリアン

Alienクラスを作成する

次のようにAlienクラスを作成してalien.pyに保存します。

alien.py
```
import pygame
from pygame.sprite import Sprite

class Alien(Sprite):
    """艦隊の中の1匹のエイリアンを表すクラス"""

    def __init__(self, ai_game):
        """エイリアンを初期化し、開始時の位置を設定する"""
        super().__init__()
        self.screen = ai_game.screen
```

第2章　エイリアン!

```
        # エイリアンの画像を読み込み、サイズを取得する
        self.image = pygame.image.load('images/alien.bmp')
        self.rect = self.image.get_rect()

        # 新しいエイリアンを画面の左上の近くに配置する
❶       self.rect.x = self.rect.width
        self.rect.y = self.rect.height

        # エイリアンの実際の位置を格納する
❷       self.x = float(self.rect.x)
```

　このクラスは、エイリアンの画面上の位置以外はShipクラスとほぼ同じです。エイリアンの最初の位置を画面左上の角の近くに設定します。左にはエイリアンの幅と同じ余白、上にはエイリアンの高さと同じ余白を追加し、見やすくします❶。エイリアンの横方向の移動速度を気にする必要があるため、各エイリアンの横方向の位置を正確に追跡します❷。

　このAlienクラスには画面に描画するためのメソッドが必要ありません。代わりに、グループの全要素を画面に自動的に描画するPygameのグループのメソッドを使用します。

Alienのインスタンスを生成する

　Alienのインスタンスを生成して画面上に最初のエイリアンを表示します。この手順はゲームの準備の一部なので、インスタンスを生成するコードをAlienInvasionの__init__()メソッドの最後に追加します。最終的にエイリアンの艦隊（fleet）すべてを作成しますが、その作業は大変なので、まずは新しいヘルパーメソッド_create_fleet()を作成します。

　クラス内のメソッドの順番は、配置に一貫性があれば問題ありません。ここでは_update_screen()の直前に_create_fleet()を配置しますが、AlienInvasionの別の場所に配置しても問題なく動作します。はじめにAlienクラスをインポートします。

　alien_invasion.pyのimport文を次のように更新します。

alien_invasion.py
```
--省略--
from bullet import Bullet
from alien import Alien
```

　__init__メソッドを次のように更新します。

40

```
alien_invasion.py
    def __init__(self):
        --省略--
        self.ship = Ship(self)
        self.bullets = pygame.sprite.Group()
        self.aliens = pygame.sprite.Group()

        self._create_fleet()
```

エイリアンの艦隊を保持するためのグループを作成し、_create_fleet()メソッドを呼び出します。次に示すのは、新しく作成する_create_fleet()メソッドです。

```
alien_invasion.py
    def _create_fleet(self):
        """エイリアンの艦隊を作成する"""
        # 1匹のエイリアンを作成する
        alien = Alien(self)
        self.aliens.add(alien)
```

このメソッドでは、Alienのインスタンスを1つ生成し、艦隊を保持するためのグループに追加します。エイリアンはデフォルトの位置である画面の左上に配置されます。

エイリアンを出現させるために、_update_screen()の中でグループのdraw()メソッドを呼び出す必要があります。

```
alien_invasion.py
    def _update_screen(self):
        --省略--
        self.ship.blitme()
        self.aliens.draw(self.screen)

        pygame.display.flip()
```

グループのdraw()を呼び出すと、Pygameはグループ内の各要素をその要素のrect属性に定義された位置に描画します。draw()メソッドには必須の引数が1つあります。引数には、グループ内の各要素を描画する対象となるsurfaceを指定します。**図2-2**は最初のエイリアンを画面に表示した例です。

図2-2　最初のエイリアンを表示

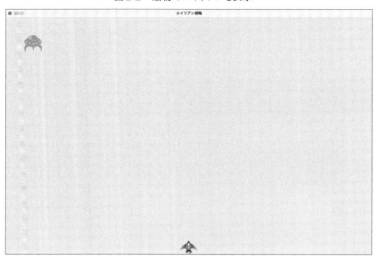

最初のエイリアンが正しく表示されたので、次は艦隊全体を描画するコードを書きましょう。

エイリアンの艦隊を編成する

艦隊を描画するために、ゲーム画面を過密状態にせずに画面の上部をエイリアンで埋める必要があります。この目的を達成するにはいくつかの方法があります。ここでは、画面の最上部に新しいエイリアンを追加するスペースがなくなるまでエイリアンを追加する手法をとります。そしてこの処理を、縦に新しい隊列を追加するスペースがなくなるまで繰り返します。

1列のエイリアンを作成する

ここまでで、1列に並んだエイリアンを生成する準備ができました。1列分を作成するために、最初に1匹のエイリアンを作成してエイリアンの幅を取得します。1匹のエイリアンを画面の左端に配置し、スペースがなくなるまでエイリアンを追加し続けます。

エイリアンの艦隊を編成する

2

エイリアン！

```
alien_invasion.py
     def _create_fleet(self):
         """エイリアンの艦隊を作成する"""
         # 1匹のエイリアンを生成し、スペースがなくなるまでエイリアンを追加し続ける
         # 各エイリアンの間にはエイリアン1匹分のスペースを空ける
         alien = Alien(self)
         alien_width = alien.rect.width

❶       current_x = alien_width
❷       while current_x < (self.settings.screen_width - 2 * alien_width):
❸           new_alien = Alien(self)
❹           new_alien.x = current_x
             new_alien.rect.x = current_x
             self.aliens.add(new_alien)
❺           current_x += 2 * alien_width
```

　最初に生成したエイリアンからエイリアンの幅を取得し、current_x変数を定義します❶。この変数は画面上に次のエイリアンを配置する水平位置を表します。艦隊の最初のエイリアンを画面の左端からずらして配置するために、変数の初期値にエイリアン1匹分の幅を設定します。

　次にwhileループを開始します❷。1匹のエイリアンを追加するのに十分なスペースがある間は（**while**）、エイリアンを追加し続けます。追加のエイリアンを配置するスペースがあるかを判断するために、current_xと最大値を比較します。このループは、最初は次のような定義になるでしょう。

```
while current_x < self.settings.screen_width:
```

　この条件文で問題なく動作するように見えますが、1列の最後のエイリアンを配置するときに画面の右端からはみ出る可能性があります。そのため、画面の右端に少し余白を追加します。画面の右端からエイリアン2匹分のスペースがある間は、ループに入り艦隊にエイリアンを1匹追加します。

　水平方向に十分なスペースがある間はループを継続し、2つのことを実行します。正しい位置にエイリアンを配置することと、次のエイリアンの水平方向の配置を定義することです。新しいエイリアンを生成し、new_alienに代入します❸。そして正確な水平位置としてcurrent_xの現在の値を設定します❹。またエイリアンのrectの**X座標**に同じ値を設定し、新しいエイリアンをself.aliensグループに追加します。

　最後に、current_xの値を増やします❺。水平の位置にエイリアン2匹分の幅を加算し、最後に追加したエイリアンの右にスペースを追加します。Pythonはwhileループの先頭の条件文を再度評価し、エイリアンを追加する十分なスペースがあるかを判断します。スペースがない場合はループを終了し、1列がエイリアンでいっぱいになります。

　ここでエイリアン侵略ゲームを実行すると、**図2-3**のように1列に並んだエイリアンが表示されます。

43

図2-3 エイリアンの最初の列

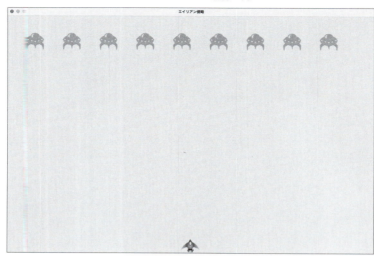

 この節で示したように、ループをどのように構築すべきかがすぐわかるとは限りません。プログラミングのよい点は、このような問題を解決するための最初のアイデアは間違っていてもよいということです。最初はエイリアンが画面の右端に寄りすぎているループで書きはじめ、画面に適切な余白ができるまでループを修正することはとてもよいやり方です。

_create_fleet()をリファクタリングする

ここまでに記述したコードが艦隊を作成するために必要な全コードであれば、_create_fleet()をそのままにしていてもかまわないでしょう。しかし、このあとさらに多くのコードを追加する必要があるため、ここでメソッドを少し整理してみます。新しいヘルパーメソッド_create_alien()を追加し、_create_fleet()から呼び出します。

alien_invasion.py
```python
    def _create_fleet(self):
        --省略--
        while current_x < (self.settings.screen_width - 2 * alien_width):
            self._create_alien(current_x)
            current_x += 2 * alien_width

❶   def _create_alien(self, x_position):
        """エイリアンを1匹作成し列の中に配置する"""
        new_alien = Alien(self)
        new_alien.x = x_position
        new_alien.rect.x = x_position
        self.aliens.add(new_alien)
```

_create_alien()メソッドに、selfに加えてエイリアンを配置する位置の**X座標**を必須の引数として指定します❶。_create_alien()の中のコードは_create_fleet()と同じで、current_xの代わりに引数のx_positionを使用します。このリファクタリングによって、新しい列を追加することと艦隊全体を作成することが簡単になります。

複数の列を追加する

艦隊を完成するには、スペースがなくなるまで列の追加を繰り返します。入れ子（ネスト）のループを使用して、現在のループ処理を別のwhileループの中に入れます。内側のループではエイリアンの**X座標**の処理を行い、エイリアンを水平方向に1列に並べます。外側のループでは**Y座標**の処理を行い、エイリアンを垂直方向に並べます。画面の下端に近づいたら列の追加を止め、宇宙船がエイリアンを撃つのに必要なスペースを確保します。

次のコードは_create_fleet()の2つの入れ子のwhile文です。

```
      def _create_fleet(self):
          """エイリアンの艦隊を作成する"""
          # 1匹のエイリアンを生成し、スペースがなくなるまでエイリアンを追加し続ける
          # 各エイリアンの間には縦横ともにエイリアン1匹分のスペースを空ける
          alien = Alien(self)
❶        alien_width, alien_height = alien.rect.size

❷        current_x, current_y = alien_width, alien_height
❸        while current_y < (self.settings.screen_height - 3 * alien_height):
              while current_x < (self.settings.screen_width - 2 * alien_width):
❹                self._create_alien(current_x, current_y)
                  current_x += 2 * alien_width

❺            # 列の最後でX座標をリセットし、Y座標を増加する
              current_x = alien_width
              current_y += 2 * alien_height
```

縦に列を並べるためにエイリアンの高さを知る必要があります。そこで、幅と高さをエイリアンのrectのsize属性から取得します❶。rectのsize属性は幅と高さのタプルです。

次に、艦隊の最初のエイリアンを配置するための**X座標**と**Y座標**の初期値を設定します❷。左からエイリアン1匹分の幅と、上から1匹分の高さに配置します。そして、画面上に何列配置するかを制御するwhileループを定義します❸。次の列の**Y座標**が画面の高さからエイリアン3匹分の高さを引いたものより小さい間は、列の追加を続けます（もしスペースが足りない場合は、あとで調整できます）。

Y座標とあわせて**X座標**を指定して_create_alien()を呼び出します❹。_create_alien()はあとで修正します。

最後の2行のコードのインデントに注意してください❺。この2行は外側のwhileループの中ですが、内側のwhileループの外にあります。この部分は内側のループが終わったあとに実行されます。つまりエイリアンを1列分生成するたびに1度ずつ実行されます。1列を追加したあとにcurrent_xの値をリセットし、次の列の最初のエイリアンが前の列の最初のエイリアンと同じ場所に配置されるようにします。そしてcurrent_yの現在の値にエイリアン2匹分の高さを追加し、次の列が画面のさらに下に配置されるようにします。このインデントはとても重要です。この節の終わりでalien_invasion.pyを実行して艦隊が正しく表示されない場合は、入れ子のループのすべての行でインデントが正しいかを確認してください。

エイリアンの垂直方向の位置を正しく設定するために、_create_alien()を修正する必要があります。

```python
    def _create_alien(self, x_position, y_position):
        """エイリアンを1匹作成し艦隊の中に配置する"""
        new_alien = Alien(self)
        new_alien.x = x_position
        new_alien.rect.x = x_position
        new_alien.rect.y = y_position
        self.aliens.add(new_alien)
```

新しいエイリアンのY座標を受け取るようにメソッド定義を修正し、メソッドの中でrectの垂直方向の位置を設定します。

ゲームを実行すると、エイリアンの全艦隊が**図2-4**のように表示されます。

図2-4　全艦隊が表示された状態

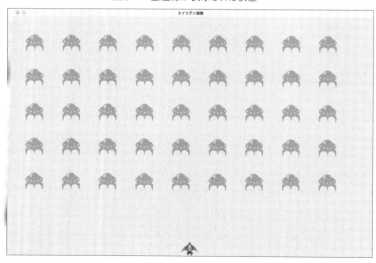

次の節ではこの艦隊を動かします！

やってみよう

2-1. 星

星の画像を探して用意します。画面上に格子状に配置した星の画像を描画します。

2-2. よりよい星

でたらめな位置にそれぞれの星を配置することにより、より現実に近い星空を作成します。ランダムな数値は次のようなコードで取得できることを思い出してください。

```
from random import randint
random_number = randint(-10, 10)
```

このコードは-10から10の間のランダムな整数を返します。演習問題2-1のコードを使用し、それぞれの星の位置をランダムな値に調整します。

艦隊を動かす

　エイリアンの艦隊を画面の端に到達するまで右に移動し、それから下に移動して逆方向（左）に移動するようにしましょう。エイリアンがすべて撃ち落とされるか、宇宙船と衝突するか、画面の一番下に到達するまでこの動作を続けます。まずは艦隊を右に移動しましょう。

エイリアンを右に移動する

　エイリアンを右に移動するためにalien.pyのupdate()メソッドを使用します。グループ内の各エイリアンに対して、このメソッドを呼び出します。最初に各エイリアンの速度の設定を追加します。

settings.py
```
    def __init__(self):
        --省略--
        # エイリアンの設定
        self.alien_speed = 1.0
```

第**2**章　エイリアン!

次に、この設定値をalien.pyの中にあるupdate()で使用します。

alien.py

```
    def __init__(self, ai_game):
        """エイリアンを初期化し、開始時の位置を設定する"""
        super().__init__()
        self.screen = ai_game.screen
        self.settings = ai_game.settings
        --省略--

    def update(self):
        """エイリアンを右に移動する"""
❶      self.x += self.settings.alien_speed
❷      self.rect.x = self.x
```

　__init__()の中でsettings属性を作成し、update()の中でエイリアンの速度にアクセスできるようにします。エイリアンの位置を更新するたびにalien_speedに格納された数だけ右に移動します。エイリアンの正確な位置をself.x属性に浮動小数点数で格納します❶。そしてself.xの値を使用し、エイリアンのrectの位置を更新します❷。

　メインとなるwhileループの中には、宇宙船と弾の位置を更新するメソッド呼び出しがすでにあります。そこに各エイリアンの位置を更新するメソッドの呼び出しを追加します。

alien_invasion.py

```
        while True:
            self._check_events()
            self.ship.update()
            self._update_bullets()
            self._update_aliens()
            self._update_screen()
            self.clock.tick(60)
```

　艦隊の移動を管理するコードを書くために、_update_aliens()という名前のメソッドを作成します。弾の位置が更新されたあとに全エイリアンの位置を更新します。これは、弾がエイリアンに衝突したかをすぐに確認するためです。

　このメソッドをモジュールのどこに配置するかは重要ではありません。しかし、コードを整理するために、_update_bullets()の直後にこのメソッドを配置してwhileループ内のメソッド呼び出しの順番と合わせます。最初のバージョンの_update_aliens()は次のとおりです。

48

alien_invasion.py

```
def _update_aliens(self):
    """艦隊にいる全エイリアンの位置を更新する"""
    self.aliens.update()
```

aliensグループのupdate()メソッドを実行すると、自動的に各エイリアンに対してupdate()メソッドが呼び出されます。エイリアン侵略ゲームを実行すると、艦隊が右に移動して画面の端から消えることを確認できます。

艦隊の移動する方向の設定を追加する

艦隊が画面の下に移動するときと、画面の右端に到達して移動の方向を左に変えるときに使用する設定値を作成します。この動作のために次の内容を追加します。

settings.py

```
# エイリアンの設定
self.alien_speed = 1.0
self.fleet_drop_speed = 10
# 艦隊の移動方向を表し 1 は右、-1 は左に移動することを表す
self.fleet_direction = 1
```

fleet_drop_speedの設定はエイリアンが左右どちらかの画面の端に達したときに、下に移動する速度を制御します。この速度はエイリアンが横に移動するときの速度とは別になっているため、それぞれの速度を個別に調整できます。

fleet_directionに艦隊の向きを設定するときには、'left'や'right'といった文字列を使用することもできます。その場合、艦隊の向きを最終的に確認するためにif-elif文が必要となります。移動方向は2つしかないため、ここではその代わりに1と-1という値を使用し、艦隊の向きが変わったときに値を切り替えます（右に移動するときはエイリアンのX座標を増加させ、左に移動するときはX座標を減少させるため、この2つの数値を使用することは合理的です）。

エイリアンがどちらかの端に到達したかを確認する

次に、エイリアンが画面の端に達したかを確認するメソッドが必要になります。また、エイリアンが正しい方向に移動するようにupdate()メソッドを変更します。次に示すのはAlienクラスのコードの一部です。

第**2**章 エイリアン!

alien.py

```
    def check_edges(self):
        """エイリアンが画面の端に達した場合は True を返す"""
        screen_rect = self.screen.get_rect()
❶      return (self.rect.right >= screen_rect.right) or (self.rect.left <= 0)


    def update(self):
        """エイリアンを右または左に移動する"""
❷      self.x += self.settings.alien_speed * self.settings.fleet_direction
        self.rect.x = self.x
```

　新しいcheck_edges()メソッドを作成し、各エイリアンが画面の左右の端に達しているかを確認します。エイリアンのrectのright属性の値が画面のrectのright属性以上であれば、エイリアンが画面の右端にいることになります。leftの値が0以下の場合は、エイリアンが画面の左端にいます❶。この条件テストはifブロックにではなく、直接return文に書いています。このメソッドはエイリアンが左右の端にいる場合はTrueを返し、どちらでもない場合はFalseを返します。

　update()メソッドを変更し、エイリアンの速度にfleet_directionの値を掛けることで左または右に移動するようにします❷。fleet_directionの値が1の場合、エイリアンの現在の位置にalien_speedを足すのでエイリアンは右に移動します。fleet_directionの値が-1の場合、エイリアンの現在の位置からalien_speedを引くのでエイリアンは左に移動します。

▰ 艦隊を下に移動して進行方向を変える

　1匹のエイリアンが画面の端に到達したら、艦隊全体を下に移動して進行方向を変える必要があります。そのために、Alien Invasionにいくつかコードを追加し、各エイリアンが画面の左右の端にいるかを確認します。エイリアンが端にいるかを確認する_check_fleet_edges()メソッドと、向きを変更する_change_fleet_direction()メソッドを作成し、_update_aliens()を変更します。この新しいメソッドを_create_alien()の後ろに配置しますが、クラス内でのメソッドの位置は重要ではありません。

alien_invasion.py

```
    def _check_fleet_edges(self):
        """エイリアンが画面の端に達した場合に適切な処理を行う"""
❶      for alien in self.aliens.sprites():
            if alien.check_edges():
❷              self._change_fleet_direction()
                break


    def _change_fleet_direction(self):
        """艦隊を下に移動し、横移動の方向を変更する"""
```

艦隊を動かす

```
        for alien in self.aliens.sprites():
❸           alien.rect.y += self.settings.fleet_drop_speed
        self.settings.fleet_direction *= -1
```

　_check_fleet_edges()の中で、艦隊の各エイリアンに対してcheck_edges()を呼び出します❶。check_edges()がTrueを返すとエイリアンが画面の端に達したことがわかるので、艦隊の向きを変えるために_change_fleet_direction()を呼び出してbreak文でループを抜けます❷。_change_fleet_direction()のループ処理で、全エイリアンをfleet_drop_speedに設定した値の分だけ下に移動します❸。そしてfleet_directionの現在の値に-1を掛けることで移動方向を変えます。艦隊の向きを変更する行はforループの一部ではありません。各エイリアンの垂直の位置は個別に変更する必要がありますが、艦隊の移動方向の変更は一度だけ行います。

　_update_aliens()を次のように変更します。

alien_invasion.py
```
    def _update_aliens(self):
        """艦隊が画面の端にいるか確認してから、位置を更新する"""
        self._check_fleet_edges()
        self.aliens.update()
```

　各エイリアンの位置を更新する前に_check_fleet_edges()メソッドの呼び出しを追加します。

　ゲームを実行すると艦隊は画面の端を行ったり来たりし、端に到達するたびに下に移動します。次は、エイリアンを撃ち落とし、エイリアンと宇宙船の衝突やエイリアンが画面の一番下に到達したかをチェックします。

やってみよう

2-3. 雨粒
雨粒の画像を探し、格子状に雨粒を配置します。雨粒を画面の下に向かって移動して見えなくします。

2-4. 降り続ける雨
演習問題2-3のコードを変更します。ある雨粒の列が画面の下に移動して見えなくなったら、新しい列を画面の上端に表示して同じように下に移動します。

51

第2章 エイリアン!

エイリアンを撃つ

宇宙船とエイリアンの艦隊ができました。しかし現状では、弾とエイリアンの衝突を検知していないため、弾はエイリアンを通過します。ゲームプログラミングでは、ゲーム上の要素が重なるときに**衝突**（collision）が発生します。弾でエイリアンを撃ち落とすために、sprite.groupcollide()メソッドを使用して2つのグループ間で衝突がないかを調べます。

◤ 弾が衝突したことを検出する

弾がエイリアンに当たったときにはエイリアンを消す必要があります。そのために、すべての弾の位置を更新した直後に衝突があるかを調べます。

sprite.groupcollide()関数は2つのグループの各要素のrectを比較します。この場合、各弾のrectと各エイリアンのrectを比較し、衝突した弾とエイリアンを含んだ辞書を返します。辞書の各キーは弾を表し、関連付けられた値はその弾に撃たれたエイリアンです（この辞書は、**第3章**で得点のシステムを実装するときにも使用します）。

次のコードを_update_bullets()の終わりに追加し、弾とエイリアンの衝突を調べます。

alien_invasion.py

```python
    def _update_bullets(self):
        """弾の位置を更新し、古い弾を廃棄する"""
        --省略--

        # 弾がエイリアンに当たったかを調べる
        #   その場合は対象の弾とエイリアンを廃棄する
        collisions = pygame.sprite.groupcollide(
            self.bullets, self.aliens, True, True)
```

追加したコードは、self.bulletsのすべての弾とself.aliensの全エイリアンの位置を比較し、重なっているものを識別します。ある弾とエイリアンのrectの一部が重なると、groupcollide()は該当する弾とエイリアンを戻り値の辞書のキーと値のペアとして追加します。引数の2つのTrueは、衝突時に弾とエイリアンを削除することをPygameに指示しています（エイリアンに当たっても貫通して画面の上まで移動する高性能な弾を作りたい場合は、1番目のブール値にFalseを設定し、2番目のブール値をTrueのままにします。そのようにすると撃たれたエイリアンは廃棄されますが、すべての弾は画面の上から消えるまでアクティブな状態となります）。

エイリアン侵略ゲームを実行すると、弾で撃たれたエイリアンは消えます。**図2-5**は一部のエイリアンが撃ち落とされた艦隊の様子です。

図2-5　エイリアンを撃てるようになった!

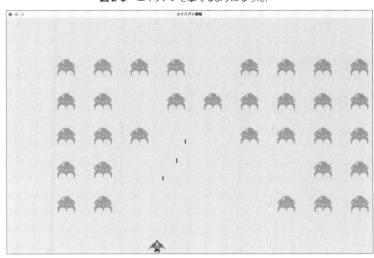

テスト用に大きな弾を作成する

　エイリアン侵略ゲームを実行することで多くの機能をテストできます。しかし、通常バージョンのゲームでのテストが退屈な機能もあります。たとえば、艦隊が全滅したときのコードの処理が正しいかをテストするには、画面上のすべてのエイリアンを撃ち落とす必要があります。

　特定の機能をテストするために、ゲームの設定を変更して特定の領域に焦点を当てることができます。たとえば、画面を小さくして撃ち落とすエイリアンを少なくしたり、弾の速度を上げたり、一度に撃てる弾の数を増やしたりといったことです。

　筆者が気に入っているエイリアン侵略ゲームのテスト用の変更は、非常に幅が広くエイリアンを撃ち落としても消えない弾を使うことです（**図2-6**）。bullet_widthを300や3000に設定し、艦隊を素早く撃ち落とせることを確認してください!

図2-6 とても強力な弾でゲームのテストを簡単にする

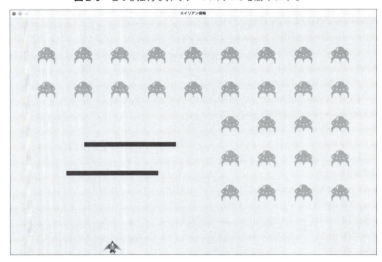

このような変更は、ゲームを効率的にテストすることに役立ちますし、プレイヤーにボーナスパワーを与えるアイデアを思いつくきっかけになるかもしれません。機能のテストを終了したら、設定をもとに戻すことを忘れないでください。

艦隊を再度出現させる

エイリアン侵略ゲームの重要な特徴の1つに、エイリアンが攻撃を絶え間なく続けるということがあります。艦隊を全滅させるたびに、新しい艦隊が出現します。

エイリアンの艦隊が全滅したあとに新しい艦隊を出現させるために、まずaliensグループが空かどうかを確認します。空の場合には_create_fleet()を呼び出します。このチェック処理は、個々のエイリアンを破壊する処理がある_update_bullets()の最後に行います。

alien_invasion.py

```
    def _update_bullets(self):
        --省略--
❶      if not self.aliens:
            # 存在する弾を破壊し、新しい艦隊を作成する
❷          self.bullets.empty()
           self._create_fleet()
```

aliensグループが空かどうかを確認します❶。空のグループはFalseと評価されるので、この方法でグループが空かどうかを簡単に確認できます。空の場合、empty()メソッドを使用して存在する弾を廃棄します。こ

のメソッドはグループに存在しているすべてのスプライトを削除します❷。続けて_create_fleet()を呼び出し、画面を再びエイリアンで埋め尽くします。

これで艦隊が全滅するとすぐに新しい艦隊が出現するようになりました。

弾のスピードを上げる

現在のゲームの状態でエイリアンを撃とうとすると、弾のスピードがゲームで遊ぶのに適していないと感じるかもしれません。少し遅すぎるかもしれないし、速すぎるかもしれません。ここで設定を変更し、PC上でのゲームプレイをより楽しいものにします。ゲームはだんだん速くなることを覚えておき、最初からゲームを速くしすぎないようにしてください。

弾のスピードを変更するには、settings.pyの中のbullet_speedの値を調整します。筆者のPCではbullet_speedの値を2.5に調整し、弾のスピードを少し速くします。

settings.py
```python
# 弾の設定
self.bullet_speed = 2.5
self.bullet_width = 3
--省略--
```

この設定に最適な値はゲームの体験に依存するため、自分の環境に合った値を見つけてください。他の設定値も同じように調整できます。

_update_bullets()をリファクタリングする

_update_bullets()をリファクタリングして、多くの異なるタスクを実行しないようにしましょう。弾とエイリアンの衝突に関する処理を別のメソッドに分割してコードを移動します。

alien_invasion.py
```python
    def _update_bullets(self):
        --省略--
        # 見えなくなった弾を廃棄する
        for bullet in self.bullets.copy():
            if bullet.rect.bottom <= 0:
                self.bullets.remove(bullet)

        self._check_bullet_alien_collisions()

    def _check_bullet_alien_collisions(self):
        """弾とエイリアンの衝突に対応する"""
```

```
# 衝突した弾とエイリアンを削除する
collision = pygame.sprite.groupcollide(
        self.bullets, self.aliens, True, True)

if not self.aliens:
    # 存在する弾を破壊し、新しい艦隊を作成する
    self.bullets.empty()
    self._create_fleet()
```

_check_bullet_alien_collisions()という新しいメソッドを作成します。このメソッドでは、弾とエイリアンの衝突を検知し、艦隊が全滅したときに新しい艦隊を作成します。このようにすることで、開発を継続しても_update_bullets()がシンプルに保たれるようになります。

やってみよう

2-5. 横向きのシューティングゲーム（その2）

演習問題1-6（35ページ）で横向きのシューティングゲームを作成してから長い道のりを歩んできました。この演習問題では、横向きのシューティングゲームに対し、エイリアン侵略ゲームと同じ内容の開発をします。エイリアンの艦隊を追加し、宇宙船に向けて横に移動します。または、画面の右側のランダムな位置にエイリアンを配置し、宇宙船に向けて移動するコードを書きます。そして、弾がエイリアンに当たったらエイリアンを消滅させるコードを書きます。

ゲームを終了する

もしゲームを遊んでいて負けないとしたら、そのゲームの楽しみと挑戦はどこにあるでしょうか？ プレイヤーが素早く艦隊を全滅させられなかったら、エイリアンが宇宙船に衝突して破壊します。同時に、プレイヤーが使用できる宇宙船の数には上限があり、エイリアンが画面の最下部に到達しても宇宙船は破壊されます。プレイヤーがすべての宇宙船を使い切るとゲームは終了します。

エイリアンと宇宙船の衝突を検出する

まずはエイリアンと宇宙船の衝突をチェックし、衝突時に適切に反応できるようにします。AlienInvasionで各エイリアンの位置を更新した直後に、エイリアンと宇宙船の衝突をチェックします。

```
alien_invasion.py
    def _update_aliens(self):
        --省略--
        self.aliens.update()

        # エイリアンと宇宙船の衝突を探す
❶      if pygame.sprite.spritecollideany(self.ship, self.aliens):
❷          print("宇宙船にぶつかった！！！")
```

　spritecollideany()関数は2つの引数（スプライトとグループ）を受け取ります。この関数は、スプライトと衝突したグループのメンバーを探し、スプライトと衝突したメンバーを見つけたらループを止めます。ここではaliensグループをループ処理し、shipと衝突した最初のエイリアンを返します。

　衝突が発生しなかった場合、spritecollideany()はNoneを戻り値として返すため、if文のブロックは実行されません❶。宇宙船と衝突したエイリアンが見つかった場合は戻り値にそのエイリアンが返されるため、if文のブロックが実行されて「宇宙船にぶつかった！！！」と出力されます❷。エイリアンが宇宙船に衝突した場合、いくつかのタスクを実行する必要があります。残っているすべてのエイリアンと弾を消去し、宇宙船を再度中央に配置し、新しい艦隊を作成します。これらのコードを書く前に、エイリアンと宇宙船の衝突を検出する方法が正しく機能するかを確認します。print()関数の呼び出しは、衝突を正しく検出できているかを確認するためのシンプルな方法です。

　エイリアン侵略ゲームを実行してエイリアンが宇宙船と衝突すると、「宇宙船にぶつかった！！！」というメッセージがターミナルに表示されます。この機能をテストするためにfleet_drop_speedを50や100といった大きな値にし、エイリアンがすぐに宇宙船に到達するようにします。

エイリアンと宇宙船の衝突に対応する

　今度は、エイリアンと宇宙船が衝突したときに何が起こるかを決める必要があります。shipインスタンスを破壊して新しい宇宙船を作成する代わりに、ゲームの統計情報として宇宙船が何回破壊されたかを数えます。統計情報は点数計算でも便利に使えます。

　ゲームの統計情報を記録するために、新たにGameStatsクラスをgame_stats.pyに作成しましょう。

```
game_stats.py
class GameStats:
    """エイリアン侵略ゲームの統計情報を記録する"""

    def __init__(self, ai_game):
        """統計情報を初期化する"""
        self.settings = ai_game.settings
        self.reset_stats()
```

```
def reset_stats(self):
    """ゲーム中に変更される統計情報を初期化する"""
    self.ships_left = self.settings.ship_limit
```

　エイリアン侵略ゲームの実行中に使用するGameStatsのインスタンスを1つだけ作成します。ただし、プレイヤーがゲームを新規に開始するたびに統計情報の値を初期化する必要があります。そのため、__init__()を直接呼ぶ代わりにreset_stats()メソッドでほとんどの統計情報を初期化します。このメソッドは__init__()から呼び出されるため、GameStats()インスタンスを最初に作成する際に値は初期化されます。また、プレイヤーが新規にゲームを開始するたびにreset_stats()を呼び出すことができます。

　現時点の統計情報はships_leftのみで、その値はゲーム中に変更されます。ゲーム開始時にプレイヤーが使用できる宇宙船の数はsettings.pyのship_limitに格納します。

settings.py

```
# 宇宙船の設定
self.ship_speed = 1.5
self.ship_limit = 3
```

　GameStatsのインスタンスの生成など、alien_invasion.py内のコードをいくつか変更する必要があります。はじめにファイルの先頭にあるimport文を更新します。

alien_invasion.py

```
import sys
from time import sleep

import pygame

from settings import Settings
from game_stats import GameStats
from ship import Ship
--省略--
```

　Pythonの標準ライブラリのtimeモジュールからsleep()関数をインポートし、宇宙船が破壊されたときにゲームを一時停止できるようにします。GameStatsもインポートします。

　__init__()の中でGameStatsのインスタンスを生成します。

alien_invasion.py
```
    def __init__(self):
        --省略--
        self.screen = pygame.display.set_mode(
            (self.settings.screen_width, self.settings.screen_height))
        pygame.display.set_caption("エイリアン侵略")

        # ゲームの統計情報を格納するインスタンスを生成する
        self.stats = GameStats(self)

        self.ship = Ship(self)
        --省略--
```

このインスタンスは、ゲーム画面を作成したあとで宇宙船など他のゲーム要素を定義する前に生成します。

エイリアンが宇宙船と衝突したときは、宇宙船の数を1つ減らして存在する全エイリアンと弾を破棄し、新しい艦隊を編成して宇宙船の位置を画面の中央に戻します。また、新しい艦隊を再編成して出現させる前にゲームを一時停止することで、衝突が発生したことにプレイヤーが気づけるようにします。

新しい_ship_hit()メソッドを作成し、次のコードを書きましょう。エイリアンが宇宙船に衝突すると、_update_aliens()の中でこのメソッドを呼び出します。

alien_invasion.py
```
    def _ship_hit(self):
        """エイリアンと宇宙船の衝突に対応する"""
        # 残りの宇宙船の数を減らす
❶       self.stats.ships_left -= 1

        # 残ったエイリアンと弾を廃棄する
❷       self.bullets.empty()
        self.aliens.empty()

        # 新しい艦隊を生成し、宇宙船を中央に配置する
❸       self._create_fleet()
        self.ship.center_ship()

        # 一時停止する
❹       sleep(0.5)
```

新しい_ship_hit()メソッドは、エイリアンが宇宙船に衝突したときの処理を行います。_ship_hit()の中で宇宙船の残数を1減らします❶。そして、bulletsとaliensのグループを空にします❷。

次に、新しい艦隊を生成し、宇宙船を中央に配置します❸（すぐあとでShipにcenter_ship()メソッドを追加します）。そして、すべてのゲーム上の要素を更新したあとに一時停止します。その際に画面の再描画は行

まず、宇宙船がエイリアンと衝突したことをプレイヤーが確認できるようにします❹。sleep()の呼び出しによってプログラムの実行を0.5秒停止します。0.5秒という時間は、エイリアンが宇宙船に衝突したことをプレイヤーが確認するには十分な長さです。sleep()関数が終了すると、コードの実行箇所は_update_screen()メソッドに移動し、画面に新しい艦隊を描画します。

_update_aliens()の中で、エイリアンが宇宙船に衝突した箇所にあるprint()関数の呼び出しを_ship_hit()に置き換えます。

```
alien_invasion.py
    def _update_aliens(self):
        --省略--
        if pygame.sprite.spritecollideany(self.ship, self.aliens):
            self._ship_hit()
```

新たにcenter_ship()メソッドをship.pyの中に追加します。

```
ship.py
    def center_ship(self):
        """宇宙船を画面の中央に配置する"""
        self.rect.midbottom = self.screen_rect.midbottom
        self.x = float(self.rect.x)
```

__init__()と同じ方法で宇宙船を中央に配置します。宇宙船を中央に配置したあと、宇宙船の正確な位置を追跡するためにself.x属性をリセットします。

 宇宙船を2つ以上作成しない点に注意してください。ゲーム全体でただ一つの宇宙船のインスタンスを使用し、宇宙船が破壊された場合は中央に再配置します。ships_leftの統計情報から、プレイヤーがいつ宇宙船を使い切ったかがわかります。

ゲームを実行し、エイリアンを何匹か撃ってからエイリアンを宇宙船と衝突させてください。ゲームが一時停止してから新しい艦隊が出現し、宇宙船が画面下部の中央に再配置されます。

エイリアンが画面の一番下に到達する

エイリアンが画面の一番下に到達した場合には、エイリアンが宇宙船に衝突したときと同じ処理を行います。この状態が発生したかを確認するために、alien_invasion.pyに新しいメソッドを追加します。

ゲームを終了する

alien_invasion.py

```
    def _check_aliens_bottom(self):
        """エイリアンが画面の一番下に到達したかを確認する"""
        for alien in self.aliens.sprites():
❶          if alien.rect.bottom >= self.settings.screen_height:
                # 宇宙船を破壊したときと同じように扱う
                self._ship_hit()
                break
```

　_check_aliens_bottom()メソッドは、エイリアンが画面の一番下に到達したかどうかを調べます。エイリアンのrect.bottomの値が画面の高さ以上の場合、一番下に達したことになります❶。エイリアンのうち1匹が一番下に到達したら_ship_hit()を呼び出します。1匹でも到達すれば残りのエイリアンについて確認は不要なので、_ship_hit()を呼び出したあとにbreak文でループを抜けます。

　_update_aliens()からこのメソッドを呼び出します。

alien_invasion.py

```
    def _update_aliens(self):
        --省略--
        # エイリアンと宇宙船の衝突を探す
        if pygame.sprite.spritecollideany(self.ship, self.aliens):
            self._ship_hit()

        # 画面の一番下に到達したエイリアンを探す
        self._check_aliens_bottom()
```

　すべてのエイリアンの位置を更新し、エイリアンと宇宙船の衝突を確認したあとに_check_aliens_bottom()を呼び出します。これで、エイリアンが宇宙船と衝突するか画面の一番下に到達すると、新しい艦隊が出現するようになります。

◤ ゲームオーバー!

　エイリアン侵略ゲームはより完成に近づきましたが、ゲームは永遠に終了しません。ship_leftの値は負の数でどんどん大きくなります。プレイヤーがすべての宇宙船を破壊したときにゲームが終了するように、game_activeフラグを追加しましょう。このフラグをAlienInvasionの__init__()メソッドの最後に設定します。

第2章 エイリアン!

```
alien_invasion.py
    def __init__(self):
        --省略--
        # エイリアン侵略ゲームをアクティブな状態で開始する
        self.game_active = True
```

プレイヤーがすべての宇宙船を使い切った場合にgame_activeにFalseを設定するコードを_ship_hit()に
追加します。

```
alien_invasion.py
    def _ship_hit(self):
        """エイリアンと宇宙船の衝突に対応する"""
        if self.stats.ships_left > 0:
            # 残りの宇宙船の数を減らす
            self.stats.ships_left -= 1
            --省略--
            # 一時停止する
            sleep(0.5)
        else:
            self.game_active = False
```

_ship_hit()はほとんど変更していません。既存のコード全体をifブロックの中に入れ、プレイヤーに1機
以上の宇宙船が残っているかを条件として確認します。もし残りがあれば新しい艦隊を作成し、一時停止した
あとにゲームを再開します。プレイヤーに宇宙船が残っていない場合はgame_activeにFalseを設定します。

ゲームの状態によって実行される箇所を明確にする

ゲームの実行中に常に実行される箇所と、ゲームがアクティブ状態の間のみ実行される箇所を明確にする必
要があります。

```
alien_invasion.py
    def run_game(self):
        """ゲームのメインループを開始する"""
        while True:
            self._check_events()

            if self.game_active:
                self.ship.update()
                self._update_bullets()
                self._update_aliens()
```

```
        self._update_screen()
        self.clock.tick(60)
```

　ゲームが非アクティブ状態のときも、メインループの中では_check_events()が常に呼び出されています。たとえば、ユーザーがゲームを終了するために Q キーを押したり、画面を閉じるためにボタンをクリックしたりするのを常に検知する必要があります。同様に、プレイヤーが新規ゲームの開始を選択したときに画面を変更できるように画面も更新し続けています。ゲームが非アクティブ状態のときはゲーム上の要素の位置を更新する必要がないため、それ以外のメソッド呼び出しはゲームがアクティブ状態の間のみ実行されます。

　この段階でエイリアン侵略ゲームをプレイすると、すべての宇宙船を使い切ったときにゲームがフリーズするようになりました。

やってみよう

2-6. ゲームオーバー
横向きのシューティングゲームで、宇宙船の数とエイリアンが宇宙船に衝突した回数を記録します。ゲームを終了する適切な条件を決め、その状態になったときにゲームが終了するようにします。

まとめ

この章では次のことを学びました。

- エイリアンの艦隊を作成するために、たくさんの同じ要素を画面に追加する方法
- 複数の要素を格子状に配置するために、入れ子のループを使用する方法
- 各要素のupdate()メソッドを呼び出すことにより、複数の要素の固まりをまとめて移動する方法
- 画面上のオブジェクトの進行方向を制御する方法と、艦隊が画面の端に到達するといった特別な状態に対応する方法
- 弾でエイリアンを撃つ、またはエイリアンが宇宙船にぶつかるといった衝突を検出して対応する方法
- ゲームの統計情報を管理する方法
- ゲームが終了したかを特定するためにgame_activeフラグを使用する方法

第2章 エイリアン!

　このプロジェクトの最後となる次の章では「Play」ボタンを追加し、いつゲームを開始するか、ゲーム終了時にもう一度ゲームをプレイするかをプレイヤーが選べるようにします。また、プレイヤーが艦隊をすべて撃ち落とすごとにゲームのスピードが速くなるようにし、点数の表示を追加します。最終的には完全に遊べるゲームができあがります！

第 3 章

得点を表示する

第*9*章　得点を表示する

　　　の章でエイリアン侵略ゲームを完成させます。ゲームの開始時と終了後に、ゲームを
　　　再度開始するための「Play」ボタンを追加します。また、プレイヤーのレベルが上が
るとゲームの速度が上がるように変更し、得点を表示するシステムを追加します。この章が
終わる頃には、プレイヤーがゲームを進めるにつれて難易度が上がり、完全な得点システ
ムを備えたゲームを書きはじめるために十分な知識が身についています。

Playボタンを追加する

　この節では「Play」ボタンを追加します。このボタンはゲームを開始するときに表示され、ゲームが終了し
たときにも再度プレイできるように再表示されます。

　これまではalien_invasion.pyを実行するとゲームがすぐに開始されていました。非アクティブ状態で
ゲームを開始し、プレイヤーが「Play」ボタンをクリックするように促しましょう。そのためにAlienInvasion
の__init__()メソッドを変更します。

alien_invasion.py

```
def __init__(self):
    """ゲームを初期化し、ゲームのリソースを作成する"""
    pygame.init()
    --省略--

    # エイリアン侵略ゲームを非アクティブな状態で開始する
    self.game_active = False
```

　これでゲームは非アクティブ状態で開始するようになり、「Play」ボタンが作成されるまでプレイヤーがゲー
ムを開始する方法がありません。

Buttonクラスを作成する

　Pygameにはボタンを作成するためのメソッドが存在しないため、ラベル付きの塗りつぶされた長方形を作
成するButtonクラスを書きます。このコードを使用すると、ゲーム中にさまざまなボタンを作成できます。次
に示すのはButtonクラスの最初の部分です。この内容をbutton.pyというファイル名で保存します。

66

button.py

```python
import pygame.font

class Button:
    """ゲームのボタンを構築するクラス"""

    def __init__(self, ai_game, msg):
        """ボタンの属性を初期化する"""
        self.screen = ai_game.screen
        self.screen_rect = self.screen.get_rect()

        # ボタンの大きさと属性を設定する
        self.width, self.height = 200, 50
        self.button_color = (0, 135, 0)
        self.text_color = (255, 255, 255)
        self.font = pygame.font.SysFont(None, 48)

        # ボタンの rect オブジェクトを生成し画面の中央に配置する
        self.rect = pygame.Rect(0, 0, self.width, self.height)
        self.rect.center = self.screen_rect.center

        # ボタンのメッセージは一度だけ準備する必要がある
        self._prep_msg(msg)
```

❶ ❷ ❸ ❹ ❺

　最初に、Pygameが画面にテキストを描画できるようにpygame.fontモジュールをインポートします。__init__()メソッドは、引数としてself、ai_gameオブジェクトとmsgを受け取ります❶。msgにはボタン上に表示する文字列が入ります。次にボタンの大きさを設定します❷。button_colorにボタンのrectオブジェクトの色としてダークグリーンを設定し、text_colorにはテキストの色として白を設定します。

　次に、文字列を描画するためにfont属性を準備します❸。引数のNoneはデフォルトのフォントを使用するようにPygameに指示し、48はテキストのサイズを指定しています。ボタンのrectを生成し、centerの値を画面の中央と合わせることにより画面の中央にボタンを配置します❹。

　Pygameで画面に表示したい文字列をレンダリングすることにより、テキストを画像として扱えるようになります。最後に_prep_msg()を呼び出し、その中で描画処理を行います❺。

　次に示すのが_prep_msg()のコードです。

button.py

```python
    def _prep_msg(self, msg):
        """msgを画像に変換しボタンの中央に配置する"""
        self.msg_image = self.font.render(msg, True, self.text_color,
            self.button_color)
        self.msg_image_rect = self.msg_image.get_rect()
        self.msg_image_rect.center = self.rect.center
```

❶ ❷

_prep_msg()メソッドは引数としてselfと画面に描画する文字列（msg）を必要とします。font.render()を呼び出すとmsgに格納されている文字列を画像に変換して返すので、その画像をself.msg_imageに格納します❶。font.render()メソッドは、ブール値の引数でアンチエイリアシングの有無を指定できます（**アンチエイリアシング**を有効にすると文字列の縁が滑らかになります）。残りの引数はフォントの色と背景色を指定しています。ここでは、アンチエイリアシングにTrueを指定し、背景色にボタンと同じ色を指定しています（背景色を指定しない場合、Pygameは透明の背景に対してフォントの描画を試みます）。

文字列の画像からrectを生成し、center属性の値をボタンの中央と同じ値にすることで、文字列をボタンの中央に配置します❷。

最後に、ボタンを画面に表示するために呼び出すdraw_button()メソッドを作成します。

```python
# button.py
    def draw_button(self):
        """空白のボタンを描画し、メッセージを描画する"""
        self.screen.fill(self.button_color, self.rect)
        self.screen.blit(self.msg_image, self.msg_image_rect)
```

ボタンの長方形を描画するためにscreen.fill()を呼び出します。そして画面に文字列の画像を描画するためにscreen.blit()を呼び出します。引数には、画像とその画像に関連付けられたrectオブジェクトを指定します。これでButtonクラスが完成しました。

画面にボタンを描画する

Buttonクラスを使用してAlienInvasionに「Play」ボタンを作成します。最初にimport文を更新します。

```python
# alien_invasion.py
--省略--
from game_stats import GameStats
from button import Button
```

「Play」ボタンは1つあればよいので、次のようにAlienInvasionの__init__()メソッドの中でボタンを作成します。このコードを__init__()の最後に追加します。

```python
# alien_invasion.py
    def __init__(self):
        --省略--
        self.game_active = False

        # Playボタンを作成する
        self.play_button = Button(self, "Play")
```

このコードは、「Play」というラベルがついたButtonのインスタンスを生成します。しかし、ボタンは画面上に表示されません。ボタンを表示するために、_update_screen()の中でボタンのdraw_button()メソッドを呼び出します。

alien_invasion.py

```
    def _update_screen(self):
        --省略--
        self.aliens.draw(self.screen)

        # ゲームが非アクティブ状態のときに「Play」ボタンを描画する
        if not self.game_active:
            self.play_button.draw_button()

        pygame.display.flip()
```

画面上の他のすべての要素より前面に「Play」ボタンを表示するために、他のすべての要素を描画したあとで最新の画面を表示する直前にボタンを描画します。このコードをifブロックの中に入れることにより、ゲームが非アクティブのときのみボタンが表示されます。

エイリアン侵略ゲームを実行すると、**図3-1**のように「Play」ボタンが画面の中央に表示されます。

図3-1　ゲームが非アクティブ状態のときに「Play」ボタンが表示される

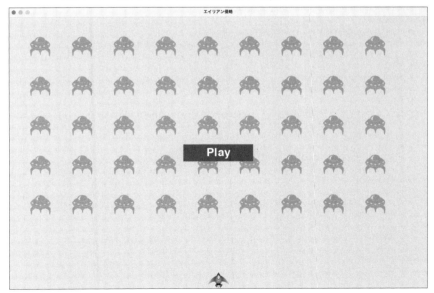

第**3**章　得点を表示する

ゲームを開始する

プレイヤーが「Play」ボタンをクリックすると新規にゲームが開始されるように、次に示すelifブロックを_check_events()の最後に追加してボタン上のマウスイベントを監視します。

```
alien_invasion.py
    def _check_events(self):
        """キーボードとマウスのイベントに対応する"""
        for event in pygame.event.get():
            if event.type == pygame.QUIT:
                --省略--
❶          elif event.type == pygame.MOUSEBUTTONDOWN:
❷              mouse_pos = pygame.mouse.get_pos()
❸              self._check_play_button(mouse_pos)
```

プレイヤーが画面上のどこかをクリックすると、PygameはMOUSEBUTTONDOWNイベントを検出します❶。しかし、このゲームでに「Play」ボタンがマウスでクリックされた場合のみ反応する必要があります。そのためにpygame.mouse.get_pos()を使用します❷。このメソッドは、マウスをクリックしたカーソル位置の**X、Y座標**をタプルで返します。この座標を新しい_check_play_button()メソッドに渡します❸。

次に示す_check_play_button()を_check_events()の下に配置します。

```
alien_invasion.py
    def _check_play_button(self, mouse_pos):
        """プレイヤーがPlayボタンをクリックしたら新規ゲームを開始する"""
❶      if self.play_button.rect.collidepoint(mouse_pos):
            self.game_active = True
```

rectのcollidepoint()メソッドを使用し、マウスをクリックした位置が「Play」ボタンのrectを定義した領域と重なっているかを確認します❶。重なっている場合は、game_activeにTrueを設定してゲームを開始します！

これでゲームを開始できるようになりました。ゲームが終了するとgame_activeの値がFalseになり、「Play」ボタンが再度表示されます。

70

ゲームをリセットする

ゲームをリセットする

3

得点を表示する

　先ほど作成した「Play」ボタンのコードは、プレイヤーが最初に「Play」ボタンをクリックしたときにはうまく動作します。しかし、最初のゲームが終了したあとは、ゲームが終了する原因となった条件がリセットされていないため正しく動作しません。

　プレイヤーが「Play」ボタンをクリックするたびにゲームをリセットするには、次のようにゲームの統計情報を初期化し、古いエイリアンと弾を消去し、新しい艦隊を編成し、宇宙船の位置を中央に移動する必要があります。

alien_invasion.py

```
    def _check_play_button(self, mouse_pos):
        """プレイヤーがPlayボタンをクリックしたら新規ゲームを開始する"""
        if self.play_button.rect.collidepoint(mouse_pos):
            # ゲームの統計情報をリセットする
❶          self.stats.reset_stats()
            self.game_active = True

            # 残った弾とエイリアンを廃棄する
❷          self.bullets.empty()
            self.aliens.empty()

            # 新しい艦隊を作成し、宇宙船を中央に配置する
❸          self._create_fleet()
            self.ship.center_ship()
```

　ゲームの統計情報をリセットし、プレイヤーの宇宙船の数を3機にします❶。そしてgame_activeの値をTrueに設定し、この関数の処理が終了するとゲームが開始されるようにします。alienとbulletsのグループを空にします❷。そして、新しい艦隊を生成し、宇宙船の位置を中央にします❸。

　これで、「Play」ボタンを押すとゲームは毎回適切にリセットされるようになり、何回でもゲームを遊べます！

ゲーム開始ボタンを無効化する

　「Play」ボタンに関連する問題が1つあります。それは、画面上に「Play」ボタンが表示されていなくても、ボタンの領域をクリックすると反応してしまうということです。ゲーム開始後に偶然「Play」ボタンの場所をク

第*3*章　得点を表示する

リックすると、ゲームが再スタートします！

この問題を解決するために、game_activeがFalseのときだけゲームを開始するようにします。

alien_invasion.py

```
    def _check_play_button(self, mouse_pos):
        """プレイヤーがPlayボタンをクリックしたら新規ゲームを開始する"""
❶      button_clicked = self.play_button.rect.collidepoint(mouse_pos)
❷      if button_clicked and not self.game_active:
            # ゲームの統計情報をリセットする
            self.stats.reset_stats()
            --省略--
```

button_clickedフラグにはTrueまたはFalseが格納されます❶。そして「Play」ボタンがクリックされ、**かつ(and)**、ゲームが非アクティブ状態のときのみゲームを再スタートします❷。この動作を確認するために、ゲームを開始したあとに「Play」ボタンの場所をクリックします。すべてが正しく動作していれば、「Play」ボタンの領域をクリックしてもゲームの動作には影響を与えません。

マウスカーソルを隠す

ゲームが非アクティブのときはマウスカーソルを表示する必要がありますが、ゲーム開始後はカーソルが邪魔になります。この問題を解決するために、ゲームがアクティブな状態のときにマウスカーソルを非表示にします。_check_play_button()のifブロックの最後に次の内容を記述します。

alien_invasion.py

```
    def _check_play_button(self, mouse_pos):
        """プレイヤーがPlayボタンをクリックしたら新規ゲームを開始する"""
        button_clicked = self.play_button.rect.collidepoint(mouse_pos)
        if button_clicked and not self.game_active:
            --省略--
            # マウスカーソルを非表示にする
            pygame.mouse.set_visible(False)
```

set_visible()にFalseを指定すると、マウスがゲーム画面上に存在するときにPygameはマウスカーソルを表示しません。

ゲーム終了時にはマウスカーソルを再度表示し、プレーヤーがゲームを始めるために「Play」ボタンをクリックできるようにします。次のコードでマウスカーソルが再度表示されます。

alien_invasion.py

```python
    def _ship_hit(self):
        """エイリアンと宇宙船の衝突に対応する"""
        if self.stats.ships_left > 0:
            --省略--
        else:
            self.game_active = False
            pygame.mouse.set_visible(True)
```

　_ship_hit()の中でゲームが非アクティブな状態になると、マウスカーソルが再度表示されます。このような細部に注意を払うことで、ゲームはよりプロらしいものになり、プレイヤーはユーザーインターフェースを理解することよりもゲームを遊ぶことに集中できるようになります。

やってみよう

3-1. Pを押してゲームを始める
エイリアン侵略ゲームでは宇宙船の操作にキーボード入力を使用するので、キー入力のみでゲームを開始できると便利です。プレイヤーがキーボードの P キーを押すと、ゲームがスタートするコードを追加します。_check_play_button()からいくつかのコードを _start_game()メソッドに移動し、このメソッドを _check_play_button()と _check_keydown_events()から呼び出すと便利です。

3-2. ターゲット練習
長方形を画面の右端に生成し、一定の速度で上下に移動します。そして画面の左端に宇宙船を生成し、プレイヤーは長方形を的にして上下に移動しながら弾を撃ちます。ゲームを開始するための「Play」ボタンを追加し、プレイヤーが的を3回外すとゲームが終了して「Play」ボタンを再度表示するようにします。「Play」ボタンを使用してプレイヤーはゲームを再度開始します。

レベルアップする

　ここまでに作成したゲームでは、プレイヤーが艦隊をすべて撃ち落とすとゲームが新しいレベルになりますが、難易度は変わりません。プレイヤーがレベルを1つクリアするたびにスピードを上げ、より挑戦しがいのあるゲームにして盛り上げましょう。

第**3**章　得点を表示する

速度の設定を変更する

　はじめにSettingsクラスを再編成してゲームの設定をグループ化し、固定の値と動的な値に分類します。また、新しいゲームを開始するときにゲームの実行中に変更された設定値をリセットするようにします。次に示すのがsettings.pyの__init__()メソッドです。

settings.py

```
def __init__(self):
    """ゲームの固定の設定値を初期化する"""
    # 画面に関する設定
    self.screen_width = 1200
    self.screen_height = 800
    self.bg_color = (230, 230, 230)

    # 宇宙船の設定
    self.ship_limit = 3

    # 弾の設定
    self.bullet_width = 3
    self.bullet_height = 15
    self.bullet_color = 60, 60, 60
    self.bullets_allowed = 3

    # エイリアンの設定
    self.fleet_drop_speed = 10

    # ゲームのスピードアップする速さ
❶   self.speedup_scale = 1.1

❷   self.initialize_dynamic_settings()
```

　値が変わらない設定値は引き続き__init__()メソッドの中で初期化します。ゲームのスピードをどの程度上げるかを制御する設定値としてspeedup_scaleを追加します❶。この値が2の場合は、プレイヤーが新しいレベルに進むたびにスピードが倍になります。値が1の場合、スピードは変わりません。この値は、1.1のようにゲームを難しくしつつもクリアが可能な値にしてください。最後に、ゲームの進行中に変更する属性の値を初期化するためにinitialize_dynamic_settings()メソッドを呼び出します❷。

　次に示すのは、initialize_dynamic_settings()のコードです。

settings.py

```
def initialize_dynamic_settings(self):
    """ゲーム中に変更される設定値を初期化する"""
```

```
        self.ship_speed = 1.5
        self.bullet_speed = 2.5
        self.alien_speed = 1.0

        # 艦隊の移動方向を表し 1 は右、-1 は左に移動することを表す
        self.fleet_direction = 1
```

　このメソッドは宇宙船、弾、エイリアンのスピードの初期値を設定します。これらのスピードは、プレイヤーによるゲームの進行度によって速くなり、新規ゲームの開始時にはリセットされます。新規ゲームの開始時にエイリアンは常に右に移動するので、このメソッドにはfleet_directionも含まれます。fleet_drop_speedの値を増やす必要はありません。エイリアンが横に移動する速度が上がれば、下に移動するスピードも速くなるためです。

　プレイヤーが新しいレベルに進むたびに宇宙船、弾、エイリアンのスピードを上げるために、新しいメソッドincrease_speed()を作成します。

settings.py

```
    def increase_speed(self):
        """速度の設定値を増やす"""
        self.ship_speed *= self.speedup_scale
        self.bullet_speed *= self.speedup_scale
        self.alien_speed *= self.speedup_scale
```

　ゲームの各要素のスピードを上げるために、各スピードの設定値にspeedup_scaleの値をかけ算します。

　艦隊の最後のエイリアンを撃ち落としたときに、_check_bullet_alien_collisions()の中でincrease_speed()を呼び出してゲームのテンポを上げます。

alien_invasion.py

```
    def _check_bullet_alien_collisions(self):
        --省略--
        if not self.aliens:
            # 存在する弾を破壊し、新しい艦隊を作成する
            self.bullets.empty()
            self._create_fleet()
            self.settings.increase_speed()
```

　速度に関する設定であるship_speed、alien_speed、bullet_speedの値を変更すると、ゲーム全体がスピードアップします!

第**3**章 得点を表示する

速度をリセットする

プレイヤーが新しいゲームを開始するときには、変更した各種設定を初期値に戻す必要があります。そのようこしないと新しいゲームが前のゲームで上げられたスピードの設定のままで開始されます。

```
alien_invasion.py
    def _check_play_button(self, mouse_pos):
        """プレイヤーがPlayボタンをクリックしたら新規ゲームを開始する"""
        button_clicked = self.play_button.rect.collidepoint(mouse_pos)
        if button_clicked and not self.game_active:
            # ゲームの設定値をリセットする
            self.settings.initialize_dynamic_settings()
            --省略--
```

エイリアン侵略ゲームがより楽しく挑戦しがいのあるものになりました。面をクリアするたびにゲームのスピードが速くなり、難易度が上がります。ゲームが難しくなるのが早すぎる場合はsettings.speedup_scaleの値を減らしてください。逆にあまり難しくならない場合は値を増やしてください。適度な時間で難易度が上昇する適切な値を探します。最初の何面かは簡単で、続く数面は難しいがクリアできる程度に、その後はとても難しくなるようにすべきです。

やってみよう

3-3. ターゲット練習の難易度を上げる
演習問題3-2（73ページ）から始めます。ゲームが進行すると的の動きがより速くなるようにし、プレイヤーが「Play」ボタンを押してゲームを再スタートするともとのスピードに戻るようにします。

3-4. 難易度レベル
エイリアン侵略ゲームでゲームを開始するときに、プレイヤーが難易度を選択できるボタンを複数作成します。各ボタンは、異なる難易度レベルとなるようにSettingsの属性に適切な値を代入します。

得点を表示する

リアルタイムでゲームの得点を表示するシステムを実装しましょう。また、ハイスコアと現在のレベル、宇宙船の残数も表示します。

得点はゲームの統計情報なので、GameStatsにscore属性を追加します。

game_stats.py

```python
class GameStats:
    --省略--
    def reset_stats(self):
        """ゲーム中に変更される統計情報を初期化する"""
        self.ships_left = self.ai_settings.ship_limit
        self.score = 0
```

ゲームを開始するたびに得点をリセットするため、scoreの初期化は__init__()ではなくreset_stats()の中で行います。

得点を画面に表示する

得点を画面に表示するために、まずは新しいクラスScoreboardを作成します。現時点でこのクラスは現在の得点だけを表示します。最後にはハイスコア、レベル、宇宙船の残数表示にも使用します。次に示すのはクラスの最初の部分です。このコードをscoreboard.pyに格納します。

scoreboard.py

```python
import pygame.font

class Scoreboard:
    """得点の情報をレポートするクラス"""

    def __init__(self, ai_game):
        """得点を記録するための属性を初期化する"""
        self.screen = ai_game.screen
        self.screen_rect = self.screen.get_rect()
        self.settings = ai_game.settings
        self.stats = ai_game.stats
```

❶

第**3**章　得点を表示する

```
            # 得点表示用のフォントを設定する
❷          self.text_color = (30, 30, 30)
❸          self.font = pygame.font.SysFont(None, 48)

            # 初期の得点画像を準備する
❹          self.prep_score()
```

　Scoreboardでは文字列を画面に表示するため、最初にpygame.fontをインポートします。次にsettings、screen、statsオブジェクトにアクセスするためにai_gameを__init__()の引数に指定します❶。これらのオブジェクトは得点システムで値を表示するために必要なものです。そして文字列の色を設定し❷、フォントオブジェクトのインスタンスを生成します❸。

　prep_score()を呼び出し、文字列を画面に表示するために画像に変換します❹。prep_score()は次のように定義します。

scoreboard.py

```
        def prep_score(self):
            """得点を描画用の画像に変換する"""
❶          score_str = str(self.stats.score)
❷          self.score_image = self.font.render(score_str, True,
                    self.text_color, self.settings.bg_color)

            # 画面の右上に得点を表示する
❸          self.score_rect = self.score_image.get_rect()
❹          self.score_rect.right = self.screen_rect.right - 20
❺          self.score_rect.top = 20
```

　prep_score()では、stats.scoreから数値を取得して文字列に変換します❶。そして、その文字列をrender()に渡して画像を生成します❷。画面上に得点をきれいに表示するために、文字の色と画面の背景色をrender()に渡します。

　得点は画面の右上の角に配置し、得点の桁が増えて数字の幅が増えたときには左側を拡張します。得点を常に画面の右端に配置するために、score_rectという名前のrectを生成します❸。そして画面の右端から20ピクセルの座標をscore_rectの右端に設定します❹。また、画面の上端から20ピクセル下の座標にscore_rectを配置します❺。

　次に、得点の画像を描画するためのshow_score()メソッドを作成します。

scoreboard.py

```
        def show_score(self):
            """画面に得点を描画する"""
            self.screen.blit(self.score_image, self.score_rect)
```

このメソッドは、score_rectで指定した画面上の位置に得点の画像を描画します。

スコアボードを作成する

得点を表示するためにAlienInvasionの中でScoreboardのインスタンスを生成します。はじめに、import文を更新します。

alien_invasion.py
```
--省略--
from game_stats import GameStats
from scoreboard import Scoreboard
--省略--
```

次に、__init__()の中でScoreboardのインスタンスを生成します。

alien_invasion.py
```
    def __init__(self):
        --省略--
        pygame.display.set_caption("Alien Invasion")

        # ゲームの統計情報とスコアボードのインスタンスを生成する
        self.stats = GameStats(self)
        self.sb = Scoreboard(self)
        --省略--
```

そして、_update_screen()の中でスコアボードを画面に描画します。

alien_invasion.py
```
    def _update_screen(self):
        --省略--
        self.aliens.draw(self.screen)

        # 得点の情報を描画する
        self.sb.show_score()

        # ゲームが無効状態の時に「Play」ボタンを描画する
        --省略--
```

「Play」ボタンを描画する直前にshow_score()を呼び出します。

エイリアン侵略ゲームを実行すると画面の右上に0が表示されます（現時点では得点が正しい場所に表示さ

れることだけを確認し、得点システムの開発はこの先で行います）。**図3-2**を見ると、ゲームを開始する前に得点が表示されています。

次は各エイリアンに点数を割り当てます！

図3-2 画面の右上に得点を表示する

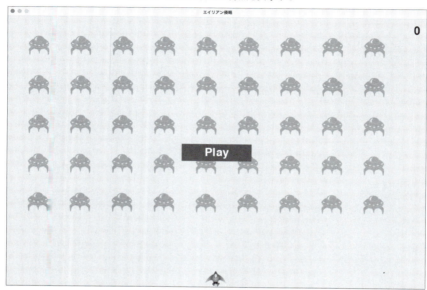

エイリアンを撃ち落とすと得点を更新する

画面に現在の得点を書き込むためにエイリアンを1匹撃つごとにstats.scoreの値を更新し、prep_score()を呼び出して得点の画像を更新します。しかし、その前にプレイヤーがエイリアンを1匹撃ち落とすごとに得る点数を決めましょう。

settings.py
```python
    def initialize_dynamic_settings(self):
        --省略--

        # 点数の設定
        self.alien_points = 50
```

あとの工程で、ゲームの進行にしたがって1匹のエイリアンの点数を増加させるようにします。新規にゲームを開始するごとにこの点数をリセットするため、initialize_dynamic_settings()の中で初期化します。

`_check_bullet_alien_collisions()`の中で1匹のエイリアンを撃ち落とすごとに点数を更新しましょう。

alien_invasion.py

```python
    def _check_bullet_alien_collisions(self):
        """弾とエイリアンの衝突に対応する"""
        # 衝突した弾とエイリアンを削除する
        collisions = pygame.sprite.groupcollide(
                self.bullets, self.aliens, True, True)

        if collisions:
            self.stats.score += self.settings.alien_points
            self.sb.prep_score()
    --省略--
```

　弾がエイリアンに当たったときに、Pygameはcollisionsに辞書を返します。辞書にデータが存在することを確認し、エイリアンの点数を得点（score）に追加します。次にprep_score()を呼び出し、更新された得点の画像を生成します。

　これで、エイリアン侵略ゲームをプレイしてエイリアンを撃ち落とすと、得点が増えます！

得点をリセットする

　ここまでで、エイリアンを撃ち落としたあとに新しい得点を表示できるようになりました。得点の表示はゲームの大部分で正しく動作します。しかし、新しいゲームを開始すると、最初のエイリアンを撃ち落とすまで古い得点が表示されたままになります。

　この問題に対処するには、新しいゲームを始めるときに得点表示の準備をします。

alien_invasion.py

```python
    def _check_play_button(self, mouse_pos):
        --省略--
        if button_clicked and not self.game_active:
            --省略--
            # ゲームの統計情報をリセットする
            self.stats.reset_stats()
            self.sb.prep_score()
            --省略--
```

　新しいゲームを開始してゲームの統計情報をリセットしたあとにprep_score()を呼び出します。この処理により、スコアボードの得点が0になります。

第3章　得点を表示する

撃ち落としたすべての点数を確認する

現在のコードでは、エイリアンの点数を取りこぼす場合があります。たとえば、ループの中で2つの弾がエイリアンを撃ち落とした場合や、幅が広い1つの弾によって複数のエイリアンを撃ち落とした場合に、プレイヤーはエイリアンを1匹撃ち落としたときの点数しか受け取れません。この問題を解決するために、弾とエイリアンの衝突を検出したときの処理を洗練させましょう。

_check_bullet_alien_collisions()の中の辞書collisionsのキーには、エイリアンと衝突した弾の情報が使用されます。各弾のキーと関連付けられた値には、衝突したエイリアンのリストが格納されています。辞書collisionsの値を繰り返し処理することで、撃ち落とした各エイリアンの点数を正しく受け取れます。

alien_invasion.py

```
    def _check_bullet_alien_collisions(self):
        --省略--
        if collisions:
❶          for aliens in collisions.values():
                self.stats.score += self.settings.alien_points * len(aliens)
            self.sb.prep_score()
        --省略--
```

辞書collisionsが定義されている場合は、その辞書のすべての値をループ処理します❶。各値は1つの弾で撃ち落とされたエイリアンのリストであることを思い出してください。1匹のエイリアンの点数とリスト中のエイリアンの数を掛け、その結果を現在の得点に加算します。この機能をテストするために弾の幅を300ピクセルに変更し、幅が広い弾で撃ち落とされた全エイリアン分の得点が加算されることを確認します。確認したあとは弾の幅をもとに戻してください。

エイリアンの点数を増やす

プレイヤーが新しいレベルに到達するたびにゲームは難しくなるため、エイリアンの点数は後半のレベルでより多くなるべきです。この機能を実現するために、ゲームのスピードを速くするときに点数の値を増やすコードを追加します。

settings.py

```
class Settings:
    """エイリアン侵略の全設定を格納するクラス"""

    def __init__(self):
        --省略--
        # ゲームのスピードアップする速さ
        self.speedup_scale = 1.1
```

82

```
            # エイリアンの点数が増加する量
❶           self.score_scale = 1.5

            self.initialize_dynamic_settings()

        def initialize_dynamic_settings(self):
            --省略--

        def increase_speed(self):
            """速度の設定値とエイリアンの点数を増やす"""
            self.ship_speed *= self.speedup_scale
            self.bullet_speed *= self.speedup_scale
            self.alien_speed *= self.speedup_scale

❷           self.alien_points = int(self.alien_points * self.score_scale)
```

　点数を増加させる割合をscore_scaleという変数に定義します❶。スピードの増加率は小さめ（1.1）で、ゲームは徐々に速くなります。しかし、得点の変化は目立たせたいので、エイリアンの点数の増加率はより大きい値（1.5）に変更する必要があります。そして、ゲームのスピードを速くするのと同時にエイリアンの点数を増やします❷。int()関数を使用して増加した点数を整数にして格納します。

　エイリアンごとの点数を確認するためにSettingsのincrease_speed()メソッドにprint()関数を追加します。

settings.py
```
    def increase_speed(self):
        --省略--
        self.alien_points = int(self.alien_points * self.score_scale)
        print(self.alien_points)
```

　新しいレベルに到達するたびに新しい点数の値がターミナルに表示されます。

 点数が上昇することを確認したあとでprint()関数を削除することを忘れないでください。この行があるとゲームのパフォーマンスに影響が出ます。

得点を丸める

　多くのシューティングゲームでは得点を10の倍数で表示します。このゲームでも同じように表示しましょう。また得点が大きな数値になったときにはカンマ（,）区切りでフォーマットしましょう。次のようにScoreboardを書き換えます。

scoreboard.py

```
def prep_score(self):
    """得点を描画用の画像に変換する"""
    rounded_score = round(self.stats.score, -1)
    score_str = f"{rounded_score:,}"
    self.score_image = self.font.render(score_str, True,
        self.text_color, self.settings.bg_color)
    --省略--
```

　round()関数は通常、第2引数で指定した小数点以下の桁数で浮動小数点数を丸めます。しかし、第2引数に負の数を指定するとround()は数値を10、100、1000などの位で丸めます。ここではstats.scoreの値を10の位で丸めてrounded_scoreに格納します。

　次に得点のf-stringで書式指定子を使用します。**書式指定子**は変数の値を表示するときに変換方法を指定するための特別な文字です。この場合の:,という文字の並びは、指定された数値の適切な位置にカンマを挿入するようにPythonに指示します。結果として1000000の代わりに1,000,000のような文字列になります。

　ゲームを実行すると、**図3-3**のように10の位で丸められた得点がカンマつきの見やすいフォーマットで表示されます。

図3-3　カンマつきの丸められた得点

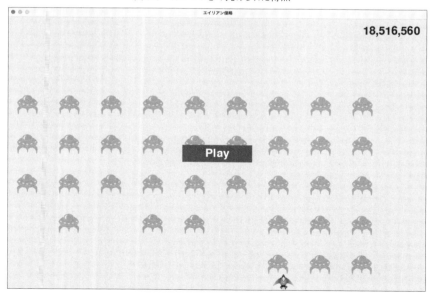

得点を表示する

ハイスコア

プレイヤーはゲームのハイスコアを更新したいと思うものです。ハイスコアを表示してプレイヤーがもっとゲームを遊びたくなるようにしましょう。GameStatsにハイスコアを格納します。

game_stats.py
```python
    def __init__(self, ai_game):
        --省略--
        # ハイスコアはリセットしない
        self.high_score = 0
```

ハイスコアはリセットしないため、high_scoreの初期化はreset_stats()ではなく__init__()の中で行います。

次に、ハイスコアを表示するためにScoreboardを変更します。まず__init()__メソッドから書き換えましょう。

scoreboard.py
```python
    def __init__(self, ai_game):
        --省略--
        # 2つの得点の初期画像を準備する
        self.prep_score()
❶       self.prep_high_score()
```

ハイスコアは得点と別に表示するため、新規にprep_high_score()メソッドを追加してハイスコア用の画像を用意します❶。

prep_high_score()の中身は次のようになります。

scoreboard.py
```python
    def prep_high_score(self):
        """ハイスコアを描画用の画像に変換する"""
❶       high_score = round(self.stats.high_score, -1)
        high_score_str = f"{high_score:,}"
❷       self.high_score_image = self.font.render(high_score_str, True,
                self.text_color, self.settings.bg_color)

        # 画面上部の中央にハイスコアを表示する
        self.high_score_rect = self.high_score_image.get_rect()
❸       self.high_score_rect.centerx = self.screen_rect.centerx
❹       self.high_score_rect.top = self.score_rect.top
```

85

ハイスコアの値を10の位で丸め、カンマ区切りでフォーマットします❶。次に、ハイスコアの画像を作成します❷。ハイスコアのrectの横方向の中央の座標を画面の中央に設定します❸。最後に、上部の位置を得点画像の上部と合わせます❹。

show_score()メソッドは、画面の右上に現在の得点、画面の上部中央にハイスコアを描画します。

scoreboard.py

```python
def show_score(self):
    """画面に得点を描画する"""
    self.screen.blit(self.score_image, self.score_rect)
    self.screen.blit(self.high_score_image, self.high_score_rect)
```

ハイスコアをチェックするための新しいメソッドcheck_high_score()をScoreboardに作成します。

scoreboard.py

```python
def check_high_score(self):
    """新しいハイスコアかをチェックし、必要なら表示を更新する"""
    if self.stats.score > self.stats.high_score:
        self.stats.high_score = self.stats.score
        self.prep_high_score()
```

check_high_score()メソッドは現在の得点とハイスコアを比較します。現在の得点のほうが大きい場合は、high_scoreの値を更新し、prep_high_score()を呼び出してハイスコアの画像を更新します。

エイリアンを撃ち落として_check_bullet_alien_collisions()の中で得点を更新するたびにcheck_high_score()を呼び出します。

alien_invasion.py

```python
def _check_bullet_alien_collisions(self):
    --省略--
    if collisions:
        for aliens in collisions.values():
            self.stats.score += self.settings.alien_points * len(aliens)
        self.sb.prep_score()
        self.sb.check_high_score()
    --省略--
```

辞書collisionsに値が存在する場合、撃ち落とした全エイリアン分の得点を更新したあとにcheck_high_score()を呼び出します。

エイリアン侵略ゲームの1回目のプレイでは現在の得点がそのままハイスコアとなるため、現在の得点とハイスコアに同じ値が表示されます。しかし、2回目のゲームを開始すると、**図3-4**のようにハイスコアが中央に表示され、現在の得点が右側に表示されます。

図3-4 ハイスコアが画面の上部中央に表示される

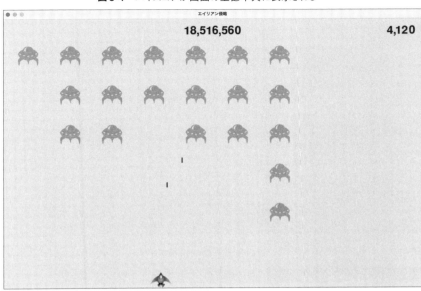

レベルを表示する

ゲームにプレイヤーのレベルを表示するために、GameStatsに現在のレベルを表す属性を追加します。新規にゲームを開始するたびにレベルをリセットする必要があるため、reset_stats()の中で値を初期化します。

game_stats.py

```python
    def reset_stats(self):
        """ゲーム中に変更される統計情報を初期化する"""
        self.ships_left = self.settings.ship_limit
        self.score = 0
        self.level = 1
```

Scoreboardで現在のレベルを表示するために、新しいメソッドprep_level()を__init__()から呼び出します。

scoreboard.py

```python
    def __init__(self, ai_game):
        --省略--
        self.prep_high_score()
        self.prep_level()
```

第**3**章　得点を表示する

次に示すのは prep_level() のコードです。

scoreboard.py

```
    def prep_level(self):
        """レベルを描画用の画像に変換する"""
        level_str = str(self.stats.level)
❶      self.level_image = self.font.render(level_str, True,
            self.text_color, self.settings.bg_color)

        # 得点の下にレベルを配置する
        self.level_rect = self.level_image.get_rect()
❷      self.level_rect.right = self.score_rect.right
❸      self.level_rect.top = self.score_rect.bottom + 10
```

prep_level() メソッドは、stats.level に格納された値から画像を生成します❶。画像の右端の座標を表す right 属性の値を、得点の right 属性と合わせます❷。得点とレベルの間に余白を設定するため、レベル画像の上部の座標を表す top 属性を得点画像の下部 (bottom) から 10 ピクセル下に設定します❸。

show_score() も更新する必要があります。

scoreboard.py

```
    def show_score(self):
        """画面に得点とレベルを描画する"""
        self.screen.blit(self.score_image, self.score_rect)
        self.screen.blit(self.high_score_image, self.high_score_rect)
        self.screen.blit(self.level_image, self.level_rect)
```

この新しい行によって画面にレベルの画像が描画されます。

_check_bullet_alien_collisions() の中で stats.level を増やしてレベル画像を更新します。

alien_invasion.py

```
    def _check_bullet_alien_collisions(self):
        --省略--
        if not self.aliens:
            # 存在する弾を破壊し、新しい艦隊を作成する
            self.bullets.empty()
            self._create_fleet()
            self.settings.increase_speed()

            # レベルを増やす
            self.stats.level += 1
            self.sb.prep_level()
```

88

艦隊を全滅させるとstats.levelの値を1増加させます。そして、prep_level()を呼び出し、新しいレベルを画面に表示します。

新規ゲームの開始時にレベルの画像を適切に更新するために、プレイヤーが「Play」ボタンをクリックしたときにもprep_level()を呼び出します。

alien_invasion.py
```
def _check_play_button(self, mouse_pos):
    --省略--
    if button_clicked and not self.game_active:
        --省略--
        self.sb.prep_score()
        self.sb.prep_level()
        --省略--
```

prep_level()をprep_score()の直後に呼び出します。

これで、クリアしたレベルの数が**図3-5**のように表示されるようになりました。

図3-5　得点の下に現在のレベルが表示される

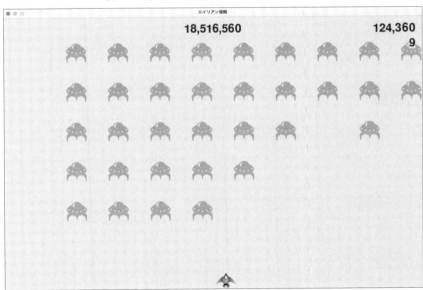

　得点などに「Score」「High Score」「Level」のようなラベルをつける古典的なゲームもあります。ゲームを一度プレイすれば数字の意味はわかるので、エイリアン侵略ゲームではこれらのラベルを表示していません。ラベルを表示するには、Scoreboardの中でfont.render()を呼び出すときに「Score」などの文字列を追加します。

第**3**章　得点を表示する

宇宙船の数を表示する

　最後に、残っている宇宙船の数を表示しますが、ここでは画像を使用してみましょう。多くの古典的なゲームのように、画面の左上に複数の宇宙船を描画して残っている宇宙船の数を表現します。

　まずShipをSpriteを継承するようにして、宇宙船のグループを作成できるようにします。

ship.py
```python
import pygame
from pygame.sprite import Sprite

class Ship(Sprite):
    """宇宙船を管理するクラス"""

    def __init__(self, ai_game):
        """宇宙船を初期化し、開始時の位置を設定する"""
        super().__init__()
        --省略--
```

❶
❷

　Spriteをインポートし、ShipがSpriteを継承していることを確認します❶。そして、__init__()メソッドの最初でsuper()を呼び出します❷。

　次にScoreboardを変更し、宇宙船のグループを表示できるようにします。次のようにScoreboardにimport文を追加します。

scoreboard.py
```python
import pygame.font
from pygame.sprite import Group

from ship import Ship
```

　宇宙船のグループを作成するため、GroupクラスとShipクラスをインポートします。

　__init__()は次のとおりです。

scoreboard.py
```python
    def __init__(self, ai_game):
        """得点を記録するための属性を初期化する"""
        self.ai_game = ai_game
        self.screen = ai_game.screen
        --省略--
        self.prep_level()
        self.prep_ships()
```

90

複数の宇宙船を作成する必要があるので、ゲームのインスタンスを属性に代入します。prep_level()のあとでprep_ships()を呼び出します。

次に示すのがprep_ships()のコードです。

scoreboard.py

```
    def prep_ships(self):
        """宇宙船の残数を表示する"""
❶      self.ships = Group()
❷      for ship_number in range(self.stats.ships_left):
            ship = Ship(self.ai_game)
❸          ship.rect.x = 10 + ship_number * ship.rect.width
❹          ship.rect.y = 10
❺          self.ships.add(ship)
```

prep_ships()メソッドで空のグループを作成し、self.shipsに格納します❶。この変数には宇宙船の複数のインスタンスを格納します。このグループの中身を作成するために、プレイヤーに残っている宇宙船の数だけループ処理を実行します❷。ループの中で新しい宇宙船を作成し、各宇宙船のX座標に1つ前の宇宙船から10ピクセル左に余白を空けた値を設定して表示します❸。Y座標を画面の上端から10ピクセルに設定し、宇宙船を画面の左上に表示します❹。そして、新しい宇宙船をshipsグループに追加します❺。

次に、宇宙船を画面に描画します。

scoreboard.py

```
    def show_score(self):
        """画面に得点、レベル、宇宙船を描画する"""
        self.screen.blit(self.score_image, self.score_rect)
        self.screen.blit(self.high_score_image, self.high_score_rect)
        self.screen.blit(self.level_image, self.level_rect)
        self.ships.draw(self.screen)
```

宇宙船を画面に表示するためにグループのdraw()を呼び出します。すると、Pygameが各宇宙船を描画します。

プレイヤーに宇宙船の残数を伝えるために、新規のゲームを開始するときにprep_ships()を呼び出します。AlienInvasionの_check_play_button()の中でメソッドを呼び出します。

alien_invasion.py

```
    def _check_play_button(self, mouse_pos):
        --省略--
        if button_clicked and not self.game_active:
            --省略--
```

```
        self.sb.prep_score()
        self.sb.prep_level()
        self.sb.prep_ships()
        --省略--
```

同様にプレイヤーが宇宙船を1機失ったときに宇宙船の画像を更新するためにprep_ships()を呼び出します。

alien_invasion.py
```
    def _ship_hit(self):
        """エイリアンと宇宙船の衝突に対応する"""
        if self.stats.ships_left > 0:
            # 残りの宇宙船の数を減らし、スコアボードを更新する
            self.stats.ships_left -= 1
            self.sb.prep_ships()
            --省略--
```

ships_leftの数を減らしたあとにprep_ships()を呼び出し、宇宙船が破壊されたときに正しい宇宙船の残数が表示されるようにします。

得点システムが完成すると、**図3-6**のように残っている宇宙船が画面の左上に表示されます。

図3-6　エイリアン侵略ゲームの完成した得点システム

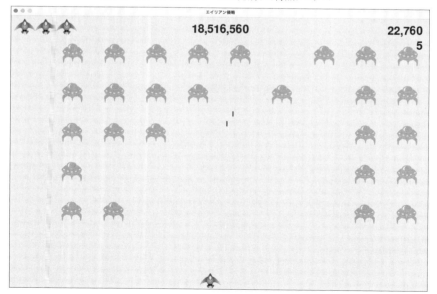

やってみよう

3-5. 全期間のハイスコア
ハイスコアはプレイヤーがエイリアン侵略ゲームを閉じて再スタートするとリセットされます。この問題に対応するために、sys.exit()を呼び出す前にハイスコアをファイルに書き込むようにし、GameStatsでハイスコアの値を初期化するときにファイルから読み込むようにします。

3-6. リファクタリング
2つ以上のタスクを行っているメソッドを探し、そのコードをリファクタリング、整理して効率化します。たとえば_check_bullet_alien_collisions()内のコードの一部を移動し、艦隊を全滅させたときに新しいレベルを開始するstart_new_level()関数を作成します。同様に、Scoreboardの__init__()メソッドの中で呼び出す4つのメソッドを移動し、__init__()の中ではprep_images()メソッドだけを呼び出すようにします。prep_images()メソッドは_check_play_button()をシンプルにするのに役立ちます。すでに_check_play_button()をリファクタリングしている場合は、start_game()もprep_images()メソッドを使ってシンプルにできます。

 プロジェクトのリファクタリングを試みる前に付録の「A バージョン管理にGitを使う」（298ページ）を参照し、リファクタリング中にバグが発生したときにプロジェクトを正常な状態に戻す方法を学んでください。

3-7. ゲームを拡張する
エイリアン侵略ゲームを拡張する方法を考えます。たとえば、エイリアンが宇宙船を弾で撃つようにします。または、宇宙船が隠れる盾を追加します。その盾はどちら側からでも弾で破壊できます。他にpygame.mixerモジュールなどを使用して爆発音や弾を撃つ効果音を追加できます。

3-8. 横向きのシューティングゲーム（最終バージョン）
横向きのシューティングゲームの開発を継続し、このプロジェクトで扱ったすべての機能を実装します。「Play」ボタンを追加し、適切な箇所でゲームをスピードアップし、得点システムを開発します。作業中には必ずリファクタリングを行い、この章で説明した内容以外にもゲームをカスタマイズできる場所を探してください。

まとめ

この章では次のことを学びました。

- 新規ゲームを開始するための「Play」ボタンの実装方法
- マウスイベントを検知する方法
- ゲームがアクティブな状態のときにカーソルを非表示にする方法

ここで学んだことを使用して、ゲームの遊び方の説明を表示する「Help」ボタンなど、他のボタンも作成できます。

また、次のことについても学びました。

- ゲームの進行状況によってスピードを変更する方法
- 現在の状況を表示する得点システムの実装方法
- テキストまたは画像による情報の表示方法

プロジェクト

2

データの可視化

第4章

データを生成する

データ可視化とは、データセットに存在するパターンを探索するために視覚的な表現を使用することです。これはデータ分析とも密接に関連しており、データセットのパターンや関連を調査するためにコードを使用します。データセットは、1行のコードに収まるような小さな数値のリストで構成されている場合もあれば、多数の異なる種類の情報を含んだテラバイト規模のデータの場合もあります。

効果的なデータ可視化を行うこととは、単に情報の見た目をよくするだけではありません。シンプルで視覚的にわかりやすく表現されたデータセットは、見る人に端的に意味を伝えます。人は気づいていなかったパターンや意義をデータセットに見出すでしょう。

幸いなことに複雑なデータの可視化にスーパーコンピューターは必要ありません。Pythonは非常に効率的なため、ノートPC1台で数百万個の独立したデータの点を含むデータセットを素早く探索できます。これらのデータは数値である必要はありません。必修編で学んだPythonの基本を使えば、数値以外のデータも分析できます。

Pythonは遺伝子や気候の研究、政治経済の分析などデータ集約的な分野で利用されています。データサイエンティストによってたくさんの素晴らしい可視化と分析用のツールがPythonで作成されており、その多くは誰でも利用できます。もっともよく使われるツールの1つがMatplotlibというグラフ描画のライブラリです。この章では、Matplotlibを使用して折れ線グラフや散布図といった単純なグラフを作成します。次に、ランダムウォークという概念に基づく興味深いデータセットを作成します。これは一連のランダムな決定を可視化したものです。

加えて、Plotlyというパッケージを使用し、サイコロを振った結果を解析し、デジタルデバイス上で適切に動作するような可視化を生成します。Plotlyが生成する可視化は各種表示デバイスに合うように自動的にサイズ調整されます。たとえば、ユーザーがさまざまな箇所にマウスカーソルを合わせると、データセットの特定の側面を強調して表示するといった機能があります。MatplotlibとPlotlyの使い方を学ぶことは、あなたが興味を持っているデータの可視化を始めるのに役立ちます。

Matplotlibをインストールする

　Matplotlibを使用して最初の可視化を作成するために、pipを使用してMatplotlibをインストールする必要があります。これは必修編の**第11章**でpytestをインストールした手順と同じです（244ページの「pipを使用してpytestをインストールする」を参照してください）。
　Matplotlibをインストールするにはターミナルで次のコマンドを入力します。

```
$ python -m pip install --user matplotlib
```

　PC上でpython3などpython以外のコマンドを使用してプログラムを実行したり、対話モードを開始したりしている場合は、次のようなコマンドを実行します。

```
$ python3 -m pip install --user matplotlib
```

　Matplotlibで作成できるグラフの種類を確認するには、Matplotlibのホームページ（https://matplotlib.org）を開いて[Plot types]をクリックします。ギャラリーの各グラフをクリックすると、グラフの生成に使用されたコードを参照できます。

簡単な折れ線グラフを描画する

　Matplotlibを使用して簡単な折れ線グラフを描画してみましょう。そして、同じデータでより情報量が多くなるようにカスタマイズされた可視化を行ってみましょう。グラフのデータとして1、4、9、16、25という平方数の数列を使用します。
　簡単な折れ線グラフを作成するために、数値のリストを指定してMatplotlibに次のように指定します。

mpl_squares.py
```python
import matplotlib.pyplot as plt

squares = [1, 4, 9, 16, 25]
```

```
❶   fig, ax = plt.subpots()
    ax.plot(squares)

    plt.show()
```

はじめにpyplotモジュールに別名pltを指定してインポートします。そのようにすることで、今後はpyplotと入力する必要がなくなります（この書き方はオンライン上のコード例でよく見られるので、ここでも使用します）。pyplotモジュールには、グラフや図表の生成を助ける関数が多数含まれています。

squaresというリストを作成し、対象のデータを格納します。次に、もう1つのMatplotlibの一般的な慣習としてsubplots()関数を呼び出します❶。この関数は1つの図（figure）の中に1つ以上のプロット（グラフを描画する領域のこと）を生成して返します。変数figは図全体、つまり生成されたプロットの集まりを表します。変数axは図の中の1つのプロットを表します。この変数は、単一のプロットを定義してカスタマイズするときによく使われます。

次にplot()メソッドを使用し、指定されたデータを適切な方法で描画します。plot.show()関数は、Matplotlibのビューワーを開いて**図4-1**のようなグラフを表示します。ビューワーでは、グラフの拡大や移動をしたり、ディスクアイコンをクリックしてグラフを画像として保存したりできます。

図4-1　Matplotlibで作成したもっとも簡単なグラフの例

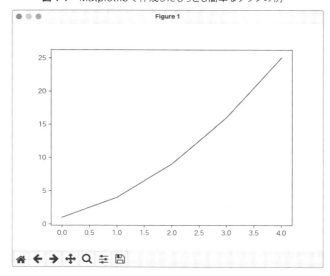

簡単な折れ線グラフを描画する

ラベルと線の太さを変更する

図4-1のグラフでは数値が上昇していることがわかりますが、ラベルの文字が小さくて折れ線が細いので読みにくいです。ありがたいことにMatplotlibは可視化に関するあらゆる部分の見た目を調整できます。

いくつかのカスタマイズ項目を使用し、グラフを読みやすくします。まず、タイトルを追加し、軸にラベルをつけましょう。

mpl_squares.py

```
import matplotlib.pyplot as plt

squares = [1, 4, 9, 16, 25]

fig, ax = plt.subplots()
① ax.plot(squares, linewidth=3)

# グラフのタイトルと軸のラベルを設定する
② ax.set_title("Square Numbers", fontsize=24)
③ ax.set_xlabel("Value", fontsize=14)
   ax.set_ylabel("Square of Value", fontsize=14)

# 目盛りラベルのサイズを設定する
④ ax.tick_params(labelsize=14)
   plt.show()
```

引数linewidthは、plot()が生成する線の太さを変更します①。一度プロットを生成すると、グラフを描画する前にさまざまなメソッドを使用してグラフを変更できます。set_title()メソッドはグラフのタイトルを設定します②。このコードに何度か現れる引数fontsizeは、グラフ上の各種要素のテキストサイズを変更します。

set_xlabel()とset_ylabel()メソッドは、それぞれの軸にタイトルを設定します③。そして、tick_params()メソッドは目盛りラベルにスタイルを設定します④。ここではtick_params()で両方の軸の目盛りラベルのフォントサイズを14に指定しています。

出力結果のグラフは**図4-2**のようになり、より読みやすくなっています。ラベルの文字は大きくなり、折れ線グラフの線は太くなっています。結果のグラフがもっとも効果的に見えるように、これらの値を調整して結果を確認してみましょう。

101

図 4-2 より読みやすくなったグラフ

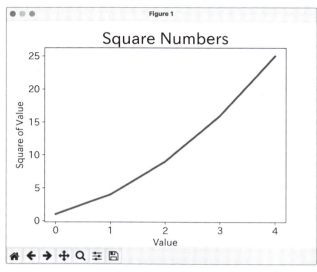

> **訳注**
> Matplotlibのデフォルトのフォントは日本語に対応していないため、ラベルに日本語を指定すると文字化けします。グラフに日本語を表示するためにはフォントの設定が必要です。Matplotlibで日本語を使う方法は、**付録**の「C Matplotlibに日本語フォントを設定する」（317ページ）を参照してください。

グラフを修正する

　グラフは読みやすくなりましたが、データが正しく描画されていないように見えます。グラフの最後を見ると4の平方数が25になっています！ この問題を解決しましょう。

　plot()に渡された数値の配列は、最初のデータがX軸の値の0に対応すると仮定して描画されます。しかし、このデータにおける最初の点のX軸の値は1に対応しています。平方数を計算するために使用した入力と出力の両方の値をplot()に渡すことでデフォルトの動作を上書きできます。

```python
# mpl_squares.py
import matplotlib.pyplot as plt

input_values = [1, 2, 3, 4, 5]
squares = [1, 4, 9, 16, 25]

fig, ax = plt.subplots()
ax.plot(input_values, squares, linewidth=3)
```

```
# グラフのタイトルと軸のラベルを設定する
--省略--
```

これで、plot()は出力値の生成方法を仮定する必要がなくなりました。出力結果のグラフは**図4-3**のように正しいものとなります。

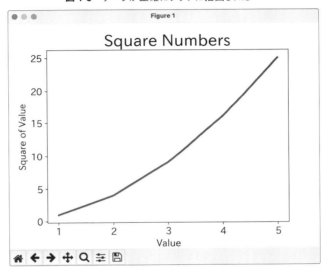

図4-3　データが正確にグラフに描画された

plot()の呼び出し時にたくさんの引数を指定できます。また、プロットを生成したあとにさまざまなメソッドを使用してカスタマイズできます。この章では、より興味深いデータセットを使い、引き続きカスタマイズの手法について調べていきます。

組み込みのスタイルを使用する

Matplotlibにはあらかじめ定義された多数のスタイルがあります。スタイルはさまざまなデフォルトの設定（背景色、グリッド線、線の幅、フォントの種類、フォントサイズなど）を含んでいます。スタイルを使用することで、カスタマイズをあまりせずに可視化を魅力的にできます。利用可能なスタイルの完全なリストを確認するには、次のコードをPythonの対話モード上で実行します。

```
>>> import matplotlib.pyplot as plt
>>> plt.style.available
['Solarize_Light2', '_classic_test_patch', '_mpl-gallery',
--省略--
```

スタイルを使用するには、subplots()を呼び出す前にコードを1行追加します。

```python
# mpl_squares.py
import matplotlib.pyplot as plt

input_values = [1, 2, 3, 4, 5]
squares = [1, 4, 9, 16, 25]

plt.style.use('seaborn-v0_8')
fig, ax = plt.subplots()
--省略--
```

このコードで生成されるグラフは**図4-4**のようになります。さまざまなスタイルを利用できるので、実際に試して好みのスタイルを見つけてください。

図4-4　組み込みのseabornスタイル

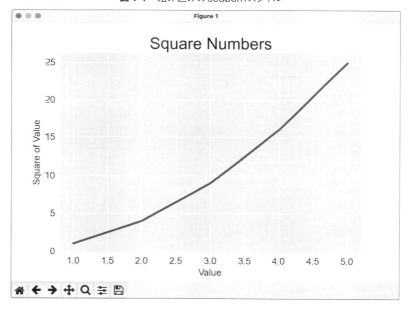

scatter()で複数の点にスタイルを指定して描画する

個々の点に特色があるときには、その特色に応じたスタイルを指定して描画することが有用な場合があります。たとえば、小さい値をある色で、大きい値を別の色で描画するようなことが考えられます。大量のデータセットを一連のスタイル設定のオプションで描画し、あとから強調したい点だけを異なる設定で再描画することもできます。

1つの点を描画するには、その点の**X座標**と**Y座標**をscatter()に渡します。

scatter_squares.py
```python
import matplotlib.pyplot as plt

plt.style.use('seaborn-v0_8')
fig, ax = plt.subplots()
ax.scatter(2, 4)

plt.show()
```

出力にスタイルを設定してより興味深いグラフにしましょう。タイトルと軸ラベルを追加し、すべてのテキストを大きくして読みやすくします。

```python
import matplotlib.pyplot as plt

plt.style.use('seaborn-v0_8')
fig, ax = plt.subplots()
❶ ax.scatter(2, 4, s=200)

# グラフのタイトルと軸ラベルを設定する
ax.set_title("Square Numbers", fontsize=24)
ax.set_xlabel("Value", fontsize=14)
ax.set_ylabel("Square of Value", fontsize=14)

# 目盛りラベルのサイズを設定する
ax.tick_params(labelsize=14)
plt.show()
```

scatter()を呼び出すときに、グラフに描画する点のサイズを引数sで指定します❶。scatter_squares.pyを実行すると、**図4-5**のようにグラフの中央に点が1つ表示されます。

図 4-5　点を 1 つ描画する

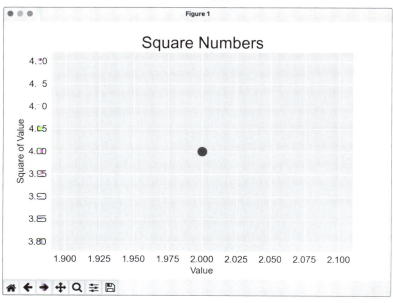

scatter() で連続した点を描画する

連続した点を描画するには、次のようにX値とY値を別々のリストでscatter()に渡します。

　x_valuesのリストには平方数のもとの数、y_valuesには各値の平方数が含まれます。scatter()に2つのリストを渡すと、Matplotlibは各リストから1つずつ値を読み込んで各点を描画します。点はそれぞれ(1, 1)、(2, 4)、(3, 9)、(4, 16)、(5, 25)の位置に描画されます。結果は**図4-6**のとおりです。

図 4-6　複数の点を描画した散布図

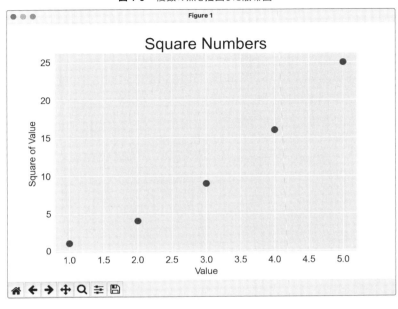

データを自動的に計算する

多数の点があるときに、リストを手で作成するのはとても効率が悪いです。各値を書くよりも、ループを使用して計算してみましょう。

1,000個の点のリストは次のコードで生成できます。

scatter_squares.py

```python
import matplotlib.pyplot as plt

❶ x_values = range(1, 1001)
  y_values = [x**2 for x in x_values]

  plt.style.use('seaborn-v0_8')
  fig, ax = plt.subplots()
❷ ax.scatter(x_values, y_values, s=10)

  # グラフのタイトルと軸ラベルを設定する
  --省略--

  # 各軸の範囲を設定する
❸ ax.axis([0, 1100, 0, 1_100_000])
  plt.show()
```

はじめにX座標の値として1から1000までの数値を含んだrange()を作成します❶。次にリスト内包表記でX座標の値をループし（for x in x_values）、各数値を2乗（x**2）してY座標の値を作成してからy_valuesに代入します。この2つのリストをscatter()に渡します❷。データセットが大きいので点のサイズは小さくします。

前に示したグラフと同様にaxis()メソッドを使用し、各軸の範囲を指定します❸。axis()メソッドには4つの値（X軸、Y軸それぞれの最小値と最大値）が必要です。ここではX軸に0から1,100、Y軸に0から1,100,000を指定しています。出力結果は**図4-7**のようになります。

図4-7　5つの点と同様に1000個の点を簡単に描画できる

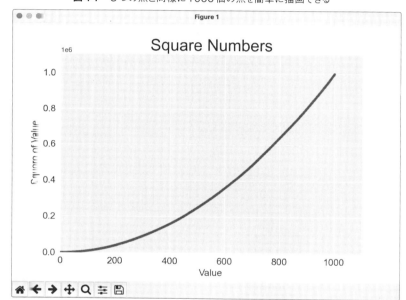

軸ラベルをカスタマイズする

軸の数値がとても大きい場合、Matplotlibはデフォルトで軸ラベルを指数表記で出力します。大きな数値を通常の表記にすると、可視化するために必要以上にスペースを使用するため、この設定は通常よいことです。

グラフ上のほぼすべての要素はカスタマイズ可能なため、Matplotlibに通常の表記を使用するように指定できます。

```
--省略--
# 各軸の範囲を設定する
```

簡単な折れ線グラフを描画する

```
ax.axis([0, 1100, 0, 1_100_000])
ax.ticklabel_format(style='plain')

plt.show()
```

ticklabel_format()メソッドでグラフ上の軸ラベルのデフォルトスタイルを上書きできます。

色をカスタマイズする

点の色を変更するには、次のようにscatter()の引数colorに色の名前をクォーテーションで囲んで指定します。

```
ax.scatter(x_values, y_values, color='red', s=10)
```

また、RGBのカラーモデルを使用して色をカスタマイズすることもできます。色を定義するには、引数colorに0と1の間の浮動小数点数を3つ、赤、緑、青の順にタプルで指定します。たとえば、次のコードはライトグリーンの点を描画します。

```
ax.scatter(x_values, y_values, color=(0, 0.8, 0), s=10)
```

値が0に近いとより暗い色になり、1に近いとより明るい色になります。

カラーマップを使用する

カラーマップは、最初の色から最後の色まで徐々に変化する一連の色の集まりです。可視化では、カラーマップはデータのパターンを強調するために使用します。たとえば、小さい値には明るい色、大きい値には暗い色を指定するということが考えられます。カラーマップを使用することにより、可視化されたすべての点が、デザインされたカラースケールに沿って、滑らかに正確に変化することが保証されます。

pyplotモジュールには組み込みのカラーマップのセットが含まれています。カラーマップを使用するには、データセットの各点にどのように色を割り当てるかをpyplotに指定する必要があります。次に示すのは、Y座標の値によってそれぞれの点に色を割り当てる方法です。

scatter_squares.py
```
--省略--
plt.style.use('seaborn-v0_8')
fig, ax = plt.subplots()
ax.scatter(x_values, y_values, c=y_values, cmap=plt.cm.Blues, s=10)
```

```
# グラフのタイトルと軸ラベルを設定する
--省略--
```

引数のcはcolorと似ていますが、一連の値をカラーマップと関連付けるために使用します。Y座標の値のリストをcに渡し、使用するカラーマップをpyplotのcmap引数に指定します。このコードによって点の色は、Y座標の値が小さいとライトブルーに、大きいとダークブルーになります。描画した結果は**図4-8**のようになります。

pyplotで利用できる全カラーマップはMatplotlibの公式サイト（https://matplotlib.org/）で確認できます。［Tutorials］を選択し［Colors］まで下にスクロールして［Choosing Colormaps in Matplotlib］をクリックします。

図4-8　Bluesカラーマップを使用したグラフ

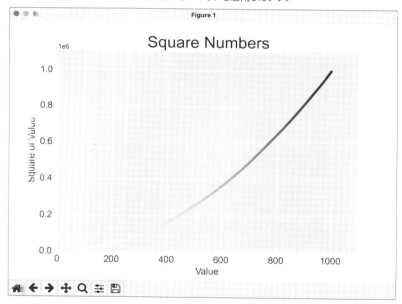

グラフを自動的に保存する

グラフをMatplotlibのビューワーで表示する代わりにファイルに保存したい場合は、plt.show()の代わりにplt.savefig()を使用します。

```
plt.savefig('squares_plot.png', bbox_inches='tight')
```

　最初の引数はグラフ画像のファイル名で、ファイルはscatter_squares.pyと同じフォルダーに保存されます。2番目の引数は、グラフから余白を削除するための引数です。グラフの周囲に余白が必要であれば、この引数を省略できます。またsavefig()はPathオブジェクトを指定して呼び出し、PC上の任意の場所にファイルを出力できます。

やってみよう

4-1. 立方数
数値を3乗した数を**立方数**（cube）と呼びます。1から5までの立方数を描画し、次に1から5,000までの立方数を描画してください。

4-2. 色のついた立方数
立方数のグラフにカラーマップを適用します。

ランダムウォーク

　この節では、ランダムウォークのデータをPythonで生成し、Matplotlibでそのデータの魅力的な可視化を作成します。**ランダムウォーク**とは一連の単純な判定によって決定された経路のことで、各決定は完全に偶然に委ねられています。1歩ごとにランダムな方向に進む混乱したアリの足跡を想像してみるとよいかもしれません。

　ランダムウォークは自然界、物理学、生物学、化学、経済学において実際に応用されています。たとえば、一滴の水に浮かぶ花粉は、周囲の水分子に常に押されて水滴の表面を移動します。水滴中の分子の運動はランダムなため、水面を移動する花粉の軌跡はランダムウォークとなります。これから作成するコードは、現実世界のさまざまな状況をモデル化しています。

◤ RandomWalkクラスを作成する

　ランダムウォークを作成するためにRandomWalkクラスを作成します。このクラスは、移動する方向をランダムに決定します。また、次の3つの属性が必要です。歩いた点の数を追跡する変数と、各点の**X座標**と**Y座標**

第**4**章　データを生成する

を格納する2つのリストです。

　RandomWalkクラスに必要なメソッドは2つだけです。__init__()メソッドとfill_walk()メソッドです。fill_walk()メソッドがランダムウォーク中の各点を計算します。__init__()メソッドから始めましょう。

random_walk.py

```
❶  from random import choice

    class RandomWalk:
        """ランダムウォークを生成するためのクラス"""

❷      def __init__(self, num_points=5000):
            """ランダムウォークの属性を初期化する"""
            self.num_points = num_points

            # すべてのランダムウォークは(0, 0)から開始する
❸          self.x_values = [0]
            self.y_values = [0]
```

　ランダムな決定を行うために、移動可能な方向をリストに格納して、randomモジュールのchoice()関数を使用して各ステップごとの移動方向を決めます❶。そして、点の数のデフォルト値に5,000を設定します❷。この値は、おもしろいパターンを生成するのに十分大きい値であり、ランダムウォークを素早く生成するのに十分小さい値でもあります。次にX座標値とY座標値を格納する2つのリストを作成します❸。開始位置の座標は(0, 0)です。

方向を選択する

　fill_walk()を使用してランダムウォークの連続した点を決定します。このメソッドをrandom_walk.pyに追加します。

random_walk.py

```
        def fill_walk(self):
            """ランダムウォークのすべての点を計算する"""

            # ステップ数が指定した数になるまでランダムウォークを続ける
❶          while len(self.x_values) < self.num_points:

                # 移動する方向と距離を決定する
❷              x_direction = choice([1, -1])
                x_distance = choice([0, 1, 2, 3, 4])
❸              x_step = x_direction * x_distance
```

ランダムウォーク

```
            y_direction = choice([1, -1])
            y_distance = choice([0, 1, 2, 3, 4])
❹          y_step = y_direction * y_distance

            # どこにも移動しない場合は結果を破棄する
❺          if x_step == 0 and y_step == 0:
                continue

            # 新しい位置を計算する
❻          x = self.x_values[-1] + x_step
            y = self.y_values[-1] + y_step

            self.x_values.append(x)
            self.y_values.append(y)
```

4

データを生成する

　最初に、ステップ数が指定した数に達するまで処理を繰り返し実行するように設定します❶。fill_walk()
メソッドの主要な部分では、次の4つのランダムな決定をシミュレートしています。

- 左右どちらに移動するか
- 左右の選択した方向にどのくらいの距離移動するか
- 上下どちらに移動するか
- 上下の選択した方向にどのくらいの距離移動するか

　choice([1, -1])を使用してx_directionの値を選択します。右への移動を表す1または左への移動を表
す-1を返します❷。次に、その方向に移動する距離をchoice([0, 1, 2, 3, 4])によってランダムに選択し
ます。その値をx_distanceに代入します。0を含めることにより、片方の軸方向にのみ移動するステップとな
る可能性があります。

　移動する方向に距離を掛けてX方向とY方向の各ステップの長さを決定します❸❹。x_stepの結果が正の
値であれば右への移動を意味し、負の値であれば左への移動を意味します。0の場合は垂直方向の移動を意
味します。y_stepの結果が正の値であれば上への移動を意味し、負の値であれば下への移動を意味します。
0の場合は水平方向の移動を意味します。x_stepとy_stepが両方0の場合はどこにも移動しません。この場
合はcontinue文でループを継続します❺。

　次のX座標値を求めるために、x_valuesの最後の値をx_stepに加算します❻。同様にY座標値を求めます。
新しい点の座標値を計算したら、x_valuesとy_valuesに追加します。

113

第**4**章 データを生成する

ランダムウォークを描画する

次に示すのは、ランダムウォークのすべての点を描画するコードです。

rw_visual.py
```python
import matplotlib.pyplot as plt

from random_walk import RandomWalk

# ランダムウォークを作成する
rw = RandomWalk()
rw.fill_walk()

# ランダムウォークの点を描画する
plt.style.use('classic')
fig, ax = plt.subplots()
ax.scatter(rw.x_values, rw.y_values, s=15)
ax.set_aspect('equal')
plt.show()
```

最初にpyplotとRandomWalkをインポートします。そして、ランダムウォークのインスタンスを生成してrwに代入します❶。必ずfill_walk()を呼び出します。可視化をするために、scatter()にランダムウォークのX座標とY座標と適切な点の大きさを指定します❷。デフォルトでは、Matplotlibは軸ごとに目盛りを調整します。しかし、このやり方ではほとんどのランダムウォークは縦または横に伸びてしまいます。ここではset_aspect()メソッドを使用して、両方の軸目盛りの間隔を等しくしています❸。

図4-9のように5,000個の点が描画されます。この節の画像ではMatplotlibビューワーを省略していますが、rw_visual.pyを実行すると今までどおりビューワーが表示されます。

114

図4-9 5,000点のランダムウォーク

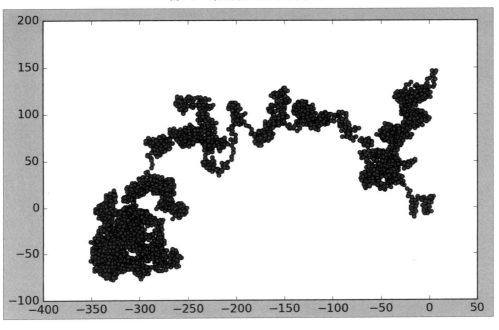

複数のランダムウォークを生成する

　ランダムウォークの結果はすべて異なり、生成されるさまざまなパターンを調査するのは楽しいものです。先ほどのコードを使用し、プログラムを何度も実行することなく複数のランダムウォークを生成するには、次のように全体をwhileループで囲む方法があります。

rw_visual.py
```
import matplotlib.pyplot as plt

from random_walk import RandomWalk

# プログラムが動作している間、新しいランダムウォークを作成し続ける
while True:
    # ランダムウォークを作成する
    --省略--
    plt.show()

    keep_running = input("別のランダムウォークを生成する？(y/n): ")
    if keep_running == 'n':
        break
```

第4章　データを生成する

このコードは、ランダムウォークを生成してMatplotlibのビューワーで表示し、ビューワーを開いた状態で一時停止します。ビューワーを閉じると、別のランダムウォークを生成するかを質問します。いくつかのランダムウォークを生成してみると、開始点の近くにとどまるものや、ほとんど1方向をさまようもの、大きな点のグループを細い線でつなぐもの、その他さまざまな種類のランダムウォークが表示されます。プログラムを終了したい場合はNを押します。

ランダムウォークにスタイルを設定する

この項では、グラフをカスタマイズすることでランダムウォークの重要な特徴を強調し、邪魔な要素を目立たせなくします。そのために、強調したい特徴であるランダムウォークの開始点、終了点、経路などを特定します。そして、目盛りやラベルのような目立たせたくない特徴を特定します。出力結果は、ランダムウォークのたどった経路を明確に伝えるシンプルな視覚的表現となります。

点に色をつける

カラーマップを使用してランダムウォークの点の順番がわかるようにします。また、各点の色を見やすくするために黒い枠線を消去します。ランダムウォーク中の位置に応じて点に色をつけるために各点の位置を含むリストをc引数に渡します。点は順番に描画されるため、リストには0から4,999までの数値だけが含まれます。

```
rw_visual.py
--省略--
while True:
    # ランダムウォークを作成する
    rw = RandomWalk()
    rw.fill_walk()

    # ランダムウォークの点を描画する
    plt.style.use('classic')
    fig, ax = plt.subplots()
❶   point_numbers = range(rw.num_points)
    ax.scatter(rw.x_values, rw.y_values, c=point_numbers, cmap=plt.cm.Blues,
        edgecolors='none', s=15)
    ax.set_aspect('equal')
    plt.show()
--省略--
```

range()を使用してランダムウォークの点の数と等しい数値のリストを生成します❶。そのリストをpoint_numbersに格納し、ランダムウォークの各点への色の設定に使用します。point_numbersをc引数に渡してBluesカラーマップを使用し、edgecolor='none'を指定して各点の黒い枠線を取り除きます。結果のグラフは

116

ライトブルーからダークブルーに変化し、ランダムウォークの開始点から終了点への移動を正確に表します。**図4-10**のような結果になります。

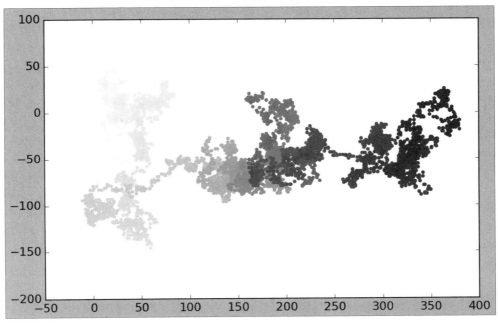

図4-10 Bluesカラーマップで色をつけたランダムウォーク

開始点と終了点を描画する

点に色をつけてランダムウォーク中の位置を表すことに加え、開始点と終了点を正確に表示すると便利です。そのために、一連の点を描画したあとに開始点と終了点を個別に描画します。両端の点を大きくし、それぞれ異なる色にして目立たせます。

```
rw_visual.py
--省略--
while True:
    --省略--
    ax.scatter(rw.x_values, rw.y_values, c=point_numbers, cmap=plt.cm.Blues,
        edgecolors='none', s=15)
    ax.set_aspect('equal')

    # 開始点と終了点を強調する
    ax.scatter(0, 0, c='green', edgecolors='none', s=100)
    ax.scatter(rw.x_values[-1], rw.y_values[-1], c='red', edgecolors='none',
        s=100)
```

```
        plt.show()
        --省略--
```

開始点を表示するために、点 (0, 0) を緑色で他の点より大きいサイズ (s=100) で描画します。終了点を表示するために、最後のX座標値とY座標値にあたる点もサイズ100の赤い点で描画します。このコードをplt.show()の直前に追加し、開始点と終了点が他のすべての点の上に描画されるようにします。

このコードを実行すると、ランダムウォークの開始点と終了点を正確に見つけられます。この2つの点が十分に目立たない場合は、色とサイズを調整してください。

軸を取り除く

グラフから軸を削除してランダムウォークの軌跡の邪魔にならないようにしましょう。次のようにして軸を非表示にします。

rw_visual.py

```
--省略--
while True:
    --省略--
    ax.scatter(rw.x_values[-1], rw.y_values[-1], c='red', edgecolors='none',
        s=100)

    # 軸を削除する
    ax.get_xaxis().set_visible(False)
    ax.get_yaxis().set_visible(False)

    plt.show()
    --省略--
```

軸の表示を変更するために、ax.get_xaxis()とax.get_yaxis()メソッドを使用して各軸を取得し、set_visible()メソッドをチェーン (連結) して各軸を非表示にします。可視化の作業を続けていると、可視化のさまざまな要素をカスタマイズするために、このようなメソッドのチェーンをよく使用します。

rw_visual.pyを実行すると、軸のないランダムウォークのグラフが表示されます。

描画する点を追加する

ランダムウォークの点の数を増やしましょう。そのためには、RandomWalkのインスタンスを生成するときの点の数を増やします。また、描画する各点のサイズを調整します。

```
rw_visual.py
--省略--
while True:
    # ランダムウォークを作成する
    rw = RandomWalk(50_000)
    rw.fill_walk()

    # ランダムウォークの点を描画する
    plt.style.use('classic')
    fig, ax = plt.subplots()
    point_numbers = range(rw.num_points)
    ax.scatter(rw.x_values, rw.y_values, c=point_numbers, cmap=plt.cm.Blues,
        edgecolors='none', s=1)
    --省略--
```

　この例では50,000点のランダムウォークを作成し、各点のサイズをs=1で描画しています。ランダムウォークは図4-11のようにうっすらした雲のような結果になります。簡単な散布図によって芸術的な作品ができました！

　システムが非常に遅くなるか視覚的な魅力がなくなるまでにどのくらいランダムウォークの点の数を増やせるか、このコードで実験してみてください。

図 4-11　50,000点のランダムウォーク

画面いっぱいのサイズに変更する

画面にきれいに収まるように可視化すると、より効果的にデータのパターンを伝えられます。描画するウィンドウのサイズを画面に合わせるために、Matplotlibの出力サイズを調整できます。subplots()を呼び出して実現します。

```
fig, ax = plt.subplots(figsize=(15, 9))
```

グラフの作成時にsubplots()のfigsize引数に対して図のサイズを設定できます。figsize引数には、Matplotlibが描画するウィンドウのサイズを単位をインチとした数値のタプルで指定します。

Matplotlibは、画面の解像度を1インチあたり100ピクセルと仮定します。このコードで正しいサイズのグラフを作成できない場合は、必要に応じて数値を調整してください。システムの解像度を知っている場合は、plt.subplots()のdpi引数を使用して解像度を指定します。

```
fig, ax = plt.subplots(figsize=(10, 6), dpi=128)
```

この設定により、画面の領域を有効活用できます。

やってみよう

4-3. 分子運動

rw_visual.pyのax.scatter()をax.plot()に変更します。水滴の表面にある花粉の軌跡をシミュレートするために、rw.x_valuesとrw.y_valuesに加えてlinewidth引数を渡します。グラフがごちゃごちゃしすぎないように、点の数を50,000ではなく5,000にします。

4-4. ランダムウォークを変更する

RandomWalkクラスでは、x_stepとy_stepが同じ条件セットから生成されます。方向はリスト[1, -1]から、距離はリスト[0, 1, 2, 3, 4]からランダムに選択されます。これらのリストの値を変更し、ランダムウォーク全体の形がどのようになるかを確認します。距離のリストを0から8のように変更してより長くしたり、方向のリストから-1を削除したりしてみてください。

4-5. リファクタリング

fill_walk()メソッドは長すぎます。get_step()という新しいメソッドを作成し、各ステップの方向と距離を決定してステップを計算します。fill_walk()の中でget_step()を2回呼び出すように書き換えます。

```
x_step = self.get_step()
y_step = self.get_step()
```

> このリファクタリングによって fill_walk() のサイズが減少し、このメソッドが読みやすく理解しやすくなります。

Plotly でサイコロを転がす

この節では、Plotly を使用して対話的な可視化を行います。Plotly は Web ブラウザーで可視化を表示する際に特に便利で、画面サイズに合わせて自動的に拡大縮小されます。生成された可視化は対話的でもあります。ユーザーが画面上の特定の要素の上にカーソルを合わせると、その要素に関連する情報が強調して表示されます。最初の可視化は **Plotly Express** を使用してわずか数行のコードで作成します。Plotly Express は Plotly のサブセットで、少ないコードでグラフを作成することに重点を置いています。正しいグラフが作成できたら、Matplotlib のときと同じように出力をカスタマイズします。

このプロジェクトでは、サイコロを転がした結果を分析します。1 個の 6 面サイコロを転がすと、1 から 6 の数字が同じ確率で出ます。しかし、2 個のサイコロを使用した場合の目の合計は、ある数が他の数よりも出やすくなります。どの数字が出る可能性がもっとも高いかを測定するために、サイコロを転がしたことを表すデータセットを生成します。そして、サイコロをたくさん転がした結果を描画し、どの数字が他よりも多いかを確認します。

この課題はサイコロを使うゲームのモデル化に役立ちますが、核となる考え方はカードゲームのような多くの偶然性を伴うゲームにも適用できます。また、ランダムであることが重要な要素となる多くの現実世界の状況にも関連しています。

Plotly をインストールする

Matplotlib と同じように pip を使用して Plotly をインストールします。

```
$ python -m pip install --user plotly
$ python -m pip install --user pandas
```

Plotly Express は、データを効率的に操作するライブラリの **pandas** に依存しているため、あわせてインストールする必要があります。Matplotlib をインストールするときに python3 などのコマンドを使用していた場合は、ここでも同じコマンドを使用してください。

第4章 データを生成する

　Plotlyでどのような種類の可視化が可能かは、Plotlyの公式サイト（https://plotly.com/python）にあるグラフのギャラリーを参照してください。それぞれの例にはソースコードが含まれているため、Plotlyがどのように可視化を行うかを確認できます。

Dieクラスを作成する

　1個のサイコロを転がして出る目をシミュレートするために、Dieクラスを作成します。

die.py

```
from random import randint

class Die:
    """1個のサイコロを表すクラス"""

❶   def __init__ self, num_sides=6):
        """6面のサイコロをデフォルトにする"""
        self.num_sides = num_sides

    def roll(se f):
        """1から面の数の間のランダムな数値を返す"""
❷       return randint(1, self.num_sides)
```

　__init__()メソッドにはオプション引数が1つあります❶。Dieクラスからサイコロのインスタンスを生成するときに引数が渡されない場合は、6がデフォルト値となります。引数が渡された場合は、その値がサイコロの面の数となります（ここでは面の数によってサイコロに名前をつけます。6面の場合はD6、8面の場合はD8と呼びます）。

　roll()メソッドはrandint()関数を使用し、1から面の数までの間のランダムな数値を返します❷。この関数は、最小値（1）か最大値（num_sides）かその間の任意の整数を返します。

サイコロを転がす

　Dieクラスをもとに可視化を行う前に、D6のサイコロを転がした結果を出力して結果が扱いやすい形式であることを確認しましょう。

die_visual.py

```
from die import Die

# D6を作成する
❶  die = Die()
```

```
# サイコロを転がし、結果をリストに格納する
results = []
❷ for roll_num in range(100):
    result = die.roll()
    results.append(result)

print(results)
```

デフォルトの6面でDieのインスタンスを生成します❶。そしてサイコロを100回転がし、その結果をリストresultsに格納します❷。次に示すのはresultsのサンプルです。

```
[4, 6, 5, 6, 1, 5, 6, 3, 5, 3, 5, 3, 2, 2, 1, 3, 1, 5, 3, 6, 3, 6, 5, 4, 1, 1, 4, 2, 3, 6, 4, 2, 6, 4,
 1, 3, 2, 5, 6, 3, 6, 2, 1, 1, 3, 4, 1, 4, 3, 5, 1, 4, 5, 5, 2, 3, 3, 1, 2, 3, 5, 6, 2, 5, 6, 1, 3, 2,
 1, 1, 1, 6, 5, 5, 2, 2, 6, 4, 1, 4, 5, 1, 1, 1, 4, 5, 3, 3, 1, 3, 5, 4, 5, 6, 5, 4, 1, 5, 1, 2]
```

結果をざっと見てみると、Dieクラスは正しく動作しているようです。最小値の1と最大値の6を確認でき、0や7は存在しないため、すべての結果は適切な範囲内のようです。また1から6の間の各数字も確認でき、可能性のある値がすべて存在することを確認できます。各数字が何回出現しているかを正確に確認しましょう。

結果を分析する

1個のD6を転がした結果を分析し、各数字が何回出現するかを数えます。

die_visual.py

```
--省略--
# サイコロを転がし、結果をリストに格納する
results = []
❶ for roll_num in range(1000):
    result = die.roll()
    results.append(result)

# 結果を分析する
frequencies = []
❷ poss_results = range(1, die.num_sides+1)
  for value in poss_results:
❸     frequency = results.count(value)
❹     frequencies.append(frequency)

print(frequencies)
```

第**4**章　データを生成する

サイコロを転がした結果の出力は不要なので、転がす回数を1,000回に増やすことができます❶。転がした結果を分析するために空のリストfrequenciesを作成し、各数字の出現回数を格納します。次に、取得する可能性があるすべての結果を生成します。この例では1からdieが持つ一番大きい面までのすべての数値です❷。出現する可能性のある数値をループで処理します。各数値がresults中に出現する回数を数えます❸。そして、その値をリストfrequenciesに追加します❹。可視化を行う前に、このリストをそのまま出力します。

```
[155, 167, 168, 1 0, 159, 181]
```

適切な結果が得られたようです。6つの発生回数を確認でき、各値はD6の面の数字に対応します。また、他に比べて極端に大きい発生回数はなさそうです。次はこの結果を可視化しましょう。

ヒストグラムを作成する

必要なデータが取得できたので、Plotly Expressを使用してたった数行のコードで可視化ができます。

die_visual.py
```python
import plotly.express as px

from die import Die
--省略--

for value in poss_results:
    frequency = results.count(value)
    frequencies.append(frequency)

# 結果を可視化する
fig = px.bar(x=poss_results, y=frequencies)
fig.show()
```

最初にplotly.expressモジュールをインポートし、よく使用される別名pxをつけます。次にpx.bar()関数を使用して棒グラフを生成します。この関数のもっとも簡単な使い方は、**X座標**のセットと**Y座標**のセットのみを指定するだけです。ここではX座標は1個のサイコロを振ったときに可能性のある結果で、Y座標は各結果に対する発生回数です。

最後の行でfig.show()を呼び出し、Plotlyに結果のグラフをHTMLファイルとして生成し、ブラウザーの新しいタブで開くように指示します。結果は**図4-12**のようになります。

これはとても単純なグラフで、まだ完成はしていません。しかし、これだけでPlotly Expressの使い方を正確に表しています。数行のコードを書いて作成したグラフを見れば、データが期待する形で表現できていることが確認できます。気に入ったものがあれば、ラベルやスタイルのようなグラフの要素をカスタマイズできま

す。しかし、他のグラフ形式を調べたい場合は、カスタマイズの作業に時間を使わずにすぐ試すことができます。他のグラフ形式を試すにはpx.bar()の部分をpx.scatter()やpx.line()に変更してください。使用できるグラフ形式の一覧はhttps://plotly.com/python/plotly-expressで参照できます。

このグラフは動的で対話的です。ブラウザーの画面サイズを変更すると、利用可能なスペースに合わせてグラフがリサイズされます。棒グラフの上にマウスを乗せると、その棒に関連付けられた特定の値がポップアップして強調表示されます。

図4-12　Plotly Expressで作成した最初のグラフ

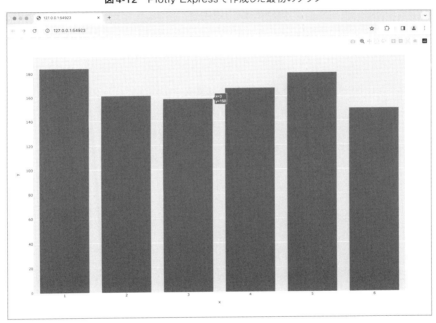

グラフをカスタマイズする

ここまでで、正しいプロットの種類でデータを正確に表示できたので、グラフに適切なラベルとスタイルを追加することに集中できます。

Plotlyでグラフをカスタマイズする最初の方法は、グラフ生成の最初の関数呼び出しpx.bar()にオプションの引数をいくつか指定することです。ここでは全体のタイトルと各軸のラベルを追加する方法を説明します。

die_visual.py
```
--省略--
# 結果を可視化する
❶ title = "6面のサイコロを1,000回転がした結果"
```

❷ 　`labels = {'x': '結果', 'y': '発生した回数'}`
　`fig = px.bar(x=poss_results, y=frequencies, title=title, labels=labels)`
　`fig.show()`

最初にタイトルを定義します。ここではtitleに代入します❶。軸ラベルを定義するために辞書を定義します❷。辞書のキーにはカスタマイズしたいラベルの要素名を指定し、値にはカスタマイズしたラベルを指定します。ここではX軸のラベルに'結果'を、Y軸のラベルに'発生した回数'を指定します。px.bar()関数の呼び出し時に、オプション引数のtitleとlabelsを追加します。

これでグラフの生成時に、適切なタイトルとラベルが含まれるようになりました。結果は**図4-13**のようになります。

> **訳注**
> Matplotlibと異なり、Plotlyではラベルに日本語を表示するための追加の設定は不要です。

図4-13　Plotlyで作成した単純な棒グラフ

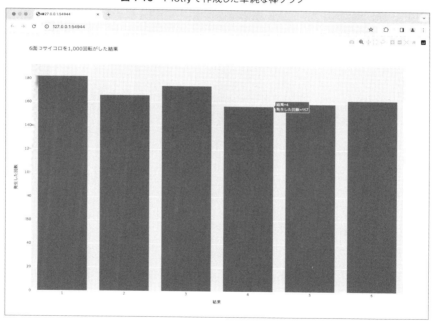

Plotlyでサイコロを転がす

2個のサイコロを転がす

2個のサイコロを転がした場合、目を合計した数が大きくなり、結果の分布も変わります。コードを書き換え、D6サイコロのペアを作成して転がしてみましょう。ペアを転がすたびに2つの数値（各サイコロの出た目）を合計したものを結果として格納します。die_visual.pyをdice_visual.pyにコピーして次のように変更します。

dice_visual.py

```python
import plotly.express as px

from die import Die

# 2個のD6サイコロを作成する
die_1 = Die()
die_2 = Die()

# サイコロを転がし、結果をリストに格納する
results = []
for roll_num in range(1000):
❶    result = die_1.roll() + die_2.roll()
    results.append(result)

# 結果を分析する
frequencies = []
❷ max_result = die_1.num_sides + die_2.num_sides
❸ poss_results = range(2, max_result+1)
    for value in poss_results:
        frequency = results.count(value)
        frequencies.append(frequency)

# 結果を可視化する
title = "2個の6面サイコロを1,000回転がした結果"
labels = {'x': '結果', 'y': '発生した回数'}
fig = px.bar(x=poss_results, y=frequencies, title=title, labels=labels)
fig.show()
```

Dieのインスタンスを2つ生成したあと、2個のサイコロを転がした結果を加算します❶。最小値（2）は各サイコロの最小値を足した値です。最大値（12）は各サイコロの最大値を足した値です。この値をmax_resultに代入します❷。max_result変数は、poss_resultsを生成するコードを読みやすくします❸。range(2, 13)と書くこともできますが、それでは2個のD6のサイコロのときしか正しく動作しません。現実世界の状況をモデル化するときには、さまざまな状況を簡単にモデル化できるコードを書くことが望ましいです。このコー

ドにより、さまざまな面の数を持つ2個のサイコロをシミュレートできます。

このコードを実行すると、**図4-14**のようなグラフが表示されます。

図4-14　2個の6面のサイコロを1,000回転がしたシミュレーション結果

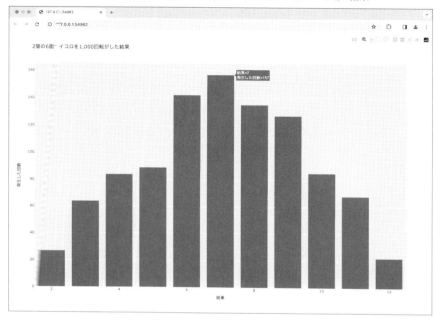

このグラフは、2個のD6のサイコロを転がした結果のおおよその分布を表しています。見てのとおり、2と12が出現する回数がもっとも少なく、7がもっとも多いです。このような結果となるのは、合計が7になる目の組み合わせが6種類あるからです（1と6、2と5、3と4、4と3、5と2、6と1）。

さらにカスタマイズする

ここで生成されたグラフには対応すべき課題が1つあります。グラフには11本の棒がありますが、**X軸**のデフォルトのレイアウト設定では何本かの棒にラベルがありません。デフォルト設定は多くの可視化では問題なく動作しますが、このグラフではすべての棒にラベルがあるほうがよりよい見た目となります。

Plotlyのupdate_layout()メソッドを使用すると、グラフを生成したあとにさまざまな更新ができます。ここでは各棒グラフにラベルを設定するようにPlotlyに指定します。

dice_visual.py
```
--省略--
fig = px.bar(x=poss_results, y=frequencies, title=title, labels=labels)
```

```
# グラフをさらにカスタマイズする
fig.update_layout(xaxis_dtick=1)

fig.show()
```

update_layout()メソッドは、グラフ全体を表すfigオブジェクトに対して作用します。ここではxaxis_dtick引数を使用して**X軸**の目盛りの間隔を指定します。間隔を1に設定することで、すべての棒にラベルが表示されます。dice_visual.pyを再度実行すると、すべての棒にラベルが表示されることが確認できます。

異なるサイズのサイコロを転がす

6面のサイコロと10面のサイコロを作成し、50,000回転がして何が起こるかを見てみましょう。

dice_visual_d6d10.py

```
import plotly.express as px

from die import Die

# D6とD10のサイコロを作成する
die_1 = Die()
❶  die_2 = Die(10)

# サイコロを転がし、結果をリストに格納する
results = []
for roll_num in range(50_000):
    result = die_1.roll() + die_2.roll()
    results.append(result)

# 結果を分析する
--省略--

# 結果を可視化する
❷  title = "6面サイコロと10面サイコロを50,000回転がした結果"
labels = {'x': '結果', 'y': '発生した回数'}
--省略--
```

D10を作るために2番目のDieのインスタンスを生成するときに引数10を指定します❶。そして、最初のシミュレーションのループ回数を1,000回から50,000回に変更します。グラフのタイトルも変更します❷。

結果のグラフは**図4-15**のようになります。出現数が多い値は、1つではなく5つあります。これは、最小値（1と1）と最大値（6と10）となる組み合わせは一通りですが、面が少ないほうのサイコロによって中間の数値

を生成する組み合わせが制限されるからです。目の合計が7、8、9、10、11になる組み合わせはそれぞれ6種類あり、この5つの値がもっとも一般的な結果であり、出現回数はだいたい等しくなります。

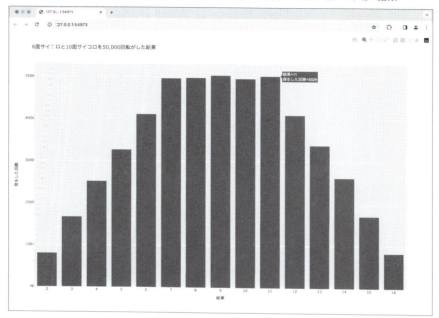

図4-15　6面のサイコロと10面のサイコロを50,000回転がしたシミュレーション結果

　Plotlyを使用してサイコロの転がりをモデル化することで、この現象についてかなり自由に調査できるようになります。ほんの数分で、さまざまな種類のサイコロを膨大な回数転がすシミュレーションを実行できます。

グラフを保存する

　気に入ったグラフがあれば、ブラウザーからHTMLファイルとしていつでも保存できます。しかし、プログラムからも同じように保存できます。グラフをHTMLファイルとして保存するには、fig.show()を呼び出している箇所をfig.write_html()に置き換えます。

```
fig.write_html('dice_visual_d6d10.html')
```

　write_html()には1つの必須の引数、保存先のファイルの名前を指定します。ファイル名のみを指定した場合は、.pyファイルと同じディレクトリにファイルが保存されます。write_html()の引数にPathオブジェクトを指定すると、PC上の任意の場所にファイルを出力できます。

やってみよう

4-6. 2個のD8

2個の8面サイコロを1,000回転がしたときの結果を示すシミュレーションを作成します。シミュレーションを実行する前に、可視化するとどのように表示されるかを考えてみましょう。そして、その直感が正しいかを確認しましょう。サイコロを転がす回数を徐々に増やしてPCの処理能力の限界を見てみましょう。

4-7. 3個のサイコロ

3個のD6を転がすと最小値は3で最大値は18となります。3個のD6を転がしたときの状況を可視化しましょう。

4-8. 掛け算

この節では、2個のサイコロを転がしたときの2つの数値を足し算した結果を使用してきました。ここでは、代わりに2つの数値を掛け算した場合の状況を可視化してみましょう。

4-9. サイコロ内包表記

わかりやすくするために、この節のコードでは長い形式でforループを記述しています。リスト内包表記に慣れているのであれば、各プログラムの片方または両方のループをリスト内包表記に書き換えてください。

4-10. 2つのライブラリの練習

サイコロを転がしたときのシミュレーションを、Matplotlibで可視化してみましょう。また、Plotlyを使用してランダムウォークを可視化してみましょう（この演習問題を完了するには、各ライブラリのドキュメントを調べる必要があります）。

まとめ

この章では次のことについて学びました。

- データセットを生成し、そのデータを可視化する方法
- Matplotlibを使用して簡単なグラフを作成する方法と、散布図を使用してランダムウォークを調査する方法
- Plotlyを使用してヒストグラムを作成する方法と、ヒストグラムを使用して異なるサイズのサイコロを転がした結果を調べる方法

コードによるデータセットの生成は、現実世界のさまざまな状況をモデル化して調査する際に用いられる興味深く強力な手法です。データを可視化するプロジェクトを今後続ける中で、コードでモデル化できる状況がないかに目を向けるようにしてください。ニュースサイトに表示されるグラフを見てプロジェクトで学んだものと似た方法で生成されたものかを確認してみてください。

第5章では、オンラインからデータをダウンロードして引き続きMatplotlibとPlotlyを使用してデータを調査します。

データをダウンロードする

第5章 データをダウンロードする

　　この章では、オンラインの情報提供元からデータセットをダウンロードし、そのデータをもとに実用的な可視化を行います。インターネット上には信じられないほど多様なデータがありますが、その多くは十分に調査されていません。このようなデータを分析する能力があれば、誰も見つけられなかったパターンや関係性を発見できます。

　ここでは、CSVとJSONという2種類の一般的なデータ形式で格納されたデータにアクセスして可視化を行います。Pythonのcsvモジュールを使用してCSV形式で保存された気象データを処理し、異なる2地点の最高気温と最低気温の経過を分析します。そして、ダウンロードしたデータを使用してMatplotlibでグラフを生成し、アラスカ州シトカとカリフォルニア州デス・バレーというまったく異なる2つの環境における気温の変化を表示します。章の後半では、GeoJSONフォーマットで保存された地震のデータにjsonモジュールでアクセスし、最近発生した地震の位置とマグニチュードを示す世界地図をPlotlyで描画します。

　この章が終わる頃には、さまざまな異なる形式のデータセットを扱えるようになり、複雑な可視化の方法を深く理解しているでしょう。オンラインのさまざまな形式のデータを処理し、可視化するスキルは、現実世界の多様なデータセットを操作するために不可欠です。

CSVファイル形式

　テキストファイルにデータを格納する簡単な方法の1つとして、データ中の一連の値をカンマで区切る方法があります。この形式を**Comma-Separated Values**（**カンマ区切りのデータ**）と呼び、この形式のファイルを**CSV**ファイルと呼びます。たとえば次に示すのは、CSV形式の気象データの一部です。

```
"USW00025333","SITKA AIRPORT, AK US","2021-01-01",,"44","40"
```

　これは、アラスカ州シトカ市郡の気象データから2021年1月1日のデータを抜き出したものです。このデータには、その日の最高気温と最低気温だけでなく他の測定値も含まれています。CSVファイルは人が読むにはうんざりするものですが、プログラムからは素早く正確に情報を取り出して処理ができます。

　シトカの気象データを記録したCSV形式の小さなデータセットから始めます。このデータは、書籍のリソースとして本書のサポートサイト（https://gihyo.jp/book/2024/978-4-297-14526-2/support）からダウンロードできます。この章のプログラムを保存するフォルダーの中に、weather_dataという名前のフォル

ダーを作成します。ファイルsitka_weather_07-2021_simple.csvをその新しいフォルダーの中にコピーします（本書のリソースページからダウンロードすると、この章で必要な全ファイルを取得できます）。

 このプロジェクトで使用する気象データのオリジナルは、NOAAの公式サイト（https://ncdc.noaa.gov/cdo-web/）からダウンロードできます。

CSVファイルのヘッダーを解析する

Pythonのcsvモジュールは標準ライブラリに含まれており、CSVファイルを行ごとに解析できます。そして、ユーザーが興味のある値を素早く取り出せます。ファイルの1行目を調査してみましょう。1行目には、データの一連のヘッダーが含まれています。ヘッダーは、データが保存している情報の種類を示しています。

sitka_highs.py
```python
from pathlib import Path
import csv

❶ path = Path('weather_data/sitka_weather_07-2021_simple.csv')
  lines = path.read_text().splitlines()

❷ reader = csv.reader(lines)
❸ header_row = next(reader)
  print(header_row)
```

最初にPathとcsvモジュールをインポートします。そしてweather_dataフォルダーの中の作業対象となる特定の気象データファイルを指すPathオブジェクトを構築します❶。ファイルを読み込みsplitlines()メソッドをつなげ、ファイル中のすべての行のリストを取得してlinesに代入します。

次にreaderオブジェクトを構築します❷。このオブジェクトはファイルの各行を解析するために使用します。readerオブジェクトを作成するために、csv.reader()関数にCSVファイルから読み込んだ行のリストを渡して呼び出します。

readerオブジェクトを渡すと、next()関数はファイルの先頭から順に1行ずつ返します。ここではnext()を1度だけ呼び出し、ファイルのヘッダーを含んでいる最初の行を取得します❸。返却されたデータをheader_rowに代入します。見てのとおり、header_rowは気象に関連する意味のあるヘッダー情報を含んでおり、各行がどのような情報を持っているかを表します。

```
['STATION', 'NAME', 'DATE', 'TAVG', 'TMAX', 'TMIN']
```

readerオブジェクトはファイルの1行目にあるカンマで区切られた値を処理し、リストの各要素に値を格納します。STATIONというヘッダーは、このデータが記録された気象観測所のコードを表します。このヘッダー

の位置によって各行の最初の値が気象観測所のコードであることがわかります。NAMEヘッダーは、各行の2番目の値が気象観測所の名前であることを表します。残りのヘッダーも同様にどのような種類の情報が記録されているかを示しています。データの中でもっとも関心があるのは日付（DATE）、最高気温（TMAX）、最低気温（TMIN）です。このデータは、気温に関するデータだけを含んだとてもシンプルなデータセットです。自分で気象データをダウンロードするときには、風速、風向き、降水量に関する測定値を選択して取得できます。

ヘッダーとその位置を出力する

ファイルのヘッダーデータを理解しやすくするために、各ヘッダーのリスト中の位置を出力しましょう。

sitka_highs.py
```
--省略--
reader = csv.reader(lines)
header_row = next(reader)

for index, column_header in enumerate(header_row):
    print(index, column_header)
```

enumerate()関数に、リストをループするときに各要素のインデックスと値の両方を返します（print(header_row)の行を削除して、より詳しい内容を出力するように差し替えた点に注意してください）。

次のように各ヘッダーのインデックスが出力されます。

```
0 STATION
1 NAME
2 DATE
3 TAVG
4 TMAX
5 TMIN
```

日付と最高気温はそれぞれ2と4の列に格納されていることが確認できます。このデータを調べるために、sitka_weather_07-2021_simple.csvのデータの各行を処理してインデックスが2と4の値を取り出します。

データを抽出して読み込む

必要なデータがどの列にあるのかがわかったのでデータを読み込んでみましょう。はじめに日ごとの最高気温を読み込みます。

CSVファイル形式

sitka_highs.py
```
--省略--
reader = csv.reader(lines)
header_row = next(reader)

# 最高気温を取り出す
❶ highs = []
❷ for row in reader:
❸     high = int(row[4])
      highs.append(high)

print(highs)
```

highsという空のリストを作成します❶。そして、ファイル中の残りの行をすべてループ処理します❷。読み込みオブジェクトは、CSVファイルの読み込みを中断している場所から処理を続け、現在の位置の各行のデータを自動的に返します。すでにヘッダー行は読み込まれているため、実際のデータが始まる2行目からループが始まります。ループを通過するたびにヘッダーTMAXに対応するインデックス4のデータを取り出し、変数highに代入します❸。int()関数を使用し、文字列で保存されているデータを整数に変換します。この値をリストhighsに追加します。

次に示すのは、highsに格納されたデータを表示したものです。

```
[61, 60, 66, 60, 65, 59, 58, 58, 57, 60, 60, 60, 57, 58, 60, 61, 63, 63, 70,
 64, 59, 63, 61, 58, 59, 64, 62, 70, 70, 73, 66]
```

訳注

データは華氏で記述されています。華氏61度は摂氏約16.1度です。

日ごとの最高気温を抜き出し、リストに格納しました。次はこのデータを可視化してみましょう。

気温のグラフにデータを描画する

気温データを可視化するために、Matplotlibを使用して最高気温のシンプルなグラフを作成します。

sitka_highs.py
```
from pathlib import Path
import csv

import matplotlib.pyplot as plt
```

```
path = Path('weather_data/sitka_weather_07-2021_simple.csv')
lines = path.read_text().splitlines()
    --省略--

# 最高気温のグラフを描画する
plt.style.use('seaborn-v0_8')
fig, ax = plt.subplots()
```
❶ `ax.plot(highs, color='red')`

```
# グラフにフォーマットを指定する
```
❷ `ax.set_title("Daily High Temperatures, July 2021", fontsize=24)`
❸ `ax.set_xlabel('', fontsize=16)`
```
ax.set_ylabel("Temperature (F)", fontsize=16)
ax.tick_params(labelsize=16)

plt.show()
```

引数としてリストhighsとcolor='red'をplot()に渡し、点を赤で描画します（あとで最高気温を赤、最低気温を青で描画します）❶。そして、**第4章**で行ったように、タイトル、フォントサイズやラベルなどいくつかのフォーマットを指定します❷。日付をまだ追加していないのでX軸のラベルは不要ですが、デフォルトのラベルより読みやすくするためにplt.xlabel()でフォントサイズを変更しています❸。結果のグラフは、**図5-1**のようにシンプルな折れ線グラフとなり、2021年7月のアラスカ州シトカの最高気温を表します。

図5-1　2021年7月のアラスカ州シトカの最高気温の折れ線グラフ

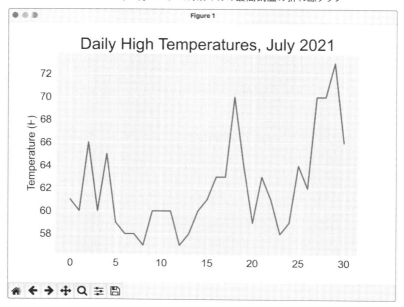

datetimeモジュール

グラフをより有益なものにするために日付を追加しましょう。気象データファイルの最初の日付はファイルの2行目にあります。

```
"USW00025333","SITKA AIRPORT, AK US","2021-07-01",,"61","53"
```

データは文字列なので、文字列"2021-07-01"を日付を表すオブジェクトに変換する必要があります。2021年7月1日を表すオブジェクトを構築するためにdatetimeモジュールのstrptime()メソッドを使用します。対話モードでstrptime()がどのように動作するかを見てみましょう。

```
>>> from datetime import datetime
>>> first_date = datetime.strptime('2021-07-01', '%Y-%m-%d')
>>> print(first_date)
2021-07-01 00:00:00
```

最初にdatetimeモジュールからdatetimeクラスをインポートします。そして、strptime()メソッドを呼び出します。第1引数には、処理したい日付を含んだ文字列を指定します。第2引数は日付のフォーマットをPythonに指示します。この例では'%Y-'により、Pythonは最初のハイフン（-）の前の4桁数字の年を探します。'%m-'は、2番目のハイフンの前の2桁数字が月であることを意味します。そして'%d'は、最後の部分の文字列が日（1から31）であることを意味します。

日付を表す文字列をどのように解釈するかを決めるために、strptime()メソッドにはさまざまな引数を指定できます。**表5-1**に指定できる引数の一部を示します。

表5-1 datetimeモジュールの日付と時刻のフォーマット引数

引数	意味
%A	曜日の名前（例：Monday）
%B	月の名前（例：January）
%m	数字で表した月（01から12）
%d	月の中の日にち（01から31）
%Y	4桁の年（例：2024）
%y	2桁の年（例：24）
%H	24時間表記の時（00から23）
%I	12時間表記の時（00から12）
%p	AMまたはPM
%M	分（00から59）
%S	秒（00から59）

第5章　データをダウンロードする

日付を描画する

日々の最高気温のデータに対応する日付を取り出し、その日付を**X軸**に使用してグラフを改善します。

sitka_highs.py

```python
from pathlib import Path
import csv
from datetime import datetime

import matplotlib.pyplot as plt

path = Path('weather_data/sitka_weather_07-2021_simple.csv')
lines = path.read_text().splitlines()
reader = csv.reader(lines)
header_row = next(reader)

# 日付と最高気温を取り出す
dates, highs = [], []
for row in reader:
    current_date = datetime.strptime(row[2], '%Y-%m-%d')
    high = int(row[4])
    dates.append(current_date)
    highs.append(high)

# 最高気温のグラフを描画する
plt.style.use('seaborn-v0_8')
fig, ax = plt.subplots()
ax.plot(dates, highs, color='red')

# グラフにフォーマットを指定する
ax.set_title("Daily High Temperatures, July 2021", fontsize=24)
ax.set_xlabel('', fontsize=16)
fig.autofmt_xdate()
ax.set_ylabel("Temperature (F)", fontsize=16)
ax.tick_params(labelsize=16)

plt.show()
```

❶ dates, highs = [], []
❷ current_date = datetime.strptime(row[2], '%Y-%m-%d')
❸ ax.plot(dates, highs, color='red')
❹ fig.autofmt_xdate()

ファイルから取得した日付と最高気温を格納するために、2つの空のリストを作成します❶。そして、日付の情報を含んでいるデータ（row[2]）をdatetimeオブジェクトに変換します❷。そのデータをdatesに追加します。日付と最高気温の値をplot()に渡します❸。fig.autofmt_xdate()を呼び出すと❹、X軸の日付のラベルが重なり合わないように斜めに表示されます。改良されたグラフは**図5-2**のようになります。

図 5-2　X軸に日付を表示したより有意義なグラフ

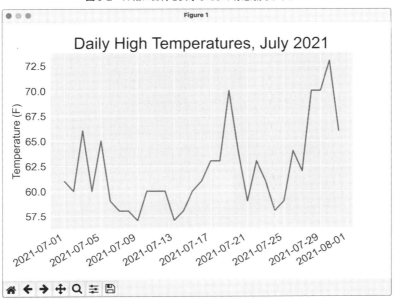

長い時間の範囲を描画する

　グラフを描画できたので、追加のデータを入れることでシトカの気候のグラフをより完全なものにしましょう。この章のプログラム用のデータを格納しているフォルダーに、シトカの1年間の気象データファイルsitka_weather_2021_simple.csvをコピーします。

　1年間の最高気温のグラフを作成します。

sitka_highs.py
```
--省略--
path = Path('weather_data/sitka_weather_2021_simple.csv')
lines = path.read_text().splitlines()
--省略--
# グラフにフォーマットを指定する
ax.set_title("Daily High Temperatures, 2021", fontsize=24)
ax.set_xlabel('', fontsize=16)
--省略--
```

　ファイル名を新しいデータファイルsitka_weather_2021_simple.csvに変更します。次に、内容が変わったのでグラフのタイトルに反映します。結果として出力されるグラフは**図5-3**のようになります。

図 5-3　1 年分のデータ

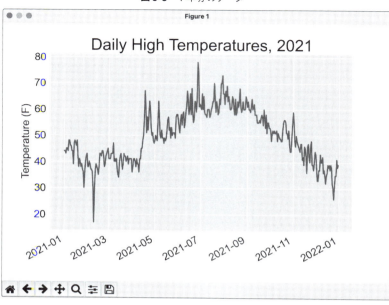

2 番目のデータを描画する

　グラフに最低気温を追加することで、より役立つものにできます。データファイルから最低気温を取り出してグラフに追加します。

sitka_highs_lows.py
```python
--省略--
reader = csv.reader(lines)
header_row = next(reader)

# 日付、最高気温、最低気温を取り出す
❶ dates, highs, lows = [], [], []
for row in reader:
    current_date = datetime.strptime(row[2], '%Y-%m-%d')
    high = int(row[4])
❷   low = int(row[5])
    dates.append(current_date)
    highs.append(high)
    lows.append(low)

# 最高気温と最低気温をグラフに描画する
plt.style.use('seaborn-v0_8')
```

```
   fig, ax = plt.subplots()
   ax.plot(dates, highs, color='red')
❸ ax.plot(dates, lows, color='blue')

   # グラフにフォーマットを指定する
❹ ax.set_title("Daily High and Low Temperatures, 2021", fontsize=24)
   --省略--
```

最低気温を格納するための空のリストlowsを追加します❶。各行の6番目（row[5]）から最低気温のデータを取り出してリストに格納します❷。最低気温を指定したplot()を追加し、色を青に指定します❸。最後にタイトルを更新します❹。結果として出力されるグラフは**図5-4**のようになります。

図5-4　2つのデータを同じグラフに描画する

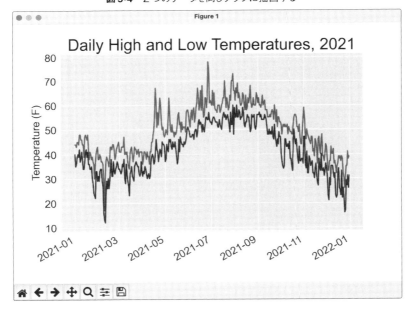

グラフ内の領域に陰影をつける

2つのデータ系列を追加したので、日々の温度の幅を調査できます。最高気温と最低気温の幅を表示するために陰影を追加してグラフを仕上げましょう。そのためにfill_between()メソッドを使用します。このメソッドの引数に一連のX座標値と2つのY座標値を指定すると、2つのY座標の間の空間を塗りつぶします。

```
sitka_highs_lows.py
--省略--
# 最高気温と最低気温をグラフに描画する
plt.style.use('seaborn-v0_8')
fig, ax = plt.subplots()
```
❶ `ax.plot(dates, highs, color='red', alpha=0.5)`
`ax.plot(dates, lows, color='blue', alpha=0.5)`
❷ `ax.fill_between(dates, highs, lows, facecolor='blue', alpha=0.1)`
`--省略--`

alpha引数は色の透明度を制御します❶。alphaの値が0の場合は完全に透明で、値が1（デフォルト値）の場合は不透明になります。alphaに0.5を設定するとグラフの赤と青の線が明るく見えます。

fill_between()にX座標としてリストdatesを渡し、2つのY座標としてhighsとlowsを渡します❷。facecolor引数には陰影をつける領域の色を指定します。alpha値に0.1という小さい値を指定することで、2つのデータ系列が表す情報を塗りつぶした領域が邪魔しないようにします。図5-5は最高気温と最低気温の間に陰影が追加されたグラフです。

図5-5　2つのデータセットの間の領域に陰影を追加

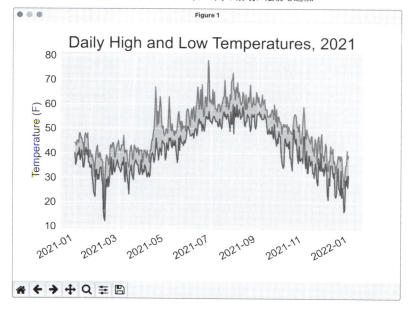

陰影は、2つのデータセット間の範囲を明らかにするのに役立ちます。

エラーをチェックする

sitka_highs_lows.pyのコードは、さまざまな場所のデータに対して使用できるはずです。しかし、気象観測所によっては他とは異なるデータを収集していることがあります。また、機器の故障によりデータの取得に失敗することもあります。そのような場合、欠けているデータを適切に処理しないとプログラムは例外を引き起こす可能性があります。

例として、カリフォルニア州のデス・バレーの気温からグラフを生成すると何が起こるかを見てみましょう。この章のプログラム用のデータを保存するフォルダーにdeath_valley_2021_simple.csvをコピーします。

最初に次のコードを実行し、データファイルに含まれているヘッダーを確認しましょう。

death_valley_highs_lows.py

```python
from pathlib import Path
import csv

path = Path('weather_data/death_valley_2021_simple.csv')
lines = path.read_text().splitlines()

reader = csv.reader(lines)
header_row = next(reader)

for index, column_header in enumerate(header_row):
    print(index, column_header)
```

実行結果は次のとおりです。

```
0 STATION
1 NAME
2 DATE
3 TMAX
4 TMIN
5 TOBS
```

日付のインデックスは2であり、シトカのデータと同じ場所にあります。しかし、最高気温と最低気温のインデックスは3と4なので、コード上のインデックスを変更して新しい位置を反映する必要があります。この気象観測所は、日の平均気温の代わりにTOBSという特定の観測時間を表すデータを含んでいます。

デス・バレーのグラフを生成できるようにsitka_highs_lows.pyのインデックスの値を書き換えます。そして、何が発生するかを確認します。

第**5**章　データをダウンロードする

```
death_valley_highs_lows.py
--省略--
path = Path('weather_data/death_valley_2021_simple.csv')
lines = path.read_text().splitlines()
    --省略--
# 日付、最高気温、最低気温を取り出す
dates, highs, lows = [], [], []
for row in reader:
    current_date = datetime.strptime(row[2], '%Y-%m-%d')
    high = int(row[3])
    low = int(row[4])
    dates.append(current_date)
--省略--
```

デスバレーのデータファイルから読み込むようにプログラムを更新し、インデックスをこのファイルのTMAXとTMINの位置に対応するように変更します。プログラムを実行するとエラーが発生します。

```
Traceback (most recent call last):
  File "death_valley_highs_lows.py", line 17, in <module>
    high = int(row[3])
❶ ValueError: invalid literal for int() with base 10: ''
```

このトレースバックは、ある日の最高気温が空の文字列（''）であるためPythonが整数に変換できないということを示しています❶。データ全体を調べて欠落したデータがあるかを調べるのではなく、データが欠落している状況に直接対応するようにします。

CSVファイルから値を読み込むときにエラーをチェックするコードを実行し、発生する可能性がある例外を処理します。次のように記述します。

```
death_valley_highs_lows.py
--省略--
for row in reader:
    current_date = datetime.strptime(row[2], '%Y-%m-%d')
❶  try:
        high = int(row[3])
        low = int(row[4])
    except ValueError:
❷      print(f"{current_date}のデータがありません")
❸  else:
        dates.append(current_date)
        highs.append(high)
        lows.append(low)
```

146

```
# 最高気温と最低気温をグラフに描画する
--省略--

# グラフにフォーマットを指定する
title = "Daily High and Low Temperatures, 2021\nDeath Valley, CA"
ax.set_title(title, fontsize=20)
ax.set_xlabel('', fontsize=16)
--省略--
```

❹ （title行に付与）

各行を調査し、日付と最高気温と最低気温を抜き出します❶。データが欠落しているとPythonは`ValueError`を発生し、欠落したデータの日付を含んだエラーメッセージを出力します❷。エラーを出力したあと、ループ処理は次の行を引き続き処理します。ある日のすべてのデータにエラーがない場合は、`else`ブロックが実行されてデータがリストに適切に追加されます❸。新しい場所の情報のグラフを描画するのでグラフのタイトルに場所の名前を含めるように更新し、前より長いタイトルを収めるためにより小さいフォントサイズを使用します❹。

death_valley_highs_lows.pyを実行すると、欠落したデータが1件あることがわかります。

```
2021-05-04 00:00:00のデータがありません
```

エラーを適切に処理できるようになったので、プログラムは欠落したデータを飛ばしてグラフを生成するようになりました。結果のグラフは**図5-6**のようになります。

このグラフとシトカのグラフを比較すると、予想したようにデス・バレーはアラスカ南東部よりも全体的に温暖であることがわかります。また、砂漠では日々の気温差が大きくなっています。陰影部分の高さからそれがわかります。

図5-6 デス・バレーの日々の最高気温と最低気温

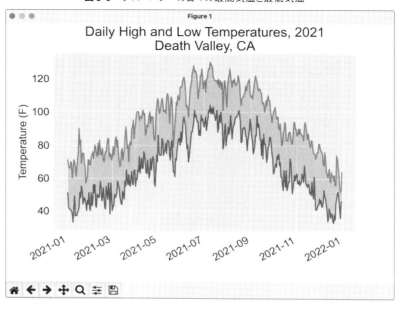

　多くのデータセットには、欠落したデータや不適切なフォーマットや間違ったデータがあります。これらの状況に対応するには、必修編で学んだツールを使用できます。ここではtry-except-elseブロックを使用して欠落したデータに対応しました。ときにはcontinueを使用して一部のデータを読み飛ばしたり、remove()やdelを使用してデータを抽出したあとに削除したりする場合もあります。意味のある正確な可視化を行うためにさまざまなアプローチをとってください。

データをダウンロードする

自分用の気象データをダウンロードするには、次の手順を実行してください。

1. NOAAの気象データサイト（https://www.ncdc.noaa.gov/cdo-web/）にアクセスします。「Discover Data By」というセクションの［Search Tool］をクリックします。「Select a Dataset」のボックスのプルダウンメニューを開き、［Daily Summaries］を選択します。
2. 「Select Date Range」で日付の範囲を指定し、「Search For」セクションで［ZIP Codes］を選択します。興味がある場所の郵便番号を入力して［Search］ボタンをクリックします。
3. 次のページで、指定したエリアに関する地図と情報が表示されます。地名の下にある［View Full Details］をクリックするか、地図をクリックして［Full Details］ボタンをクリックします。
4. 下にスクロールして［Station List］をクリックすると、指定したエリアで有効な気象観測所の一覧が表示されます。気象観測所を1つクリックし、［Add to Cart］ボタンをクリックします。このデータは無料で利

用できますが、このサイトはショッピングカートのアイコンを使用しています。画面右上にあるカートのアイコンをクリックします。

5. 「Select the Output Format」で［Custom GHCN-Daily CSV］を選択します。日付の範囲が正しいことを確認して、［Continue］ボタンをクリックします。

6. 次のページで、必要なデータの種類を選択できます。ここでは、1種類だけのデータ（たとえば気温など）をダウンロードすることも、この気象観測所で有効な全データをダウンロードすることもできます。データの種類を選択し、［Continue］ボタンをクリックします。

7. 最後のページに、注文したデータの概要が表示されます。メールアドレスを入力して［Submit Order］ボタンをクリックします。注文が受け入れられると確認メールが届きます。そして、数分後に別のメールでデータをダウンロードするためのリンクが届きます。

　ダウンロードしたデータは、この節で使用したデータと同様に構造化されています。この節で見たデータとは異なるヘッダーかもしれませんが、ここで実行したものと同じ手順をとることにより、興味のあるデータを可視化できるはずです。

やってみよう

5-1. シトカの降水量
シトカは温帯雨林のため、降水量はかなりの量になります。ファイル sitka_weather_2021_full.csv のデータの PRCP ヘッダーは毎日の降水量を表します。この列のデータを可視化しましょう。砂漠の降水量の少なさに興味があれば、この演習問題をデス・バレーで繰り返してみてください。

5-2. シトカとデス・バレーの比較
シトカとデス・バレーのグラフはデータの範囲が異なるため気温の目盛りが異なります。シトカとデス・バレーの気温の範囲を正確に比較するには、Y軸を同じ目盛りにする必要があります。図5-5と図5-6のグラフのどちらかまたは両方のY軸の設定を変更します。そして、シトカとデス・バレー（または比較したい任意の2つの場所）の気温の範囲を直接比較します。また、2つのデータセットを1つのグラフに描画することもできます。

5-3. サンフランシスコ
サンフランシスコの気温は、シトカとデス・バレーの気温のどちらに似ているでしょうか? サンフランシスコのデータをダウンロードし、最高気温と最低気温のグラフを作成して比べてみましょう。

5-4. 自動インデックス
この節では、TMIN と TMAX 列に対応するインデックスを直接記述していました。ヘッダー行を使用してこの2つの値のインデックスを特定し、プログラムがシトカとデス・バレーで動作するようにします。気象観測所の名前を使用し、適切なタイトルをグラフ上に自動的に生成します。

第**5**章 データをダウンロードする

5-5. 探索する

任意の場所についていくつかの可視化を行い、気象において他に興味がある情報を調査してください。

地球全体のデータセットを地図に描画する（GeoJSON形式）

この節では、前月に世界中で発生したすべての地震の情報のデータセットをダウンロードします。そして、地震の場所と規模（マグニチュード）を地図上に表示します。データはGeoJSONフォーマットで保存されているので、jsonモジュールを使用して作業します。Plotlyのscatter_geo()グラフを使用し、地震の地球上の分布をわかりやすく可視化します。

地震データをダウンロードする

この章のプログラムを保存するフォルダーの中にeq_dataという名前のフォルダーを作成します。ファイルeq_data_1_day_m1.jsonをこの新しいフォルダーにコピーします。地震はマグニチュードで分類します。このファイルには、過去24時間（本書の執筆時点）に発生したマグニチュードM1以上のすべての地震のデータが含まれています。このデータは、United States Geological Survey（アメリカの地震調査所）の地震データのフィード（https://earthquake.usgs.gov/earthquakes/feed）をもとにしています。

GeoJSONデータを調査する

eq_data_1_day_m1.jsonを開いてみると、中身のテキストは次のようにとても密集していて読みにくいことがわかります。

```
{"type":"FeatureCollection","metadata":{"generated":1649052296000,...
{"type":"Feature","properties":{"mag":1.6,"place":"63 km SE of Ped...
{"type":"Feature","properties":{"mag":2.2,"place":"27 km SSE of Ca...
{"type":"Feature","properties":{"mag":3.7,"place":"102 km SSE of S...
{"type":"Feature","properties":{"mag":2.92000008,"place":"49 km SE...
{"type":"Feature","properties":{"mag":1.4,"place":"44 km NE of Sus...
--省略--
```

地球全体のデータセットを地図に描画する（GeoJSON形式）

このファイルは、人よりも機械が扱いやすい形でフォーマットされています。しかし、このファイルは辞書を含んでおり、辞書データには地震のマグニチュードや場所といった関心がある情報が含まれていることがわかります。

jsonモジュールはJSONデータを探索、操作するためのさまざまなツールを提供しています。ファイルを再フォーマットすることでプログラムを書く前に生データを確認しやすくするツールもあります。

データを読み込み、読みやすい形式にフォーマットして表示してみましょう。とても長いデータを含んだファイルなので、ターミナルに出力するのではなく新しいファイルにデータを書き出します。そして、そのファイルを開いて、上下にスクロールしてデータをより簡単に確認できます。

eq_explore_data.py

```
from pathlib import Path
import json

# データを文字列として読み込み、Pythonのオブジェクトに変換する
path = Path('eq_data/eq_data_1_day_m1.geojson')
contents = path.read_text()
❶ all_eq_data = json.loads(contents)

# より読みやすいデータファイルを作成する
❷ path = Path('eq_data/readable_eq_data.geojson')
❸ readable_contents = json.dumps(all_eq_data, indent=4)
path.write_text(readable_contents)
```

データファイルを文字列として読み込み、json.loads()を使用してファイルの文字列をPythonオブジェクトに変換します❶。これは必修編の**第10章**で使用した手法と同じです。ここでは、データセット全体は1つの辞書に変換され、その辞書データをall_eq_dataに代入します。そして新しいpathを定義し、同じデータをより読みやすいフォーマットで書き出します❷。json.dumps()関数に、必修編の**第10章**で見たオプション引数のindentを指定します❸。この引数はデータ構造の入れ子の要素を、何文字インデントするか指定します。

eq_dataフォルダーを参照してファイルreadable_eq_data.jsonを開くと、ファイルの先頭には次のような内容が表示されます。

readable_eq_data.json

```
{
    "type": "FeatureCollection",
❶  "metadata": {
        "generated": 1649052296000,
        "url": "https://earthquake.usgs.gov/earthquakes/.../1.0_day.geojson",
        "title": "USGS Magnitude 1.0+ Earthquakes, Past Day",
        "status": 200,
```

151

第**5**章　データをダウンロードする

```
        "api": "1.10.3",
        "count": 160
    },
❷  "features": [
    --省略--
```

　ファイルの最初の部分には"metadata"というキーのセクションが含まれています❶。このセクションには、データファイルがいつ生成され（generated）、オンラインのどこにデータがあるか（url）が示されています。また、人が理解しやすいタイトル（title）と、このファイルにいくつの地震情報が含まれているか（count）もわかります。この24時間のデータには160件の地震情報が記録されています。

　このGeoJSONファイルの構造は、位置情報データを扱うのに便利です。位置情報は"features"キーに関連付けられたリストに保存されます❷。このファイルは地震のデータを含んでいるので、データはリスト形式になっています。リスト中の各要素は1件の地震情報を表します。この構造はわかりにくいですが、とても強力です。地質学者は、地震に関する情報を必要なだけ辞書に格納し、すべての辞書を1つの巨大なリストに詰め込むことができます。

　1件の地震を表す辞書を見てみましょう。

readable_eq_data.json

```
    --省略--
     {
         "type": "Feature",
❶       "properties": {
             "mag": 1.6,
             --省略--
❷           "title": "M 1.6 - 27 km NNW of Susitna, Alaska"
         },
❸       "geometry": {
             "type": "Point",
             "coordinates": [
❹               -150.7585,
❺               61.7591,
                 56.3
             ]
         },
         "id": "ak0224bju1jx"
     },
```

　"properties"キーには各地震についての多くの情報が含まれています❶。もっとも関心がある地震のマグニチュードの情報は、"mag"キーに関連付けられています。また地震のタイトル（"title"キー）はマグニチュードと場所の要約となっています❷。

152

"geometry"キーは地震が発生した場所を示します❸。各地震を地図に配置するためには、この情報が必要です。地震の場所を示す経度❹と緯度❺は、"coordinates"キーに関連付けられたリストの中にあります。

このファイルは普段作成するコードよりも入れ子の構造が深いため混乱するかもしれませんが、心配することはありません。複雑な部分のほとんどはPythonが処理してくれます。一度に作業するネストのレベルは1つか2つだけです。まずは24時間以内に記録された各地震の辞書を取り出しましょう。

位置について話すとき通常は緯度、経度の順番で言います。この慣習はおそらく、経度よりもずっと昔に緯度の概念が発見されたからでしょう。しかし、多くの地理空間フレームワークでは「経度、緯度」の順番で扱います。これは数学で使用する(x, y)に対応するからです。GeoJSONフォーマットは(経度, 緯度)の形式です。別のフレームワークを使用するときには、フレームワークがどちらの順番で緯度と経度を扱うかを知ることが重要です。

すべての地震のリストを作成する

最初にすべての地震の情報を含んだリストを作成します。

eq_explore_data.py
```python
from pathlib import Path
import json

# データを文字列として読み込み、Pythonのオブジェクトに変換する
path = Path('eq_data/eq_data_1_day_m1.geojson')
contents = path.read_text()
all_eq_data = json.loads(contents)

# データセットにあるすべての地震を調べる
all_eq_dicts = all_eq_data['features']
print(len(all_eq_dicts))
```

辞書all_eq_dataのキー'features'に関連付けられたデータを取得し、all_eq_dictsに代入します。このファイルには、160件の地震が記録されていることがわかっています。ファイルのすべての地震情報を取得できているかを出力で確認します。

```
160
```

このコードの短さに注目してください。フォーマットされたファイルreadable_eq_data.jsonは6,000行以上あります。しかし、数行のコードだけで、全データを読み込んでPythonのリストに保存できます。次に、各地震の情報からマグニチュードを取り出します。

第**5**章　データをダウンロードする

マグニチュードを取り出す

各地震のデータを含むリストをループで処理し、必要な情報を取り出せます。次のコードで各地震のマグニチュードを取り出してみましょう。

eq_explore_data.py
```
--省略--
all_eq_dicts = all_eq_data['features']

❶  mags = []
   for eq_dict in all_eq_dicts:
❷      mag = eq_dict['properties']['mag']
       mags.append(mag)

   print(mags[:10])
```

マグニチュードを格納する空のリストを作成し、リストall_eq_dictsをループで処理します❶。ループの中で各地震は辞書eq_dictで表されます。各地震のマグニチュードは、この辞書の'properties'セクションの下の'mag'キーに格納されています❷。各マグニチュードの値を変数magに代入し、リストmagsに追加します。

最初の10件のマグニチュードを出力して正しくデータを取得できていることを確認します。

```
[1.6, 1.6, 2.2, 3.7, 2.92000008, 1.4, 4.6, 4.5, 1.9, 1.8]
```

次は各地震の位置データを抜き出して地震の地図を作成します。

位置データを取り出す

それぞれの地震の位置データは"geometry"キーの下に保存されています。ジオメトリ（geometry）の辞書の中に"coordinates"キーがあり、その値のリストに含まれる最初の2つの値が経度（longitude）と緯度（latitude）です。次のコードで位置データを取り出します。

eq_explore_data.py
```
--省略--
all_eq_dicts = all_eq_data['features']

mags, lons, lats = [], [], []
for eq_dict in all_eq_dicts:
    mag = eq_dict['properties']['mag']
❶   lon = eq_dict['geometry']['coordinates'][0]
```

154

地球全体のデータセットを地図に描画する（GeoJSON形式）

```
    lat = eq_dict['geometry']['coordinates'][1]
    mags.append(mag)
    lons.append(lon)
    lats.append(lat)

print(mags[:10])
print(lons[:5])
print(lats[:5])
```

　経度と緯度を格納する空のリストlonsとlatsを作成します。地震のジオメトリの要素を表す辞書にeq_dict['geometry']のコードでアクセスします❶。2番目のキーに'coordinates'を指定することで、'coordinates'に関連付けられた値のリストを取得します。最後にインデックス0を指定し、地震の経度に対応する座標（coordinates）リストの最初の値を取得します。

　最初の5件の経度と緯度を出力し、正しいデータを取得できているかを確認します。

```
[1.6, 1.6, 2.2, 3.7, 2.92000008, 1.4, 4.6, 4.5, 1.9, 1.8]
[-150.7585, -153.4716, -148.7531, -159.6267, -155.248336791992]
[61.7591, 59.3152, 63.1633, 54.5612, 18.7551670074463]
```

　このデータを使用し、各地震を地図上に表示する作業に進みます。

世界地図を構築する

　ここまでに取り出した情報を使用し、シンプルな世界地図を構築します。現時点の見た目はよくありませんが、ここではスタイルや体裁について気にする前に情報が正しく表示されることを確認します。次に示すのは最初の地図を作成するコードです。

```
from pathlib import Path
import json

import plotly.express as px

--省略--
for eq_dict in all_eq_dicts:
    --省略--

title = '世界の地震'
fig = px.scatter_geo(lat=lats, lon=lons, title=title)
fig.show()
```
❶

第4章と同様に、plotly.expressをpxという別名でインポートします。scatter_geo()関数❶は、地図上に地理的なデータの散布図を重ねて描画します。このグラフのもっとも簡単な使用方法では、緯度のリストと経度のリストのみを必要とします。latsリストをlat引数に、lonsリストをlon引数に渡します。

このファイルを実行すると図5-7のような地図が表示されます。Plotly Expressライブラリの力を再度発揮しています。たった3行のコードで世界中の地震の活動状況の地図が表示できます。

図 5-7　過去24時間以内に発生したすべての地震を表示した簡単な地図

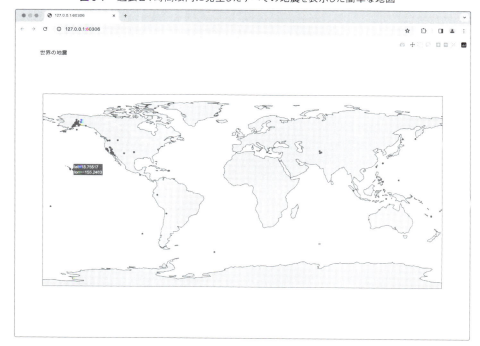

これでデータセットの情報を正確に描画する方法を理解したので、より意味がある読みやすい地図を作成するために、いくつかの変更を行います。

マグニチュードを表現する

地震活動の地図に各地震のマグニチュードを表示します。データが正しくプロットできているので、より多くのデータを追加できます。

```
--省略--
# データを文字列として読み込み、Pythonのオブジェクトに変換する
path = Path('eq_data/eq_data_30_day_m1.geojson')
contents = path.read_text()
--省略--

title = '世界の地震'
fig = px.scatter_geo(lat=lats, lon=lons, size=mags, title=title)
fig.show()
```

　30日間の地震活動を含んでいるファイル eq_data_30_day_m1.geojson を読み込みます。再設定する px.scatter_geo() の呼び出しで size 引数を使用し、地図上の点の大きさを指定します。size 引数に mags リストを渡すことで、地震のマグニチュードの大きさに合わせて地図上の点が大きくなります。

訳注

Windowsで前述のコードを実行したときにUnicodeDecodeErrorが発生する場合があります。その場合は read_text() メソッドに次のようにencoding引数を追加してください。

```
--省略--
# データを文字列として読み込み、Pythonのオブジェクトに変換する
path = Path('eq_data/eq_data_30_day_m1.geojson')
contents = path.read_text(encoding='utf-8')
--省略--
```

　結果の地図は**図5-8**のようになります。地震は一般的にプレートの境界線の近くで発生します。この地図に含まれる長い期間の地震活動によって、境界線の正確な位置が明らかになります。

図5-8 過去30日間のすべての地震のマグニチュードを表示した地図

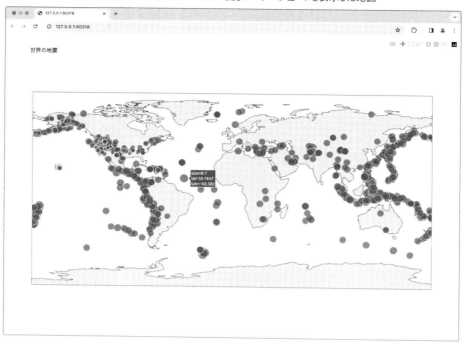

この地図はよくなっていますが、もっとも重要な地震を表す点を見つけ出すことが難しいです。マグニテュードを色で表すことで地図をより改善できます。

マーカーの色をカスタマイズする

Plotlyのカラースケールを使用して、地震の大きさに応じて各マーカーの色をカスタマイズできます。また、基本となる地図に別の投影法を使用します。

eq_world_map.py
```
--省略--
fig = px.scatter_geo(lat=lats, lon=lons, size=mags, title=title,
❶        color=mags,
❷        color_continuous_scale='Viridis',
❸        labels={'color': 'マグニチュード'},
❹        projection='natural earth',
    )
fig.show()
```

ここでのすべての重要な変更はpx.scatter_geo()の関数呼び出しの中にあります。color引数は、各マーカーをカラースケール中のどの色にするかを決める値をPlotlyに指示します❶。size引数と同様に、magsリストを使用して各点の色を決定します。

color_continuous_scaleはどのカラースケールを使用するかをPlotlyに指示します❷。Viridisは濃い青色から明るい黄色までのカラースケールで、このデータセットに適しています。デフォルトでは、カラースケールは地図の右側にcolorというラベルで表示されます。これは色の本当の意味を表していません。**第4章**に出てきたlabels引数は辞書を値として指定できます❸。このグラフにカスタムラベルを1つだけ設定し、カラースケールのラベルをcolorの代わりに「マグニチュード」に変更します。

もう1つ引数を追加し、地震をプロットするベースの地図を変更します。projection引数は一般的な地図の投影法を指定できます❹。ここでは、地図の両端を丸めた'natural earth'という投影法を使用します。また、最後の引数の後ろにカンマがあることに注意してください。このように関数呼び出しの引数のリストが長くなって複数行にわたる場合は、行末のカンマをつけて次の行に他の引数を追加しやすくすることが一般的です。

プログラムを実行すると、見た目がさらによくなった地図が表示されます。**図5-9**では、カラースケールによって個々の地震の深刻さが表現されています。もっとも大きな地震は明るい黄色の点で表現され、多くの暗い点と対照的です。また、世界のどの地域でより大きな地震活動が発生しているかもわかります。

図5-9　過去30日間に発生した地震のマグニチュードを色とサイズで表した地図

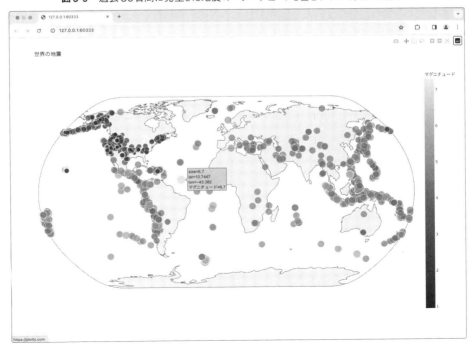

第**5**章　データをダウンロードする

他のカラースケール

他にもたくさんのカラースケールを使用できます。利用可能なカラースケールを確認するには、次の2行を
Pythonの対話モードに入力してください。

```
>>> import plotly.express as px
>>> px.colors.named_colorscales()
['aggrnyl', 'agsunset', 'blackbody', ..., 'mygbm']
```

地震の地図や、連続する色がデータパターンの確認に役立つようなデータセットで、カラースケールを自由
に試してみてください。

ホバーテキストを追加する

地図を完成させるために、地震に対する有益なテキスト情報を追加し、地震のマーカーにマウスカーソルを
合わせたときに表示するようにします。デフォルトで表示される経度と緯度に加え、マグニチュードとだいたい
の場所の説明を表示します。

この変更を行うために、ファイルから追加のデータを取り出します。

eq_world_map.py

```
--省略--
❶ mags, lons, lats, eq_titles = [], [], [], []
    mag = eq_dict['properties']['mag']
    lon = eq_dict['geometry']['coordinates'][0]
    lat = eq_dict['geometry']['coordinates'][1]
❷  eq_title = eq_dict['properties']['title']
    mags.append(mag)
    lons.append(lon)
    lats.append(lat)
    eq_titles.append(eq_title)

title = '世界の地震'
fig = px.scatter_geo(lat=lats, lon=lons, size=mags, title=title,
        --省略--
        projection='natural earth',
❸      hover_name=eq_titles,
    )
fig.show()
```

はじめに各地震のタイトルを保存するeq_titlesというリストを作成します❶。地震データの'title'セク
ションには、経度と緯度に加えて各地震のマグニチュードと場所の説明が記述されています。この情報を取り

160

出して変数eq_titleに代入し❷、リストeq_titlesに追加します。

px.scatter_geo()の呼び出しでhover_name引数にeq_titlesを渡します❸。Plotlyは地震のタイトルの情報を、それぞれの点のホバーテキストとして追加します。このプログラムを実行すると、任意のマーカーにカーソルを合わせたときに地震が発生した場所と正確なマグニチュードの値が表示されるようになります。この情報を表示した例は図5-10のようになります。

図5-10　ホバーテキストに各地震の概要が含まれている

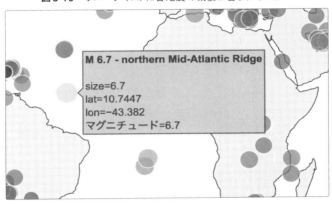

とても感動的です！30行未満のコードで、世界の地震活動を表した視覚的に魅力的で意義深い地図を作成できました。また、地球全体の地質的な構造を図解できました。Plotlyは、可視化の見た目や動作に対してさまざまなカスタマイズができます。Plotlyの多数のオプションを使用し、目的に沿ったチャートや地図を作成できます。

やってみよう

5-6. リファクタリング
各地震のマグニチュード、経度、緯度、タイトルに関するデータをall_eq_dictsから取り出すループでは、適切なリストに値を追加する前に変数を使用しています。この書き方は、JSONファイルからどのデータを抜き出しているかが明確になりますが、必須のコードではありません。一時的な変数を使用する代わりに、1行でeq_dictから各値を取り出して適切なリストに追加するようにしてください。そのようにすると、このループの中身はたった4行に短くなります。

5-7. タイトルの自動化
この節では「世界の地震」という一般的なタイトルを使用しました。代わりに、GeoJSONファイルのメタデータ部分にある、データセットのタイトルを使用できます。この値を取り出して変数titleに代入します。

5-3. 最新の地震情報

最近1時間、1日、7日、30日の地震情報を含んだオンラインのファイルを取得できます。United States Geological Survey の サ イ ト（https://earthquake.usgs.gov/earthquakes/feed/v1.0/geojson.php）を開くと、それぞれの期間についてマグニチュードごとのデータセットへのリンクが一覧で表示されます。このデータセットのうちの1つをダウンロードし、最近の地震活動を可視化してください。

5-9. 世界の火事

この章のリソースには、world_fires_1_day.csvというファイルがあります。このファイルには、地球上のさまざまな場所の火災情報として緯度と経度、火事の明るさなどが含まれています。この章の前半部分で紹介したデータ処理の作業をしてからこの節のマッピング作業を実施し、世界で火災の影響を受けている場所を表示する地図を作成してください。

このデータの最新バージョンは、EARTHDATA の サ イ ト（https://earthdata.nasa.gov/earth-observation-data/near-real-time/firms/active-fire-data）からダウンロードできます。CSVフォーマットのデータへのリンクは「SHP, KML, and TXT Files」セクションにあります。

まとめ

　この章では、現実世界のデータセットを利用する方法について学びました。そして、CSVファイルとGeoJSONファイルを処理して対象のデータを取り出しました。過去の気象データを使用してdatetimeモジュールを使用したり、複数のデータを1つのグラフに描画したりといったMatplotlibのより便利な使い方を学びました。Plotlyを使用して世界地図に地理的なデータを描画し、地図のスタイルをカスタマイズする方法を学びました。

　CSVファイルとJSONファイルの扱いについて経験したので、分析したいデータのほとんどは処理できるようになったでしょう。オンラインにあるデータセットの多くは、この2つのフォーマットのどちらかまたは両方の形式でダウンロードできます。この2つのフォーマットで作業すれば、他のデータフォーマットで作業する方法も簡単に学ぶことができるでしょう。

　次の章では、オンラインの情報源から自動的にデータを収集するプログラムを作成し、そのデータを可視化します。趣味のプログラマーにとっては楽しい技術であり、プロのプログラマーを目指す人にとっては重要な技術です。

APIを取り扱う

第**6**章　APIを取り扱う

> 　この章では、取得したデータを可視化するプログラムの作成方法を学びます。このプログラムは必要な機能をすべて備えた自己完結型です。プログラムでは、**アプリケーションプログラミングインターフェース（API）**を使用し、Webサイトにある特定の情報を自動的にリクエストして可視化に利用します。このようにして書かれたプログラムは、常に最新のデータを利用して可視化を行います。そのため、たとえ急速に変化するような種類のデータでも常に最新の状態が保たれます。

APIを使う

　APIは、Webサイトにおいてプログラムとやりとりするように設計された部分を指します。プログラムは、固有のURLを使って特定の情報をリクエストします。このようなリクエストを**API呼び出し**といいます。リクエストされたデータは、JSONやCSVのように処理しやすいフォーマットで返されます。外部のデータソースに依存するアプリケーション（たとえば、ソーシャルメディアサイトと統合するアプリケーションなど）の多くは、API呼び出しに依存しています。

◤ GitとGitHub

　ここからは、GitHub（https://github.com）から取得した情報をもとに可視化を行います。GitHubは、プログラマーがプロジェクトの共同作業を行うためのサイトです。GitHubのAPIを使い、このサイトに対してPythonプロジェクトに関する情報をリクエストします。そのあとでPlotlyを使用し、これらのプロジェクトの人気を比較する対話的な可視化を行います。

　GitHubは、分散バージョン管理システムのGitから名前をとっています。Gitはプロジェクトの作業を管理するのに役立ち、あるメンバーによる変更作業が、他のメンバーの変更作業と衝突することを防ぎます。プロジェクトに新しい機能を追加すると、各ファイルに対する変更はGitによって追跡されます。新しいコードが正しく動作したら、実施した変更を**コミット**します。するとGitはプロジェクトの新しい状態を記録します。もしも間違いに気づいて変更をもとに戻したくなったときは、過去の任意の作業状態に簡単に戻すことができます（Gitを使ったバージョン管理について詳しく知りたい方は**付録**の「A バージョン管理にGitを使う」（298ページ）を参照してください）。GitHubのプロジェクトは**リポジトリ**に保存されます。リポジトリにはプロジェクトに関連するすべて（コード、共同作業者の情報、課題やバグレポートなど）が含まれています。

　ユーザーは、GitHubで気に入ったプロジェクトに「スター」をつけることができます。スターはプロジェクトへのサポートを示し、関心のあるプロジェクトを追いかけるために使われます。この章では、GitHubでもっ

APIを使う

とも多くのスターがついたPythonプロジェクトの情報を自動でダウンロードし、それらのプロジェクトに関する有用な情報を可視化するプログラムを作成します。

API呼び出しを使用してデータをリクエストする

GitHubのAPIを使えば、API呼び出しを通してさまざまな情報をリクエストできます。API呼び出しがどのようなものかを見るために、Webブラウザーのアドレスバーに次を入力して Enter キーを押してください。

```
https://api.github.com/search/repositories?q=language:python+sort:stars
```

このAPI呼び出しは、GitHubに現在登録されているPythonプロジェクトの数ともっとも人気のあるPythonリポジトリの情報を返します。API呼び出しを詳しく見てみましょう。最初のhttps://api.github.com/という部分は、GitHubのWebサイトの中でAPI呼び出しに対応する部分にリクエストを向けます。次のsearch/repositoriesという部分は、GitHub内のすべてのリポジトリを対象に検索を実行するようにAPIに指示します。

repositoriesの後ろのクエスチョンマーク（?）はこのあとに引数が渡されることを示しています。qは**クエリー**（query）を表します。そして、イコール（=）のあとにクエリーを指定します（q=）。language:pythonを指定し、主要言語がPythonのリポジトリだけを対象に情報を取得するように指示しています。最後の+sort:starsという部分により、獲得したスターの数でプロジェクトがソートされます。

次のスニペットはレスポンスの最初の数行を示しています。

```
{
❶    "total_count": 8961993,
❷    "incomplete_results": true,
❸    "items": [
      {
        "id": 54346799,
        "node_id": "MDEwOlJlcG9zaXRvcnk1NDM0Njc50Q==",
        "name": "public-apis",
        "full_name": "public-apis/public-apis",
        --省略--
```

レスポンスがプログラムによる処理を想定した形式になっていることから、このURLが人間の入力への応答を意図したものでないことがわかります。本書の執筆時点では、GitHubには約900万件のPythonプロジェクトがあります❶。"incomplete_results"の値がtrueとなっていることにより、GitHubはクエリーを完全には処理していないことを示します❷。GitHubはすべてのユーザーに対するAPIレスポンスの性能を維持するために、各クエリーの実行時間を制限しています。ここではもっとも人気のあるPythonリポジトリを数件

165

第**6**章　APIを取り扱う

取得していますが、すべてのリストを取得する時間はありません（この問題はすぐに修正します）。そのあとの
リストには、返された"items"が表示されています。ここには、GitHubでもっとも人気のあるPythonプロジェ
クトに関する詳細が含まれています❸。

訳注
　2024年7月時点のGitHub上のPythonプロジェクトは約1,600万件あります。

Requestsをインストールする

　Requestsパッケージを使用すると、PythonのプログラムでWebサイトに情報をリクエストしたり、返っ
てきたレスポンスの内容を調べたりできます。Requestsをインストールするには、pipを使用します。

```
$ python -m pip install --user requests
```

　プログラムの実行や対話モードの起動にpython3のようなpython以外のコマンドを使用している場合は、次
のようなコマンドを実行します。

```
$ python3 -m pip install --user requests
```

APIのレスポンスを処理する

　それでは、API呼び出しを自動的に発行し、結果を処理するプログラムを作成します。

python_repos.py

```
import requests

# API呼び出しを作成してレスポンスを確認する
❶ url = "https://api.github.com/search/repositories"
url += "?q=language:python+sort:stars+stars:>10000"

❷ headers = {"Accept": "application/vnd.github.v3+json"}
❸ r = requests.get(url, headers=headers)
❹ print(f"ステータスコード: {r.status_code}")

# レスポンスのオブジェクトを辞書に変換する
❺ response_dict = r.json()

# 結果を処理する
print(response_dict.keys())
```

最初にrequestsモジュールをインポートします。次にAPI呼び出しのURLをurl変数に代入します❶。このURLは長いため、2行に分割しています。1行目はURLのメイン部分で、2行目はクエリー文字列です。元のクエリー文字列にstars:>10000という条件を追加し、GitHubで10,000以上のスターがついているPythonリポジトリのみを検索するように指示します。このクエリーによりGitHubは一貫性のある完全な結果を返します。

GitHubは現在第3世代のAPIを使用しているため、使用するAPIのバージョンをAPI呼び出しのヘッダー定義で明確に指定し、結果をJSONフォーマットで返します❷。次にrequestsを利用してAPI呼び出しを実行します❸。get()メソッドにURLと定義したヘッダーを渡して呼び出します。そして、レスポンスオブジェクトを変数rに代入します。

レスポンスオブジェクトにはstatus_codeという属性が含まれています。ステータスコードを見ると、リクエストが成功したかどうかがわかります（ステータスコード200は成功したことを示すレスポンスです）。API呼び出しが成功したかを確認するために、status_codeの値を出力しています❹。APIに問い合わせた結果の情報はJSONフォーマットのため、json()メソッドを使用してその情報をPythonの辞書に変換します❺。結果の辞書をresponse_dictに代入します。

最後にresponse_dictのキーを出力します。結果は次のようになります。

```
ステータスコード: 200
dict_keys(['total_count', 'incomplete_results', 'items'])
```

ステータスコードが200なのでリクエストが成功したことがわかります。レスポンスの辞書にはキーが3つだけ含まれています。'total_count'、'incomplete_results'、'items'です。それでは、レスポンスの辞書の内容を詳しく見ていきましょう。

レスポンスの辞書を処理する

API呼び出しによって取得した情報は辞書で表現されているので、格納されたデータを使って処理ができます。情報の要約を作成して出力してみましょう。この作業は、期待した情報が取得できているか確認し、関心のある情報を調べはじめるうえでよい方法です。

python_repos.py
```python
import requests

# API呼び出しを作成してレスポンスを確認する
--省略--

# レスポンスのオブジェクトを辞書に変換する
response_dict = r.json()
```

第6章　APIを取り扱う

```python
❶  print(f"全リポジトリ数: {response_dict['total_count']}")
    print(f"完全な結果: {not response_dict['incomplete_results']}")

    # リポジトリに関する情報を調べる
❷  repo_dicts = response_dict['items']
    print(f"情報が返されたリポジトリの数: {len(repo_dicts)}")

    # 1つ目のリポジトリを調査する
❸  repo_dict = repo_dicts[0]
❹  print(f"\nキーの数: {len(repo_dict)}")
❺  for key in sorted(repo_dict.keys()):
        print(key)
```

　結果の辞書の調査を開始し'total_count'に関連付けられた値を出力します。この値はAPI呼び出しで返されたPythonリポジトリの合計数を表します❶。また'incomplete_results'に関連付けられた値を使用し、GitHubがクエリーを完全に処理したかを確認します。ここでは、この値を直接出力するのではなく逆の値を出力します。Trueという値は結果の集まりを完全に受信したことを表します。

　キー'items'に関連付けられた値はリストです。このリストには数多くの辞書が含まれています。それぞれの辞書には、個別のPythonリポジトリのデータが含まれています。この辞書のリストをrepo_dictsに代入します❷。続いてrepo_dictsの長さを出力します。これは、リポジトリの情報がいくつあるかを示す値です。

　各リポジトリの情報をより詳しく見るために、repo_dictsの最初の要素を取り出してrepo_dictに代入します❸。どれくらいの情報があるのかを知るために、辞書に含まれるキーの数を出力します❹。最後に、どのような種類の情報が含まれるのかを知るために、辞書にあるすべてのキーを出力します❺。

　結果は実データをよりはっきりとした形で示しています。

```
    ステータスコード: 200
❶  全リポジトリ数: 248
❷  完全な結果: True
    情報が返されたリポジトリの数: 30

❸  キーの数: 78
    allow_forking
    archive_url
    archived
    --省略--
    url
    visiblity
    watchers
    watchers_count
```

198

本書の執筆時点では10,000以上のスターがついているPythonリポジトリはたった248個しかありません❶。GitHubへのAPI呼び出しが完全に処理できていることが確認できます❷。このレスポンスでは、GitHubはクエリーの条件に合致した最初の30件のリポジトリの情報を返しています。より多くのリポジトリが必要な場合は、追加のデータページをリクエストできます。

訳注
2024年7月時点では10,000以上のスターがついているPythonリポジトリは512個、キーの数は80個です。

GitHubのAPIはそれぞれのリポジトリについて多くの情報を返します。repo_dictには78個のキーがあります❸。これらのキーを見渡せば、プロジェクトに関して抽出できる情報の種類を把握できるでしょう（API経由でどのような情報を取得できるかを知るには、ドキュメントを読むか、今ここでやっているようにコード経由で情報を調査するしかありません）。

repo_dictにあるキーのうち、いくつかの値を取り出してみましょう。

python_repos.py
```
--省略--
# 1つ目のリポジトリを調査する
repo_dict = repo_dicts[0]

print("\n1つ目のリポジトリの情報の抜粋:")
print(f"名前: {repo_dict['name']}")
print(f"所有者: {repo_dict['owner']['login']}")
print(f"スターの数: {repo_dict['stargazers_count']}")
print(f"リポジトリURL: {repo_dict['html_url']}")
print(f"作成日時: {repo_dict['created_at']}")
print(f"最終更新日時: {repo_dict['updated_at']}")
print(f"説明文: {repo_dict['description']}")
```
（❶ print(f"名前: ...)、❷ print(f"所有者: ...)、❸ print(f"スターの数: ...)、❹ print(f"作成日時: ...)、❺ print(f"最終更新日時: ...)）

ここでは、1つ目のリポジトリの辞書からいくつかのキーの値を出力します。はじめに、プロジェクトの名前を出力します❶。この辞書全体を代表する情報はプロジェクトの所有者なので、キーownerを使って所有者を示す辞書にアクセスし、さらにキーloginを使って所有者のログイン名を取得します❷。次に、プロジェクトが獲得しているスターの数を出力します❸。また、プロジェクトのGitHubリポジトリのURLを出力します。続いてリポジトリの作成日時を表示します❹。そして、最終更新日時を表示します❺。最後にリポジトリの説明文を表示します。

出力は次のようになるでしょう。

第**6**章　APIを取り扱う

```
ステータスコード: 200
全リポジトリ数: 248
完全な結果: True
情報が返されたリポジトリの数: 30

1つ目のリポジトリ情報の抜粋:
名前: public-apis
所有者: public-apis
スターの数: 191493
リポジトリURL: https://github.com/public-apis/public-apis
作成日時: 2016-03-20T23:49:42Z
最終更新日時: 2022-05-12T06:37:11Z
説明文: A collective list of free APIs
```

　本書の執筆時点でGitHubでもっともスターが多いPythonプロジェクトは「public-apis」です。所有者は同じ名前の団体で、約200,000人のGitHubユーザーからスターを獲得しています。また、プロジェクトのリポジトリURLもわかり、作成は2016年の3月で、最近更新されたこともわかります。さらに説明文から、「public-apis」はプログラマーが興味を持ちそうな、フリーのAPIのリストを含んでいることがわかります。

> **訳注**
>
> 2024年7月時点では約300,000のスターを獲得しています。

上位のリポジトリを要約する

　このデータを可視化する際には、1つではなくもっと多くのリポジトリを含めたくなるでしょう。API呼び出しから返される各リポジトリについて、選択した情報を出力するループを書きましょう。そうすることで、可視化したグラフの中に各リポジトリの情報を含めることができます。

python_repos.py

```python
--省略--
# リポジトリに関する情報を調べる
repo_dicts = response_dict['items']
print(f"情報が返されたリポジトリの数: {len(repo_dicts)}")

print("\n各リポジトリの情報の抜粋:")
for repo_dict in repo_dicts:
    print(f"\n名前: {repo_dict['name']}")
    print(f"所有者: {repo_dict['owner']['login']}")
    print(f"スターの数: {repo_dict['stargazers_count']}")
    print(f"リポジトリURL: {repo_dict['html_url']}")
    print(f"説明文: {repo_dict['description']}")
```

はじめに、紹介文を出力します❶。repo_dicts内のすべての辞書を対象にループします❷。前述のとおりループ内では各プロジェクトの名前、所有者、スターの数、GitHubのURL、プロジェクトの説明文を出力します。

```
ステータスコード: 200
全リポジトリ数: 248
完全な結果: True
情報が返されたリポジトリの数: 30

各リポジトリの情報の抜粋:

名前: public-apis
所有者: public-apis
スターの数: 191494
リポジトリURL: https://github.com/public-apis/public-apis
説明文: A collective list of free APIs

名前: system-design-primer
所有者: donnemartin
スターの数: 179952
リポジトリURL: https://github.com/donnemartin/system-design-primer
説明文: Learn how to design large-scale systems. Prep for the system
  design interview. Includes Anki flashcards.
--省略--

名前: PayloadsAllTheThings
所有者: swisskyrepo
スターの数: 37227
リポジトリURL: https://github.com/swisskyrepo/PayloadsAllTheThings
説明文: A list of useful payloads and bypass for Web Application Security
  and Pentest/CTF
```

　出力結果の中にはおもしろいプロジェクトがいくつか見つかるでしょう。少しの間これを眺めてみるのも悪くないと思います。しかし、あまり時間を使いすぎないでください。これから可視化を行い、この結果をより簡単に読み取れるようにするからです。

API利用頻度の制限を監視する

　たいていのAPIには**利用頻度の制限**があります。これは、一定時間内に発行できるリクエストの数には上限があるということを意味します。GitHubの利用制限に近づいているかどうかを知るには、Webブラウザーで「https://api.github.com/rate_limit」と入力してください。次のような応答が表示されるでしょう。

```
    "resources": {
      --省略--
❶    "search": {
❷      "limit": 10,
❸      "remaining": 9,
❹      "reset": 1652338832,
       "used": 1,
       "resource": "search"
    },
    --省略--
```

ここで確認したい情報は、search APIの利用の上限です❶。1分あたりのリクエスト数の上限（limit）は10回であることがわかります❷。そして、現在の1分間におけるリクエスト数はあと9回分残っています❸。キー "reset" に関連付けられた値は、APIの割当数が次にリセットされる時刻を示しています。この値は、**UNIX時間**あるいは**エポック時間**（1970年1月1日 00:00:00からの秒数）の形式で表されています❹。もし利用の上限に達したら、APIの制限に到達したことを知らせる短いレスポンスがあるでしょう。制限に達した場合には、利用の上限がリセットされるまで待ってください。

> NOTE　多くの場合、API呼び出しにはユーザ登録とAPIキーやアクセストークンの取得が必要です。本書の執筆時点では、GitHubにそのような必須条件はありませんが、アクセストークンを取得すると上限値はずっと大きくなります。

Plotlyを使ってリポジトリを可視化する

これまでに入手したデータをもとに、GitHubにあるPythonプロジェクトの相対的な人気を可視化しましょう。ここでは対話型の棒グラフを作成します。それぞれの棒の高さはプロジェクトが獲得したスターの数を表します。さらに、棒のラベルをクリックしてGitHubにあるそのプロジェクトのホーム画面を表示できます。

作業中のプログラムの複製をpython_repos_visual.pyというファイル名で保存し、次のように修正してください。

Plotlyを使ってリポジトリを可視化する

python_repos_visual.py

```python
import requests
import plotly.express as px

# API呼び出しを作成してレスポンスを確認する
url = "https://api.github.com/search/repositories"
url += "?q=language:python+sort:stars+stars:>10000"

headers = {"Accept": "application/vnd.github.v3+json"}
r = requests.get(url, headers=headers)
print(f"ステータスコード: {r.status_code}")

# 全体の結果を処理する
response_dict = r.json()
print(f"完全な結果: {not response_dict['incomplete_results']}")

# リポジトリ情報を処理する
repo_dicts = response_dict['items']
repo_names, stars = [], []
for repo_dict in repo_dicts:
    repo_names.append(repo_dict['name'])
    stars.append(repo_dict['stargazers_count'])

# 可視化を作成する
fig = px.bar(x=repo_names, y=stars)
fig.show()
```

❶ `print(f"ステータスコード: {r.status_code}")`
❷ `print(f"完全な結果: {not response_dict['incomplete_results']}")`
❸ `repo_names, stars = [], []`
❹ `fig = px.bar(x=repo_names, y=stars)`

6

APIを取り扱う

Plotly Expressをインポートし、ここまでと同様にAPI呼び出しを作成します。続けてAPI呼び出しに対するレスポンスのステータスを出力し、問題が発生したときにわかるようにします❶。全体の結果を処理し、完全な結果が得られたかを確認するメッセージを出力します❷。残りのprint()の呼び出しを削除します。もう調査フェーズではなく、必要とするデータを入手できることはわかっているからです。

続いて、最初のグラフに取り込むデータを格納するために、空のリストを2つ作成します❸。各プロジェクトの名前は棒のラベル名の設定（repo_names）に必要となり、スターの数（stars）は棒の高さを決めるために必要となります。ループ内では、各プロジェクトの名前とスターの数をこれらのリストに追加します。

最初の可視化を、たった2行のコードで作成します❹。これは、見た目を洗練させる前にできるだけ素早く可視化して確認するという、Plotly Expressの哲学と一致しています。ここではpx.bar()を使用して棒グラフを作成します。x引数にrepo_namesリストを、y引数にstarsリストを渡します。

図6-1が結果のグラフです。最初のいくつかのプロジェクトは、残りのプロジェクトよりも圧倒的に人気があることがわかります。しかし、このすべてがPythonのエコシステムの中で重要なプロジェクトであることに変わりはありません。

173

図6-1 GitHubでもっとも多くのスターがついたPythonプロジェクト

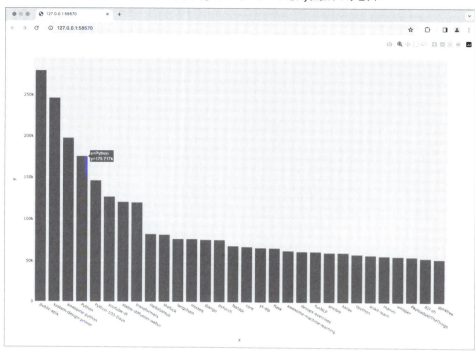

グラフにスタイルを設定する

　Plotlyはグラフへのスタイルの適用やカスタマイズを行うさまざまな方法をサポートしています。グラフの情報が正しいことが確認できたらこれらのカスタマイズを行います。最初の`px.bar()`呼び出しでいくつか変更を行い、`fig`オブジェクトを生成したあとにさらに調整します。

　タイトルと各軸のラベルを追加して、グラフのスタイル設定を始めます。

python_repos_visual.py
```
--省略--
# 可視化を作成する
title = "GitHubで最も多くのスターがついているPythonプロジェクト"
labels = {'x': 'リポジトリ', 'y': 'スターの数'}
fig = px.bar(x=repo_names, y=stars, title=title, labels=labels)

❶ fig.update_layout(title_font_size=28, xaxis_title_font_size=20,
        yaxis_title_font_size=20)

fig.show()
```

最初に**第4章**、**第5章**と同じように、タイトルと各軸のラベルを追加します。そしてfig.update_layout()メソッドを使用してグラフの特定の要素を変更します❶。Plotlyでは、グラフの部品の要素をアンダースコアでつなげた名前を使用します。Plotlyのドキュメントに見慣れてくると、グラフのさまざまな要素の名前や変更方法に一貫したパターンを見つけることができます。ここではタイトルのフォントサイズを28に、各軸のタイトルのフォントサイズを20に設定しています。結果は**図6-2**のようになります。

図6-2　メインのグラフとそれぞれの軸にタイトルがついた

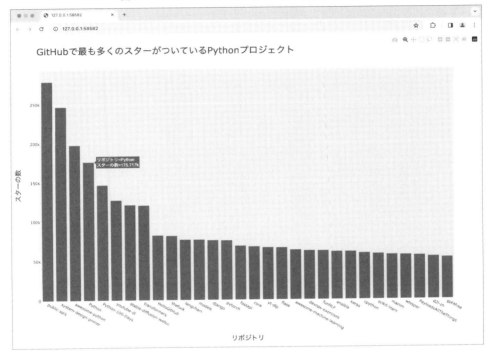

カスタマイズしたツールチップを追加する

Plotlyでは、個々の棒にマウスカーソルを重ねるとその棒に関する詳しい情報を表示できます。この機能は一般に**ツールチップ**と呼ばれます。これまでのところ、ツールチップにはプロジェクトのスターの数が表示されています。ここでは、ツールチップをカスタマイズして各プロジェクトの説明文と一緒にプロジェクトのオーナーを表示しましょう。

ツールチップを生成するためにいくつか追加のデータが必要です。

第6章 APIを取り扱う

python_repos_visual.py

```
--省略--
# リポジトリ情報を処理する
repo_dicts = response_dict['items']
repo_names, stars, hover_texts = [], [], []
for repo_dict in repo_dicts:
    repo_names.append(repo_dict['name'])
    stars.append(repo_dict['stargazers_count'])

    # ホバーテキストを構築する
    owner = repo_dict['owner']['login']
    description = repo_dict['description']
    hover_text = f"{owner}<br />{description}"
    hover_texts.append(hover_text)

# 可視化を作成する
title = "GitHubで最も多くのスターがついているPythonプロジェクト"
labels = {'x': 'リポジトリ', 'y': 'スターの数'}
fig = px.bar(x=repo_names, y=stars, title=title, labels=labels,
        hover_name=hover_texts)

fig.update_layout(title_font_size=28, xaxis_title_font_size=20,
        yaxis_title_font_size=20)

fig.show()
```

❶
❷
❸
❹

はじめに、各プロジェクトに表示するテキストを保持するために新しい空のリストhover_textsを定義します❶。データを処理するループでは、それぞれのプロジェクトのオーナーと説明文を取り出します❷。Plotlyではテキスト要素の中でHTMLコードを使えるので、プロジェクトオーナーのユーザー名と説明文の間に改行（
）が入った文字列を生成し、ラベルに使用します❸。そして、ラベルの内容をhover_textsに追加します。

px.bar()呼び出しの中にhover_name引数を追加し、hover_textsを渡します❹。この手法は、世界の地震情報の地図で各点のラベルをカスタマイズしたときと同じものです。Plotlyは、それぞれの棒を生成するときにこのリストからラベルのテキストを取り出します。ラベルは、利用者が棒の上にマウスカーソルを合わせたときにだけ表示されます。**図6-3**ではカスタマイズされたツールチップが表示されています。

図6-3 マウスカーソルを重ねるとプロジェクトのオーナーと説明文が表示される

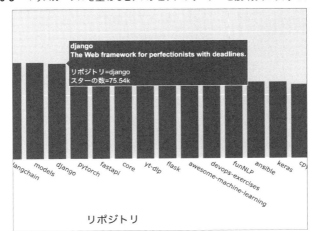

クリック可能なリンクを追加する

Plotlyではテキスト要素でHTMLを使えるので、グラフにリンクを追加できます。X軸のラベルを使い、GitHubにあるプロジェクトのホームページを表示できるようにしましょう。データからURLを取り出し、そのURLを利用してX軸のラベルを生成します。

python_repos_visual.py
```
--省略--
# リポジトリ情報を処理する
repo_dicts = response_dict['items']
❶ repo_links, stars, hover_texts = [], [], []
for repo_dict in repo_dicts:
    # リポジトリ名を有効なリンクにする
    repo_name = repo_dict['name']
❷   repo_url = repo_dict['html_url']
❸   repo_link = f"<a href='{repo_url}'>{repo_name}</a>"
    repo_links.append(repo_link)

    stars.append(repo_dict['stargazers_count'])
    --省略--

# 可視化を作成する
title = "GitHubで最も多くのスターがついているPythonプロジェクト"
labels = {'x': 'リポジトリ', 'y': 'スターの数'}
fig = px.bar(x=repo_links, y=stars, title=title, labels=labels,
        hover_name=hover_texts)
```

```
fig.update_layout(title_font_size=28, xaxis_title_font_size=20,
        yaxis_title_font_size=20)

fig.show()
```

　作成するリストの名前をrepo_namesからrepo_linksに変更します。これは、グラフ向けにまとめた情報の種類をより明確にするためです❶。続いてrepo_dictからプロジェクトのURLを取り出し、一時的な変数repo_urlに代入します❷。次に、プロジェクトへのリンクを生成します❸。リンクの生成にはHTMLのアンカータグを使います。`<a href='URL'>`*リンクテキスト*`</a>`という形式になります。リストrepo_linksにこのリンクを追加します。

　px.bar()の呼び出し時に、グラフのX軸の値にrepo_linksを使用します。結果は以前と変わらないように見えますが、利用者がグラフの最下部にあるプロジェクト名をクリックすると、GitHubにあるそのプロジェクトのホームページが表示されるようになっています。これで、API経由で取得したデータを使った対話的で有益な可視化を実現できました！

マーカーの色をカスタマイズする

　一度グラフを作成すると、グラフのほとんどの要素を更新用メソッドでカスタマイズできます。前の項ではupdate_layout()を使用しました。別のメソッドupdate_traces()を使用してグラフに表示されるデータをカスタマイズできます。

　グラフの棒をダークブルーに変更し、透明度を設定しましょう。

```
--省略--
fig.update_layout(title_font_size=28, xaxis_title_font_size=20,
        yaxis_title_font_size=20)

fig.update_traces(marker_color='SteelBlue', marker_opacity=0.6)

fig.show()
```

　Plotlyでは**trace**はグラフ上のデータの集まりを示します。update_traces()メソッドはさまざまな引数を指定できます。marker_で始まる引数はグラフのマーカーに影響を及ぼします。ここでは各マーカーの色に'SteelBlue'を設定します。ここではCSSのカラー名が使用できます。また各マーカーの不透明度を0.6に設定します。不透明度が1.0だと完全に不透明になり、不透明度が0の場合は完全に見えなくなります。

▶ PlotlyおよびGitHub APIについてさらに詳しく

　Plotlyのドキュメントは大量にあり、よく整理されています。しかし、どこから読みはじめたらいいかがわかりにくいです。「Plotly Express in Python (https://plotly.com/python/plotly-express)」という記事から読みはじめることがおすすめです。この記事はPlotly Expressで作成できるすべてのグラフの概要が書いてあり、それぞれのグラフの種類に関する詳細な記事へのリンクが載っています。

　Plotlyのグラフをカスタマイズする方法をより理解したい場合は、**第4章**から**第6章**の内容をさらに発展させた「Styling Plotly Express Figures in Python」という記事を参照してください。この記事はhttps://plotly.com/python/styling-plotly-expressにあります。

　GitHub APIについてさらに知るには、公式ドキュメント (https://docs.github.com/en/rest) を参照してください。多岐にわたるGitHub固有の情報を取り出す方法を学べるでしょう。このプロジェクトで見た内容を発展させるには、リファレンスのサイドバーにある「Search」セクションを参照してください。もしGitHubアカウントを持っているなら、他のユーザーのリポジトリに関する公開データだけでなく自分自身のデータも扱うことができます。

Hacker NewsのAPI

　他のサイトにおけるAPI呼び出しの使い方を調べるために、ハッカーニュース (Hacker News、https://news.ycombinator.com) を見てみましょう。ハッカーニュースでは、プログラミングとテクノロジーに関する記事が投稿され、これらの記事について活発なディスカッションが交わされています。ハッカーニュースAPIは、サイト上のすべての投稿とコメントに関するデータへのアクセスを提供します。このAPIは、APIキーを取得するためのユーザー登録をしなくても利用できます。

　次のAPI呼び出しは、本書執筆時点の「現在のトップ記事」に関する情報を返します。

```
https://hacker-news.firebaseio.com/v0/item/31353677.json
```

　WebブラウザーにこのURLを入力すると、ページには辞書を意味する波カッコで囲まれたテキストが表示されます。しかし、このフォーマットのままでレスポンスを調査することは難しいでしょう。**第5章**の「地震プロジェクト」と同じように、このURLをjson.dump()メソッドに通してみましょう。このようにすることで、記事について返された情報の種類を調べることができます。

第**6**章　APIを取り扱う

```
hn_article.py
import requests
import json

# API呼び出しを作成してそのレスポンスを格納する
url = "https://hacker-news.firebaseio.com/v0/item/31353677.json"
r = requests.get(url)
print(f"ステータスコード: {r.status_code}")

# データの構造を調べる
response_dict = r.json()
response_string = json.dumps(response_dict, indent=4)
print(response_string)
```
❶

このプログラムで使われている関数などはすべて前の2つの章で扱ったものなので、どれも馴染みがあるはずです。主な違いは、出力がそれほど長くないので、ファイルに書き込む代わりにフォーマットされた結果文字列を出力している点です❶。

出力は、ID31353677の記事に関する情報を含んだ辞書になります。

```
{
    "by": "sohkamyung",
❶   "descendants": 302,
    "id": 31353677,
❷   "kids": [
        31354987,
        31354235,
        --省略--
    ],
    "score": 785,
    "time": 1652361401,
❸   "title": "Astronomers reveal first image of the black hole
        at the heart of our galaxy",
    "type": "story",
❹   "url": "https://public.nrao.edu/news/.../"
}
```

辞書には、扱うことのできるキーが多く含まれています。キー 'descendants'（子孫）からは、この記事が受け取ったコメントの数がわかります❶。キー 'kids'（子）には、この投稿に対する返信として直接書き込まれたコメントのIDがすべて示されています❷。これらのコメントのそれぞれについても、直接返信されたコメントがあるかもしれません。そのため、1つの投稿への子孫コメント（descendants）の数は、たいてい子コメント（kids）の数よりも多くなります。議論されている記事のタイトル❸とURL❹が同様に表示されます。

次のURLは、ハッカーニュースにおける現在のトップ記事のIDを単純なリストで返します。

```
https://hacker-news.firebaseio.com/v0/topstories.json
```

このAPIを使用してホームページに表示されている記事を取得でき、先ほど調査したものと同様の一連のAPI呼び出しを生成できます。この手法により、現在のハッカーニュースのトップページにある全記事の概要が出力できます。

hn_submissions.py

```python
from operator import itemgetter

import requests

# API呼び出しを作成してそのレスポンスを格納する
url = "https://hacker-news.firebaseio.com/v0/topstories.json"
r = requests.get(url)
print(f"ステータスコード: {r.status_code}")

# 各投稿についての情報を処理する
submission_ids = r.json()
submission_dicts = []
for submission_id in submission_ids[:5]:
    # 投稿ごとに、別々のAPI呼び出しを作成する
    url = f"https://hacker-news.firebaseio.com/v0/item/{submission_id}.json"
    r = requests.get(url)
    print(f"id: {submission_id}\tstatus: {r.status_code}")
    response_dict = r.json()

    # 各記事の辞書を作成する
    submission_dict = {
        'title': response_dict['title'],
        'hn_link': f"https://news.ycombinator.com/item?id={submission_id}",
        'comments': response_dict['descendants'],
    }
    submission_dicts.append(submission_dict)

submission_dicts = sorted(submission_dicts, key=itemgetter('comments'),
                            reverse=True)

for submission_dict in submission_dicts:
    print(f"\nタイトル: {submission_dict['title']}")
    print(f"リンクURL: {submission_dict['hn_link']}")
    print(f"コメント数: {submission_dict['comments']}")
```

はじめに、API呼び出しを作成してレスポンスのステータスコードを出力します❶。API呼び出しからは、この呼び出しが実行されたときにハッカーニュースでもっとも人気のある記事のIDを500件まで含んだリストが返されます。次に、レスポンスオブジェクトをPythonのリストに変換し、submission_idsに代入します❷。これらのIDは、あとで一連の辞書を作成するために使います。各辞書には、現在投稿されている記事の1件分の情報が含まれています。

記事に関する辞書を格納するためにsubmission_dictsという名前の空のリストを準備します❸。次に、投稿されたIDの最初の30件を対象にループします。submission_idの現在の値を含むURLを生成し、投稿ごとのAPI呼び出しを新たに作成します❹。それぞれのリクエストが成功したかどうかわかるようにIDとあわせてステータスを出力します。

現在処理中の投稿のための辞書を作成します❺。辞書には投稿のタイトル、ディスカッションページへのリンク、これまでに記事が受け取ったコメントの数を格納します。次に、submission_dictをそれぞれsubmission_dictsに追加します❻。

ハッカーニュースへの投稿は総合点によってそれぞれ順位付けされています。総合点は投票の数、受け取ったコメントの数、投稿の新しさなど多くの要因に基づいて決定されています。ここでは、コメント数を使って辞書のリストをソートしてみましょう。コメント数でのソートを実現するには、operatorモジュールにあるitemgetter()という名前の関数を使います❼。この関数にキー 'comments' を指定すると、リスト内のそれぞれの辞書からこのキーに関連付けられた値を取得できます。sorted()関数でリスト内の辞書をソートする際、この値を使って順番を決定します。もっともコメント数が多い記事を先頭にしたいので、リストを逆順（reverse）でソートします。

ソートできたら、リスト内をループして各投稿について3つの情報を出力します❽。出力するのはタイトル、ディスカッションページへのリンクURL、現在までに投稿についたコメントの数です。

```
ステータスコード: 200
id: 31390506    status: 200
id: 31389893    status: 200
id: 31390742    status: 200
--省略--

タイトル: Fly.io: The reclaimer of Heroku's magic
リンクURL: https://news.ycombinator.com/item?id=31390506
コメント数: 134

タイトル: The weird Hewlett Packard FreeDOS option
リンクURL: https://news.ycombinator.com/item?id=31389893
コメント数: 64

タイトル: Modern JavaScript Tutorial
リンクURL: https://news.ycombinator.com/item?id=31390742
```

```
コメント数: 20
--省略--
```

どのAPIでも、情報にアクセスして解析する際には同様のプロセスをたどることになるでしょう。このデータがあれば、最近のもっとも活発なディスカッションに影響を与えている投稿を可視化することもできます。これは、ハッカーニュースのようなサイト向けにカスタマイズされたユーザー体験を提供するアプリケーションを作成する基礎にもなります。ハッカーニュースAPIでアクセスできる情報についてより詳しく知るには、GitHubにあるドキュメント（https://github.com/HackerNews/API/）を参照してください。

ハッカーニュースは、ときどきサポート企業向けに特別な採用に関する投稿を許可しており、これらの投稿ではコメントが無効となっています。このプログラムの実行時に採用の投稿が存在するとKeyErrorが発生します。この問題が発生した場合は、submission_dictを構築するコードをtry-exceptブロックの中に入れて、採用の投稿を飛ばしてください。

やってみよう

6-1. 他の言語
python_repos.pyに書いたAPI呼び出しを変更し、他のプログラミング言語でもっとも人気のあるプロジェクトを表示するグラフを生成してください。JavaScript、Ruby、C、Java、Perl、Haskell、Goなどの言語を試してください。

6-2. 活発なディスカッション
hn_submissions.pyのデータを使用し、ハッカーニュースで現在もっとも活発なディスカッションを表示する棒グラフを作成してください。棒の高さは、それぞれの投稿についたコメント数と対応させます。それぞれの棒のラベルには、投稿のタイトルを含めてください。さらに、それぞれの棒のラベルから投稿のディスカッションページにリンクしてください。グラフの作成時にKeyErrorが発生する場合は、try-exceptブロックを使用して宣伝の投稿の処理を飛ばしてください。

6-3. python_repos.pyをテストする
python_repos.pyでは、API呼び出しが成功したことを確認するためにstatus_codeの値を出力しました。pytestを使用するプログラムをtest_python_repos.pyという名前で書いてください。テストは、status_codeが200であることを成功の条件とします。その他にどのような条件のテストを作成できるかも考えてください。たとえば、返される要素の数が想定どおりか、リポジトリの総数が一定の数を超えているかなどが考えられます。

6-4. さらなる調査

PlotlyのドキュメントとGitHub APIまたはハッカーニュースAPIのドキュメントを確認してください。そこで見つけた情報を利用し、これまでに作成したグラフのスタイルをカスタマイズするか、これまでと違う情報を取り出して独自の可視化を行ってください。他のAPIの調査に興味がある場合は、GitHubリポジトリhttps://github.com/public-apis/public-apisで紹介されているAPIを参照してください。

まとめ

この章では、次のことについて学びました。

- APIを使用して必要なデータを自動的に収集し、そのデータを可視化する自己完結型のプログラムを作成する方法（GitHub APIを用いてGitHubでもっとも多くスターがついたPythonプロジェクトを調査し、ハッカーニュースAPIについても簡単に調べた）
- Requestsパッケージを使ってAPI呼び出しを自動的に行う方法と、API呼び出しの結果を処理する方法
- グラフの外観をさらにカスタマイズするためのPlotlyの設定

次の章では、最後のプロジェクトとしてDjangoを使ったWebアプリケーションを構築します。

プロジェクト

3

Web アプリケーション

第7章

Djangoをはじめる

第7章　Djangoをはじめる

　　ンターネットが進化するにつれて、ウェブサイトとモバイルアプリの境界線は曖昧に
　　なってきました。ウェブサイトもアプリも、ユーザーがさまざまな方法でデータを扱
えるようになります。幸いなことに、Djangoを使って1つのプロジェクトを構築すれば動
的なウェブサイトとモバイルアプリのセットを同時に提供することができます。**Django**は
Pythonでもっとも人気のある**Webフレームワーク**、すなわちインタラクティブなWebアプ
リケーションを構築するために設計されたツール群です。この章では、「学習ノート」という
名前のオンライン日記システムを作成し、Djangoの使い方を学びます。日記システムでは、
さまざまなテーマ（トピック）について、学んだことを記録し、常にその最新状態を把握で
きるようにします。

「学習ノート」プロジェクトの仕様書を書き、オンライン日記システムが取り扱うデータのモ
デルを定義します。Django adminという管理システムを使用して初期データを投入し、
Djangoがページを生成するためのビューとテンプレートの書き方を学びます。

Djangoを使えば、ページ表示のリクエストへの応答やデータベースの読み書き、ユーザー
管理など多くのことが簡単にできます。第8章と第9章ではプロジェクトをより洗練し、
公開サーバーにデプロイしてあなた（および世界中の人）が「学習ノート」を利用できるよう
にします。

プロジェクトの準備をする

　Webアプリケーションのような重要な何かを始めるときには、そのプロジェクトの目標を記述した**仕様書**が
必要です。明確な目標を設定できれば、その目標を達成するためのタスクの洗い出しを始められます。

　この節では、「学習ノート」の仕様書を書き、プロジェクトの最初のフェーズにとりかかります。仮想環境の
設定とDjangoプロジェクトの初期設定を含みます。

仕様書を作成する

　完全な仕様書には、プロジェクトの目標の詳細な記述、プロジェクトの機能についての説明、外観とユー
ザーインターフェースについての説明が含まれます。よくできたプロジェクト計画やビジネス計画と同様に、
仕様書はプロジェクトの重点事項を明確にし、プロジェクトの進むべき方向を維持する指針となります。ここ
では完全なプロジェクト仕様書は作成しませんが、開発プロセスで重点事項に集中し続けられるように明確な

プロジェクトの準備をする

目標を提示します。ここで使用する仕様書は次のとおりです。

> 「学習ノート」という名前のWebアプリケーションを作成します。このWebアプリケーションは、ユーザーが興味のあるトピック（テーマ、あるいは議題）について記録を残し、トピックに関して学んだことを日記の記事（エントリー）として作成できます。「学習ノート」のホームページにはサイトの説明があり、ユーザー登録またはログインが促されます。ユーザーがログインすると、新たなトピックの作成、記事の作成、既存の記事の閲覧と編集ができます。

新しいトピックについて調べているときに学んだことを日記に書き残しておくと、関連する情報を追いかけたり、あとから再確認したりするときに役立ちます。技術的なテーマを学習するときにはなおのことです。たとえば今回作成するような優れたアプリケーションがあれば、この作業をより効率的に行えます。

仮想環境を作成する

Djangoを使うために、最初に作業用の仮想環境をセットアップします。**仮想環境**とは、他のすべてのPythonパッケージから切り離して、独自にパッケージをインストールできるシステム上の場所のことです。あるプロジェクトのライブラリを別のプロジェクトから分離することには多くの利点があります。また、**第9章**で「学習ノート」をサーバーにデプロイするときには環境の分離が必須となります。

learning_logという名前でプロジェクト用の新しいフォルダーを作成し、ターミナル上でそのフォルダーに移動してください。その後、仮想環境を作成するために次のコマンドを入力します。

```
learning_log$ python -m venv ll_env
learning_log$
```

ここでは、venv仮想環境モジュールを実行してll_envという名前の仮想環境を作成しています（Lの小文字が2つのll_envです。数字の1ではないことに注意）。プログラムの実行時やパッケージのインストール時にpython3などのコマンドを使用している場合は、ここでも同じコマンドを使うことに注意してください。

仮想環境を有効化する

続いて次のコマンドで仮想環境を有効化（アクティベート）する必要があります。

```
learning_log$ source ll_env/bin/activate
(ll_env) learning_log$
```

このコマンドはll_env/binにあるactivateスクリプトを実行します。仮想環境が有効になると、カッコの中に環境名が表示されます。これは、仮想環境に新しいパッケージをインストールしたり、すでにインストールされたパッケージを利用できることを示しています。ll_envにインストールしたパッケージは、この仮想環境が有効化されていないときには利用できません。

Windowsを使用している場合は、sourceの部分を除いてll_env\Scripts\activateコマンドを使用して仮想環境を有効化します。PowerShellを利用している場合、Activateのように先頭を大文字にしなければなりません。

訳注
WindowsのPowerShellでは、スクリプトの実行に権限の設定が必要な場合があります。その場合は次のコマンドを実行してください。

```
> Set-ExecutionPolicy RemoteSigned -Scope CurrentUser
```

仮想環境を無効化するには、deactivateと入力します。

```
(ll_env) learning_log$ deactivate
learning_log$
```

仮想環境を実行しているターミナルを閉じることでも仮想環境は無効化されます。

Djangoをインストールする

仮想環境を有効化したら、次を入力してpipをアップデートし、Djangoをインストールします。

```
(ll_env)learning_log$ pip install --upgrade pip
(ll_env)learning_log$ pip install django
Collecting django
--省略--
Installing collected packages: sqlparse, asgiref, django
Successfully installed asgiref-3.5.2 django-4.1 sqlparse-0.4.2
```

さまざまな場所からリソースをダウンロードするので、pipはかなり頻繁にアップグレードされます。新しい仮想環境を作成するときはいつでも、pipを最新化することをおすすめします。

自己完結した仮想環境で作業しているので、Djangoをインストールするコマンドはどのシステムでも共通です。python -m pip install package_nameのような長いコマンドは必要ありませんし、--userフラグも不要です。Djangoは、仮想環境が有効化されている間だけ利用可能だということを覚えておいてください。

Djangoはおよそ8か月ごとに新しいバージョンがリリースされます。このため読者の方がインストールするときにはより新しいバージョンのDjangoがあるかもしれません。本プロジェクトは新しいバージョンのDjangoでもそのままでおおむね動作するでしょう。本書に掲載したものと同じバージョン4.1のDjangoを使いたい場合は、コマンド`pip install django==4.1.*`を使ってください。これにより、Django 4.1系の最新版がインストールされます。使用中のバージョンについて問題がある場合は、原書のオンライン資料（https://ehmatthes.github.io/pcc_3e）を確認してください。

> **訳注**
> 2024年8月時点の最新バージョンは5.1です。

Djangoプロジェクトを作成する

仮想環境を有効化した状態（ターミナルのプロンプトにカッコで囲まれたll_envが表示されているのを確認してください）で次のコマンドを入力して新規プロジェクトを作成します。

```
❶ (ll_env)learning_log$ django-admin startproject ll_project .
❷ (ll_env)learning_log$ ls
  ll_env ll_project manage.py
❸ (ll_env)learning_log$ ls ll_project
  __init__.py asgi.py settings.py urls.py wsgi.py
```

startprojectコマンドを実行してll_projectという名前の新規プロジェクトを作成するようにDjangoに指示します❶。コマンドの最後にドット（.）があることで、開発完了後にサーバーにデプロイしやすいフォルダー構造で新規プロジェクトが作成されます。

このドットを忘れないでください。アプリケーションをデプロイするときに構成上の問題が発生する可能性があります。ドットをつけ忘れた場合は、作成されたファイルとフォルダーをすべて（ll_env以外）削除して再度コマンドを実行します。

lsコマンド（Windowsではdir）を実行すると、Djangoがll_projectという新しいフォルダーを作成したことがわかります❷。また、manage.pyというファイルも作成されます。このファイルは短いプログラムで、ターミナルからコマンドを受け取り、Djangoの関連する部分に受け渡して実行します。Djangoのコマンドは、データベースの操作やサーバーの実行といったタスクの管理に使用します。

ll_projectフォルダーには4つのファイルがあり、重要なのはsettings.py、urls.py、wsgi.pyです❸。settings.pyファイルは、Djangoがシステムとやりとりしたり、プロジェクトを管理したりする方法を制御します。プロジェクトが進むにつれて設定のいくつかを変更し、さらにいくつか独自の設定を追加します。urls.pyファイルは、Webブラウザーからのリクエストに対してどのページを生成すべきかをDjangoに指示します。wsgi.pyファイルは、Djangoが作成するファイルをサーバーから提供するためのものです。ファイル名のwsgiは、**web server gateway interface**の頭文字です。

データベースを作成する

Djangoはプロジェクトに関連するほとんどの情報をデータベースに格納するので、Djangoが扱えるデータベースを作成する必要があります。次のコマンドを入力します（まだ仮想環境の中です）。

```
(ll_env)learning_log$ python manage.py migrate
```
❶ ```
Operations to perform:
  Apply all migrations: admin, auth, contenttypes, sessions
Running migrations:
  Applying contenttypes.0001_initial... OK
  Applying auth.0001_initial... OK
  --省略--
  Applying sessions.0001_initial... OK
```
❷ ```
(ll_env)learning_log$ ls
db.sqlite3 ll_env ll_project manage.py
```

データベースを変更する作業のことを、データベースを**移行する**（migrate）といいます。migrateコマンドの初回実行時に、Djangoはデータベースとプロジェクトの現在の状態が一致しているかを確認します。新規プロジェクトでこのコマンドをはじめて実行すると、DjangoはSQLiteを使用して新しいデータベースを作成します（SQLiteの詳細はあとで説明します）。管理タスク（admin）と認証タスク（auth）の処理に必要な情報を格納するためのデータベースを準備することをDjangoが報告します❶。

lsコマンドを実行すると、db.sqlite3という新しいファイルが作成されたことがわかります❷。**SQLite**は単一ファイルで実行されるデータベースです。データベース管理にあまり気を使わなくて済むので、簡単なアプリケーションの作成に理想的なデータベースです。

 仮想環境が有効なときは、pythonコマンドを使ってmanage.pyを実行してください。他のプログラムの実行時にpython3など異なるコマンドを使っている場合も同様です。仮想環境内でのpythonコマンドは、その仮想環境を作成したPythonのバージョンが参照されます。

プロジェクトを表示する

Djangoがプロジェクトを正しくセットアップしたことを確認しましょう。プロジェクトの現在の状態を確認するにはrunserverコマンドを入力します。

```
(ll_env)learning_log$ python manage.py runserver
Watching for file changes with StatReloader
Performing system checks...
```

```
❶  System check identified no issues (0 silenced).
   May 19, 2022 - 21:52:35
❷  Django version 4.1, using settings 'll_project.settings'
❸  Starting development server at http://127.0.0.1:8000/
   Quit the server with CONTROL-C.
```

　Djangoは**開発サーバー**（development server）という名前のサーバーを起動します。これでプロジェクトを表示して動作状況を確認できます。WebブラウザーにURLを入力してページをリクエストすると、Djangoサーバーが適切なページを生成し、そのページをWebブラウザーに送信してリクエストに応答します。

　プロジェクトが正しくセットアップされたことをDjangoが確認します❶。動作中のDjangoのバージョンと使用中の設定ファイルの名前が表示されます❷。プロジェクトのサーバーのURLが表示されます❸。http://127.0.0.1:8000/というURLは、プロジェクトが自分のPC上の8000番ポートでリクエストを待ち受けていることを示します。自分のPCはlocalhostと呼ばれます。**localhost**という用語は、あなたのPC上のリクエストだけを処理するサーバーを意味します。他の誰も開発中のページを見ることはできません。

　Webブラウザーを立ち上げ、URLにhttp://localhost:8000/を入力します。うまくいかない場合はhttp://127.0.0.1:8000/を入力します。図7-1のようなページが表示されます。このページは、Djangoが今のところすべて正常に動作していることを表しています。サーバーは立ち上げたままにしておきましょう。もしサーバーを停止させたい場合はrunserverコマンドを実行したターミナルで Ctrl + C キーを押してください。

図7-1　すべてが順調に機能している

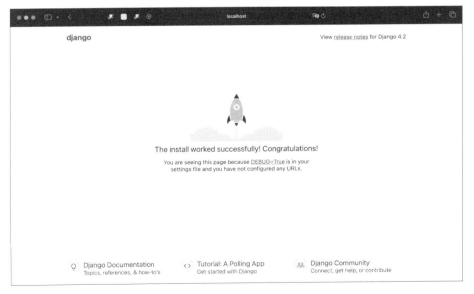

NOTE 「That port is already in use」というエラーメッセージが表示された場合は、`python manage.py runserver 8001`と入力し、Djangoを別のポートで起動します。空きポートが見つかるまで数を増やします。

やってみよう

7-1. 新規プロジェクト
Djangoの動作をよりよく知るために、いくつか空のプロジェクトを作成して何が作成されるかを見ます。tik_gramやinsta_okのような適当な名前のフォルダーを（learning_logフォルダーの外に）新たに作成します。ターミナル上で作成したフォルダーに移動し、仮想環境を作成します。仮想環境にDjangoをインストールし、`django-admin startproject tik_gram .`コマンドを実行します（コマンドの最後にドットを含めます）。このコマンドで作成されるファイルとフォルダーを調査し、「学習ノート」の場合と比較します。新規プロジェクトを開始するときにDjangoが作成するファイル群に十分慣れるまで何度か実行します。その後、必要に応じてフォルダーを削除します。

アプリケーションを開始する

Djangoの**プロジェクト**は、個別の**アプリケーション**（app）がグループとして協調して動作することでプロジェクト全体が機能するように構成されています。まずはプロジェクトのほとんどの作業をこなすアプリケーションを1つだけ作成します。**第8章**でユーザーアカウントを管理する別のアプリケーションを追加します。

先ほどターミナルで起動した開発サーバーは動作中のままだと思います。新しいターミナル画面（またはタブ）を開き、manage.pyがあるフォルダーに移動します。仮想環境を有効化し、`startapp`コマンドを実行します。

```
learning_log$ source ll_env/bin/activate
(ll_env) learning_log$ python manage.py startapp learning_logs
❶ (ll_env) learning_log$ ls
db.sqlite3  learning_logs  ll_env  ll_project  manage.py
❷ (ll_env) learning_log$ ls learning_logs/
__init__.py  admin.py  apps.py  migrations  models.py  tests.py  views.py
```

`startapp` *appname* コマンドは、アプリケーションの構築に必要な基本の構造を作成するようにDjangoに指示します。ここでプロジェクトフォルダーの中を見ると、learning_logsという名前の新しいフォルダーが

アプリケーションを開始する

できています❶。lsコマンドでDjangoが作成したファイルを確認します❷。重要なファイルはmodels.py、admin.py、views.pyの3つです。models.pyを使用してアプリケーションで管理するデータを定義します。admin.pyとviews.pyについては少しあとで説明します。

モデルを定義する

ここで、アプリケーションが使用するデータについて考えてみましょう。各ユーザーは「学習ノート」に多数のトピックを作成する必要があります。ユーザーが作成する個々の記事はトピックに紐付けられ、これらの記事はテキストとして表示されます。また、各記事の作成日時を保存し、記事がいつ作成されたかをユーザーに表示できるようにしたいです。

ファイルmodels.pyを開いて内容を見てみましょう。

models.py

```
from django.db import models


# Create your models here.
```

modelsというモジュールがインポートされており、独自のモデルを作成するように促されています。**モデル**は、アプリケーションに格納されるデータをどのように扱うかをDjangoに指示します。モデルはクラスの1つです。これまで説明してきたクラスと同じように属性とメソッドを持ちます。ユーザーが格納するトピックのモデルは次のとおりです。

```
from django.db import models


class Topic(models.Model):
    """ユーザーが学んでいるトピックを表す"""
❶    text = models.CharField(max_length=200)
❷    date_added = models.DateTimeField(auto_now_add=True)

❸    def __str__(self):
        """モデルの文字列表現を返す"""
        return self.text
```

Modelを継承してTopicというクラスを作成しました。Modelは、Djangoのモデルの基本機能が定義された親クラスです。Topicクラスにはtextとdate_addedという2つの属性を追加しました。

text属性は、CharFieldつまり文字列のデータです❶。CharFieldは、名前、タイトル、都市名など短いテキストを格納する場合に使用します。属性にCharFieldを定義する場合は、データベース上にどれくらいの領域を確保すべきかをDjangoに指示する必要があります。ここではmax_lengthに200文字を指定していま

195

す。この文字数はほとんどのトピック名の長さとして十分です。

date_added属性は、DateTimeFieldつまり日付と時刻のデータを記録します❷。引数にauto_now_add=Trueを指定することで、ユーザーが新しいトピックを作成するたびに自動的に現在の日時を設定するようにDjangoに指示します。

モデルのインスタンスをどう表現するかをDjangoに指示しておきましょう。モデルに__str__()メソッドを定義すると、Djangoは必要に応じてそのモデルのインスタンスを参照し、出力を生成します。ここでは、text属性に格納されている文字列を返す__str__()メソッドを作成しました❸。

モデルで使用できるフィールドの種類を知りたい場合は、**Model Field Reference** (https://docs.djangoproject.com/en/4.1/ref/models/fields/) を参照してください。現時点ですべての情報は必要ありませんが、自分のDjangoプロジェクトを開発するときにはとても便利なページです。

> **訳注**
> --
> Model Field Referenceの日本語ページ、モデルフィールドリファレンス (https://docs.djangoproject.com/ja/4.1/ref/models/fields/) もあります。
> --

モデルを有効化する

モデルを使用するには、プロジェクト全体にこのアプリケーションを含めるようにDjangoに指示する必要があります。settings.py (ll_projectフォルダーにあります) を開いてください。プロジェクトにインストールされたアプリケーションをDjangoに示すセクションがあります。

```
settings.py
--省略--
INSTALLED_APPS = [
    'django.contrib.admin',
    'django.contrib.auth',
    'django.contrib.contenttypes',
    'django.contrib.sessions',
    'django.contrib.messages',
    'django.contrib.staticfiles',
]
--省略--
```

INSTALLED_APPSを次のように変更し、このリストに自分のアプリケーションを追加します。

```
--省略--
INSTALLED_APPS = [
    # 自分のアプリケーション
```

```
    'learning_logs',

    # デフォルトの django アプリケーション
    'django.contrib.admin',
    --省略--
]
--省略--
```

　プロジェクト内でアプリケーションをグループ分けしておくと、プロジェクトが成長して取り込むアプリケーションが増えたときに役に立ちます。ここでは「自分のアプリケーション」という名前でlearning_logsだけを含む新しいセクションを開始しています。自分のアプリケーションをデフォルトのものよりも前に配置することが重要です。自分がカスタマイズしたアプリケーションでデフォルトのアプリケーションの振る舞いを上書きする必要が出た場合に備えるためです。

　次に、Topicモデルに関連する情報を格納できるようにデータベースの変更をDjangoに指示します。ターミナルで次のコマンドを実行します。

```
(ll_env) learning_log$ python manage.py makemigrations learning_logs
Migrations for 'learning_logs':
  learning_logs/migrations/0001_initial.py
    - Create model Topic
(ll_env) learning_log$
```

　makemigrationsコマンドは、定義した新しいモデルに関連するデータを格納できるように、Djangoにデータベースの変更方法を把握させます。ここでの出力は、Djangoが0001_initial.pyという名前のマイグレーション（移行）ファイルを作成したことを示しています。このマイグレーションファイルにより、データベースにTopicモデル用のテーブルを作成します。

　このマイグレーションファイルを適用してデータベースを変更します。

```
(ll_env) learning_log$ python manage.py migrate
Operations to perform:
  Apply all migrations: admin, auth, contenttypes, learning_logs, sessions
Running migrations:
❶   Applying learning_logs.0001_initial... OK
```

　このコマンドの出力は、migrateコマンドをはじめて実行したときとほとんど変わりません。出力の最終行は確認する必要があります。ここには、Djangoがlearning_logs用のマイグレーションを正常に適用できたことを示すOKが表示されています❶。

　「学習ノート」で管理するデータを変更するときは常に次の3つの手順を実行します。

1. models.pyを変更する
2. アプリケーションlearning_logsを引数にしてmakemigrationsコマンドを実行し、マイグレーションファイルを作成する
3. migrateコマンドを実行して変更を適用する

Django管理サイト

Djangoが提供する管理サイトを使えばモデルの操作が簡単になります。Djangoの**管理サイト**を使うのはサイト管理者（administrator）だけで、一般ユーザーは使えません。この項では、管理サイトを設定し、Topicモデルを使用してトピックを追加します。

スーパーユーザーを設定する

Djangoでは、**スーパーユーザー**と呼ばれるサイト上のすべての権限を持つユーザーを作成できます。ユーザーの**権限**は、そのユーザーが実行できるアクションを制御します。もっとも権限が制限されたユーザーが行えるのは、サイトで公開された情報の参照だけです。典型的なサイトの登録ユーザーは、自分の個人的なデータと登録ユーザーだけに許可されたいくつかの情報を参照できる権限を持ちます。プロジェクトを効率的に管理するために、サイトのオーナーはサイトに保存されているすべての情報にアクセスできる必要があります。ユーザーは自分がアクセスするアプリケーションを信頼しているので、よい管理者になるためにはユーザーの機密情報の取り扱いに注意する必要があります。

Djangoでスーパーユーザーを作成するには、次のコマンドを入力して要求された情報を入力します。

```
(ll_env) learning_log$ python manage.py createsuperuser
❶ Username (leave blank to use 'eric'): ll_admin
❷ Email address:
❸ Password:
  Password (again):
  Superuser created successfully.
(ll_env) learning_log$
```

createsuperuserコマンドを実行すると、スーパーユーザーのユーザー名の入力をDjangoに要求されます❶。ここではユーザー名をll_adminとしていますが、任意の名前を入力できます。必要な場合はメールアドレスを入力できますが、空白のままでもかまいません❷。パスワードは2回入力する必要があります❸。

NOTE 機密情報の一部はサイト管理者の目に触れないようになっています。たとえば、Djangoは入力されたパスワードを格納していません。代わりに、パスワードをもとに生成したハッシュと呼ばれる文字列を格納しています。ユーザーがパスワードを入力するたびにDjangoは入力されたパスワードをハッシュ化し、格納されているハッシュと比較します。2つのハッシュが一致すれば、ユーザーが認証されます。

ハッシュによる認証を用いることで、攻撃者がサイトのデータベースにアクセスできた場合でも読み取れるのはハッシュだけでパスワードそのものは読み取れなくなります。サイトが正しく設定されていれば、ハッシュからもとのパスワードを特定することはほぼ不可能です。

訳注

Django管理サイトの言語を日本語に設定するには、settings.pyの設定項目 LANGUAGE_CODE の値を'ja'に変更します。またタイムゾーンの設定を'Asia/Tokyo'に変更することで、Djangoシステムのタイムゾーンを日本時間に指定できます。この変更により、管理サイトが日本語で表示されるようになります。

settings.py

```
--省略--

# サイトを日本語化
LANGUAGE_CODE = 'ja'

# タイムゾーンを日本に
TIME_ZONE = 'Asia/Tokyo'

--省略--
```

管理サイトにモデルを登録する

Djangoの管理サイトにはUserやGroupといった一部のモデルが自動的に取り込まれますが、自分で作成したモデルは手動で追加する必要があります。

learning_logsアプリケーションを開始したとき（startapp コマンド実行時）に、models.pyと同じフォルダーにadmin.pyというファイルがDjangoによって作成されました。admin.pyファイルを開いてください。

admin.py

```
from django.contrib import admin
```

Topicモデルを管理サイトに登録するには、次のように入力します。

```
from django.contrib import admin

from .models import Topic

admin.site.register(Topic)
```

このコードは、はじめに登録したいモデルであるTopicをインポートします。modelsの前にあるドット（.）には、admin.pyと同じフォルダーでmodels.pyを探すようにDjangoに指示する意味があります。コード

admin.site.register()で管理サイトでモデルを操作できるようにDjangoに指示します。

スーパーユーザーのアカウントで管理サイトにアクセスします。http://localhost:8000/admin/にアクセスし、先ほど作成したスーパーユーザーのユーザー名とパスワードを入力します。すると、**図7-2**のような画面が表示されます。このページから、新しいユーザーやグループの追加と、既存のユーザーやグループの変更ができます。また、先ほど定義したTopicモデルのデータを操作できます。

図7-2 管理サイトにTopicが含まれている

Webページを利用できない、というメッセージがWebブラウザーに表示された場合は、ターミナル画面でDjangoサーバーが実行されているかを確認してください。実行されていない場合は、仮想環境を有効化してから`python manage.py runserver`コマンドを再実行してください。開発プロセスのどの段階でもプロジェクトの表示に問題が出たときは、開いているターミナルをすべて閉じて`runserver`コマンドを再実行することがトラブル解決のための第一歩として有効です。

トピックを追加する

管理サイトにTopicを登録できたので最初のトピックを追加しましょう。「Topics」をクリックしてTopicsのページを表示します。まだ管理対象のトピックが存在しないため、ほぼ空白のページが表示されます。「TOPICを追加」をクリックすると、新規トピックを追加するためのフォームが表示されます。1つ目のボックスに「チェス」と入力して「保存」をクリックします。保存をクリックしたあとでTopics管理ページに移動すると、今作成したトピックが表示されます。

アプリケーションを開始する

2番目のトピックを作成して作業対象のデータを増やしましょう。「TOPICを追加」を再度クリックし、2番目のトピックとして「ロッククライミング」を作成します。「保存」をクリックして再びTopics管理ページに戻ります。チェスとロッククライミングという2つのトピックのリストが表示されます。

Entryモデルを定義する

ユーザーがチェスとロッククライミングについて学んだことを記録できるようにするには、「学習ノート」に作成する記事（エントリー）のモデルを定義する必要があります。各記事は特定の1つのトピックと関連付ける必要があります。この関連付けは**多対1の関連**と呼ばれ、「学習ノート」の場合は多くの記事を1つのトピックに関連付けできることを意味します。

Entryモデルのコードは、models.pyファイルに次のように記述します。

models.py

```
from django.db import models

class Topic(models.Model):
    --省略--

❶ class Entry(models.Model):
    """トピックに関して学んだ具体的なこと"""
❷   topic = models.ForeignKey(Topic, on_delete=models.CASCADE)
❸   text = models.TextField()
    date_added = models.DateTimeField(auto_now_add=True)

❹   class Meta:
        verbose_name_plural = 'entries'

    def __str__(self):
        """モデルの文字列表現を返す"""
❺       return f"{self.text[:50]}..."
```

Entryクラスは、Topicクラスと同様に元となるDjangoのModelクラスを継承します❶。最初の属性topicはForeignKey（外部キー）のインスタンスです❷。**外部キー**はデータベース用語で、データベース内の他のレコードへの参照を示しています。このコードが各記事と特定のトピックを関連付けます。各トピックには、作成時にキーすなわちIDが割り振られます。2つのデータを関連付ける必要があるとき、Djangoはそれぞれの情報に関連付けられたキーを使用します。このあと特定のトピックに関連付けられたすべての記事を取得する際にこの仕組みを利用します。on_delete=models.CASCADE引数は、トピックを削除するときにそのトピックに関連付けられた記事もすべて同時に削除するようにDjangoに指示します。これは**カスケード削除**と呼ばれる動作です。

第7章 Djangoをはじめる

次のtext属性はTextFieldインスタンスです❸。個別の記事に長さの制限は設けないので、このフィールドでサイズを制限する必要はありません。date_added属性により、記事を作成順に表示して各記事の横に作成日時を表示するようにできます。

MetaクラスをEntryクラスの内部で入れ子にしています❹。Metaクラスはモデルを管理するための追加情報を保持します。ここでは、複数形の表記に「Entries」を使うようにDjangoに指示するための特別な属性を指定しています。この指定がない場合、Djangoは複数の記事（エントリー）を「Entrys」と表示します。

__str__()メソッドで個々の記事を参照したときに表示する情報をDjangoに指示します。記事の本文は長文になることもあるので、最初の50文字だけを表示するように指示します❺。さらに、記事の本文すべてを表示していないことを示す省略記号（...）を追加します。

Entryモデルをマイグレーションする

新しいモデルを追加したので、データベースを再度マイグレーションする必要があります。この手順は次第に慣れてくると思います。models.pyを変更してpython manage.py makemigrations *アプリケーション名*コマンドを実行し、python manage.py migrateコマンドを実行します。

次のようにコマンドを入力してデータベースのマイグレーションを行い、出力を確認します。

```
(ll_env) learning_log$ python manage.py makemigrations learning_logs
Migrations for 'learning_logs':
❶    learning_logs/migrations/0002_entry.py
       - Create model Entry
(ll_env) learning_log$ python manage.py migrate
Operations to perform:
   --省略--
❷    Applying learning_logs.0002_entry... OK
```

0002_entry.pyという新しいマイグレーションファイルが生成されました❶。このファイルは、Entryモデルに関連する情報を格納するためにデータベースを変更する方法をDjangoに指示します。migrateコマンドを実行すると、Djangoがこのマイグレーションを適用し、結果が正常であることが表示されます❷。

管理サイトにEntryモデルを登録する

Entryモデルも管理サイトへの登録が必要です。admin.pyは次のようになります。

admin.py
```
from django.contrib import admin
```

202

```
from .models import Topic, Entry


admin.site.register(Topic)
admin.site.register(Entry)
```

　http://localhost:8000/admin/に戻ると、「Learning_Logs」の下に「Entries」が表示されているは
ずです。Entriesのところにある「追加」リンクをクリックするか、「Entries」をクリックして「ENTRYを追加」
を選択します。作成する記事のトピックを選ぶためのドロップダウンリストと、記事の本文を記入するためのテ
キストボックスが表示されます。ドロップダウンリストから「チェス」を選択し、記事を追加します。次に示す
のは筆者がはじめて作成した記事です。

　　　　序盤とは、ゲームの開始部分で最初の10手くらいまでの局面のことを指す。序盤では3つの
　　　ことを心がけるのがよい。ビショップとナイトを持ち出すこと、盤の中央を支配すること、そして
　　　キャスリングすることである。
　　　　これらはもちろん単なる手引きに過ぎない。手引きにしたがうべきときとそうでないときの見極
　　　めを学ぶことが重要だろう。

「保存」をクリックすると、Entries管理のメインページに戻ります。ここで各記事の文字列表現に
text[:50]を使用する利点がわかります。管理インターフェースで複数の記事を扱う場合、記事の本文すべて
を表示するよりも先頭部分だけを表示するほうが扱いやすいからです。
　初期データとして、チェスについての2番目の記事とロッククライミングについての記事1つを作成します。
チェスの2番目の記事は次のとおりです。

　　　　ゲーム序盤の局面では、ビショップとナイトを持ち出すことが重要だ。これらの駒は十分に強
　　　力で扱いやすく、ゲーム開始の手づくりに重要な役目を果たすことができる。

そしてこちらがロッククライミングの最初の記事です。

　　　　クライミングでもっとも大事なことの1つは、できるだけ両足で体重を支え続けることだ。クラ
　　　イマーは一日中両腕でぶら下がっていられるという都市伝説がある。実際の優れたクライマー
　　　は、どんなときでも可能な限り両足で体重を支え続けるための特別な方法を練習している。

これらの3つの記事を題材として扱いながら「学習ノート」の開発を続けていきます。

第**7**章　Djangoをはじめる

Djangoシェル

データをいくつか入力したので、対話型のターミナルセッションでプログラムを使ってデータを調べることができます。この対話型の環境は**Djangoシェル**と呼ばれ、プロジェクトのテストやトラブルシューティングを行うのに最適の環境です。対話型シェルのセッションの例を次に示します。

```
(ll_env) learning_log$ python manage.py shell
❶ >>> from learning_logs.models import Topic
>>> Topic.objects.all()
<QuerySet [<Topic: チェス>, <Topic: ロッククライミング>]>
```

`python manage.py shell`コマンド（仮想環境が有効な状態で実行）は、Pythonの対話モードを起動します。この対話モードで、プロジェクトのデータベースに格納されたデータを探索できます。ここでは`learning_logs.models`モジュールから`Topic`モデルをインポートします❶。次に`Topic.objects.all()`メソッドを使用し、`Topic`モデルの全インスタンスを取得します。ここで返されるリストは**クエリーセット**（**queryset**）と呼ばれます。

クエリーセットはリストと同じようにループできます。各トピックオブジェクトに割り振られたIDを表示するには次のようにします。

```
>>> topics = Topic.objects.all()
>>> for topic in topics:
...     print(topic.id, topic)
...
1 チェス
2 ロッククライミング
```

クエリーセットを`topics`に代入し、各トピックの`id`属性とトピックの文字列表現を出力します。チェスのIDは1、ロッククライミングのIDは2であることがわかります。

特定のオブジェクトのIDを知っている場合は、`Topic.objects.get()`メソッドを使ってそのオブジェクトを取得して、オブジェクトが持つすべての属性を調べることができます。チェスの`text`と`date_added`の値を見てみましょう。

```
>>> t = Topic.objects.get(id=1)
>>> t.text
'チェス'
>>> t.date_added
datetime.datetime(2022, 5, 20, 3, 33, 36, 928759,
    tzinfo=datetime.timezone.utc)
```

特定のトピックに関連する記事を見ることもできます。これまでにEntryモデルにはtopic属性を定義しています。この属性は、各記事とトピックを関連付けるForeignKeyでした。Djangoはこの関連を利用し、特定のトピックに関連するすべての記事を取得できます。

❶
```
>>> t.entry_set.all()
<QuerySet [<Entry: 序盤とは、ゲームの開始部分で最初の10手くらいまでの局面のことを
    指す。序盤では3つのことを心がける...>, <Entry: ゲーム序盤の局面では、ビショップと
    ナイトを活用することが重要だ。 これらの駒は十分に強力で扱いやすく...>]>
```

外部キーの関連を通してデータを取得するには、関連モデルの小文字で表記した名前の後ろにアンダースコア（_）とsetという単語をつけて使用します❶。たとえばPizzaとToppingというモデルがあり、Toppingは外部キーでPizzaと関連しているとします。オブジェクトがmy_pizzaという名前で1つのピザを表す場合、my_pizza.topping_set.all()というコードでこのピザの全トッピングを取得できます。

ユーザーからの要求で表示するページのコードを書くときに、このような構文を使用します。Djangoシェルは、入力したコードが求めているデータを取得できるかを確認する際にとても便利です。コードがシェルで期待どおりに動作する場合は、プロジェクト内のファイルに記述したコードも正しく動作するはずです。コードがエラーを生成したり求めているデータを取得できなかったりする場合は、Webページを生成するファイルの中で問題に対処するよりも、シンプルなシェル環境で問題に対処するほうがずっと簡単です。本書ではDjangoシェルについて詳しく説明しませんが、プロジェクトに保存したデータにアクセスするためのDjangoの構文を、シェルを使って練習し続けてください。

モデルを変更するたびに変更部分の反映のためにシェルの再起動が必要になります。シェルのセッションを終了するには Ctrl + D キーを押します。Windowsでは、 Ctrl + Z キーを入力してから Enter キーを押します。

やってみよう

7-2. 短い記事
現状では、Entryモデル内の__str__()メソッドがDjangoの管理サイトやシェルで記事を表示するとき、すべてのインスタンスの文字列表現の末尾に省略記号（...）が追加されます。__str__()メソッドにif文を追加し、記事の長さが50文字を超えるときだけ省略記号を追加するようにしてください。管理サイトから本文が25文字以下の短い記事を追加し、表示の際に省略記号がないことを確認します。

7-3. Django API
プロジェクトの中でデータにアクセスするコードを記述するとき、**クエリー**を記述していることになります。データのクエリーに関するドキュメント (https://docs.djangoproject.com/en/4.1/topics/db/queries/)

第**7**章 Djangoをはじめる

にざっと目を通してください。ここで目にする内容の多くは新しい情報ですが、自分のプロジェクトで作業を始めるときにはとても有益な内容となるでしょう。

訳注

Djangoのクエリーについての日本語ドキュメントは次のURLで参照できます。
https://docs.djangoproject.com/ja/4.1/topics/db/queries/

7-4. ピザ屋

pizzeriaという名前の新しいプロジェクトを作成し、pizzasという名前のアプリケーションを作成します。nameというフィールドを持つPizzaモデルを定義します。nameフィールドには「ハワイアン」や「ミートラヴァーズ」のようなピザの名前を格納します。pizzaとnameフィールドを持つToppingモデルを定義します。pizzaフィールドはPizzaに対する外部キーとし、nameフィールドには「パイナップル」「ベーコン」「ソーセージ」のような値を格納します。

両方のモデルを管理サイトに登録し、管理サイトを使用していくつかのピザの名前とトッピングを入力します。Djangoシェルを使用し、入力したデータを確認します。

ページを作成する：学習ノートのホームページ

　DjangoでWebページを作成する作業は、URLの定義、ビューの作成、テンプレートの作成という3つの段階に分かれます。これらはどのような順序で行ってもかまいませんが、本プロジェクトでは常にURLパターンの定義から始めることにします。**URLパターン**には、URLをどう配置するかを記述します。URLパターンはWebブラウザーのリクエストとサイトのURLを照合する際に探すべきものを示すので、Djangoは返すページを決定できます。

　各URLは特定の**ビュー**に対応付けられます。このとき、ビュー関数がページに必要なデータを検索して処理します。多くの場合、ビュー関数は**テンプレート**を使ってページを表示します。テンプレートはページの全体的な構造を含んでいます。この仕組みがどのように動作するかを確認するために、「学習ノート」のホームページを作成してみましょう。ホームページのURLを定義し、ビュー関数を作成して簡単なテンプレートを作成します。

　「学習ノート」が想定どおりに動作することだけを確認するので、ページはシンプルなものにします。機能が完成したWebアプリケーションにスタイルを設定するのは楽しい作業です。しかし、見栄えがよくても機能しないアプリケーションは無意味です。今のところ、ホームページにはタイトルと簡単な概要説明のみを表示します。

206

URLを対応付ける

ユーザーはWebブラウザーにURLを入力したりリンクをクリックしたりしてページをリクエストするので、プロジェクトに必要なURLを決める必要があります。最初はホームページのURLです。これは、ユーザーがこのプロジェクトにアクセスするときのベースURLとなります。現時点のベースURLであるhttp://localhost:8000/は、プロジェクトが正しくセットアップされたことを示すデフォルトのDjangoのサイトを返すようになっています。ベースURLを「学習ノート」のホームページに対応付けることでこれを変更します。

プロジェクトフォルダーll_projectの中にあるファイルurls.pyを開きます。次のようなコードが表示されます。

ll_project/urls.py
```
❶ from django.contrib import admin
  from django.urls import path

❷ urlpatterns = [
❸     path('admin/', admin.site.urls),
  ]
```

最初の2行でadminモジュールとURLパスを構築する関数をインポートしています❶。コードの本体部分では、変数urlpatternsを定義しています❷。このurls.pyファイルにプロジェクト全体としてのURLを定義します。urlpatterns変数には、プロジェクト内にあるアプリケーションの一連のURLが含まれます。リストにはモジュールadmin.site.urlsが含まれています❸。この中に、管理サイトでリクエストされるすべてのURLが定義されています。

ここにlearning_logsのURLを含める必要があります。次を追加してください。

```
from django.contrib import admin
from django.urls import path, include

urlpatterns = [
    path('admin/', admin.site.urls),
    path('', include('learning_logs.urls')),
]
```

include()関数をインポートし、learning_logs.urlsモジュールをインクルードする行を追加しました。

デフォルトのurls.pyはll_projectフォルダーの中にあります。ここでは、2つ目のurls.pyファイルをlearning_logsフォルダーの中に作る必要があります。urls.pyという名前の新しいPythonファイルを作成してlearning_logsフォルダーに保存し、次のコードを入力してください。

第**7**章　Django をはじめる

```
learning_logs/urls.py
❶    """learning_logsのURLパターンの定義"""

❷    from django.urls import path

❸    from . import views

❹    app_name = 'learning_logs'
❺    urlpatterns = [
          # ホームページ
❻        path('', views.index, name='index'),
      ]
```

　どのurls.pyで作業しているかを明確にするために、ファイルの先頭にdocstringを追加します❶。次に、URLをビューに対応付けるために必要なpath関数をインポートします❷。また、viewsモジュールをインポートします❸。ドット（.）は、現在のurls.pyモジュールと同じフォルダーからviews.pyモジュールをインポートするようにPythonに指示します。app_name変数は、プロジェクト内の他のアプリケーションにある同じ名前のファイルと、このurls.pyファイルをDjangoが区別できるようにします❹。このモジュールのurlpatterns変数の値は、learning_logsアプリケーションでリクエストを受けることができる個々のページの一覧です❺。

　URLパターンの実態は、3つの引数があるpath()関数の呼び出しです❻。第1引数は、現在のリクエストをDjangoが正しくルーティングするための文字列です。DjangoはリクエストURLを受け取り、このリクエストをビューにルーティングすることを試みます。これは、定義されたすべてのURLパターンの中から現在のリクエストに一致するものを見つけ出す探索処理です。Djangoは、プロジェクトのベースURL（http://localhost:8000/）を無視するので、結果的に空の文字列（''）はベースURLと一致します。他のどのURLもこのパターンと一致することはないでしょう。もしリクエストされたURLが、存在するどのURLパターンとも一致しなければ、Djangoはエラーページを返します。

　path()関数の第2引数は、views.pyでどの関数を呼び出すかを指定します❻。リクエストされたURLがここで定義しているパターンと一致すると、Djangoはindex()関数をviews.pyから呼び出します（次の項でこのビュー関数を作成します）。3番目の引数は、このURLパターンに対してindexという名前を指定し、コードの他の場所で参照できるようにします。ホームページへのリンクを記述したいときには、URLを記述する代わりにこの名前を使用します。

ビューを作成する

　ビュー関数はリクエストから情報を取得してページの生成に必要なデータを準備し、Webブラウザーにデータを返します。多くの場合、この処理はページの見え方を定義したテンプレートを使用して実行されます。

前節の「アプリケーションを開始する」でpython manage.py startappコマンドを実行したときに
learning_logsにファイルviews.pyが自動生成されました。次に示すのが自動生成されたviews.pyです。

```
views.py
from django.shortcuts import render

# Create your views here.
```

現状のこのファイルはrender()関数をインポートしているだけです。この関数は、ビューが提供するデータ
に基づいてレスポンスを描画（レンダリング）します。ビューのファイルを開き、ホームページ用に次のコード
を追加します。

```
from django.shortcuts import render

def index(request):
    """学習ノートのホームページ"""
    return render(request, 'learning_logs/index.html')
```

リクエストURLと定義したURLパターンが一致すると、Djangoはviews.pyファイルにあるindex()関数
を探します。次にDjangoはrequestオブジェクトをこのビュー関数に渡します。この場合、ページ向けの
データ処理は不要なので、関数の中のコードはrender()の呼び出しのみです。render()関数には、もとの
requestオブジェクトとページの生成に使用するテンプレートの2つの引数を指定します。このテンプレートを
作成しましょう。

■ テンプレートを作成する

テンプレートはページの見え方を決定します。Djangoはページがリクエストされるたびに関連するデータ
をテンプレートに埋め込みます。テンプレートを使用することで、ビューにより提供されるどんなデータにも
アクセスできます。ホームページ用のビューはデータを提供しないため、このテンプレートはかなりシンプル
です。

learning_logsフォルダーの中にtemplatesという名前で新しいフォルダーを作成します。さらに
templatesフォルダーの中にlearning_logsという名前でフォルダーを作成します。多少冗長に見えるかも
しれません（learning_logsフォルダーの中のtemplatesフォルダーの中にまたlearning_logsフォルダー
があります）が、これはプロジェクトが多数のアプリケーションを含んでいる大規模なものであってもDjango
がテンプレートを明確に解釈できる構造です。内側のlearning_logsフォルダーにindex.htmlという名前
で新しいファイルを作成します。ファイルへのパスはll_project/learning_logs/templates/learning_
logs/index.htmlとなります。このファイルに次のコードを入力します。

index.html
```
<p>学習ノート</p>

<p>学習ノートを使えば、好みのトピックについて学習していることを記録して、いつも最新の状態を把握できます。</p>
```

　これはとても単純なファイルです。HTMLに馴染みがない人のために説明すると、<p></p>タグは段落（paragraph）を表します。<p>タグは段落の開始を示し、</p>タグは段落の終わりを示します。ここにはタイトルと、「学習ノート」でユーザーができることを説明した2つの段落があります。

　プロジェクトのベースURLであるhttp://localhost:8000/をリクエストすると、今作成したページがDjangoのデフォルトページの代わりに表示されます。DjangoはリクエストされたURLを受け取り、このURLはパターン''と一致します。すると、Djangoはviews.index()関数を呼び出し、この関数はindex.htmlに含まれるテンプレートを用いてページをレンダリングします。**図7-3**は、この結果表示されるページです。

図7-3　「学習ノート」のホームページ

　1つのページを作成するにしては複雑なプロセスに感じるかもしれませんが、このようにURL、ビュー、テンプレートを分離することはとても機能的です。これらの3つを分離することにより、プロジェクトの各側面を個別に考えられるようになります。大規模プロジェクトにおいては、チーム内の各メンバーがもっとも強みを発揮できる分野に集中して作業できます。たとえばデータベースの専門家はモデルに、プログラマーはビューのコードに、フロントエンドのスペシャリストはテンプレートにそれぞれ集中して取り組むことができます。

NOTE　次のエラーメッセージが表示されることがあります。

```
ModuleNotFoundError: No module named 'learning_logs.urls'
```

この場合は、runserverコマンドを実行したターミナルウィンドウで Ctrl + C キーを押して開発サーバーを停止してください。その後、python manage.py runserver コマンドを再実行してください。ホームページが表示されるでしょう。このようなエラーが発生したときはどんな場合でも、まずサーバーを停止してから再起動してみてください。

やってみよう

7-5. 食事プランナー
一週間の食事を計画するのに役立つアプリケーションについて検討します。meal_plannerという名前で新しいフォルダーを作成し、このフォルダー内で新しいDjangoプロジェクトを開始します。次に、meal_plansという名前で新しいアプリケーションを作成します。このプロジェクトの簡単なホームページを作成します。

7-6. ピザ屋のホームページ
演習問題7-4（206ページ）で始めたPizzeriaプロジェクトにホームページを追加します。

追加のページを作成する

ページを作成する一連の手順を確立したので、「学習ノート」プロジェクトの構築を始められます。データを表示する2つのページを作成します。すべてのトピックを一覧表示するページと、特定のトピックに関連するすべての記事を表示するページです。それぞれのページにURLパターンを指定し、ビュー関数を作成し、テンプレートを記述します。しかし、作業を始める前に、プロジェクト内のすべてのテンプレートが継承するベーステンプレートを作成します。

テンプレートの継承

Webサイトを構築するときはたいてい、各ページに常に表示される要素がいくつかあります。これらの要素を各ページに直接書き込むのではなく、常に表示する要素を含んだベーステンプレートを作成し、各ページでこのベースを継承します。この手法を用いることで、各ページに固有の部分の開発に集中でき、プロジェクト全体の見た目や雰囲気を簡単に変更できます。

親テンプレート

index.htmlと同じフォルダーにbase.htmlという名前のテンプレートを作成します。このファイルには全ページに共通する要素を含めます。他のすべてのテンプレートはbase.htmlを継承します。現時点で全ページに繰り返し表示したい要素はページ先頭のタイトルだけです。このテンプレートはすべてのページに含まれるので、タイトルをホームページへのリンクにしましょう。

base.html
```
   <p>
❶    <a href="{% url 'learning_logs:index' %}">学習ノート</a>
   </p>

❷ {% block content %}{% endblock content %}
```

このファイルの最初の部分では、プロジェクト名を含む段落（<p>タグ）を作成します。この段落は、ホームページへのリンクの役割も果たします。リンクを生成するには、波カッコとパーセント記号{% %}で示される**テンプレートタグ**を使用します。テンプレートタグは、ページに表示する情報を生成します。ここでは、learning_logs/urls.pyに'index'という名前で定義されたURLパターンと一致するURLを、テンプレートタグ{% url 'learning_logs:index' %}で生成します❶。この例でlearning_logsは**名前空間**であり、indexは名前空間の中で一意な名前のURLパターンです。この名前空間は、learning_logs/urls.pyファイルのapp_nameに代入した値からとられています。

単純なHTMLページでは、リンクを**アンカータグ**<a>で囲みます。

```
<a href="link_url">リンクテキスト</a>
```

テンプレートタグを使用してURLを生成すると、リンクを最新の状態に保つことが容易になります。プロジェクト内のURLを変更するには、urls.pyに記述されたURLパターンを変更するだけで済みます。次にページがリクエストされたときには、Djangoが自動的に更新されたURLを挿入します。プロジェクト内のすべてのページはbase.htmlを継承するので、今後はすべてのページにホームページに戻るリンクが表示されます。

最後の行でblockタグのペアを挿入しています❷。contentという名前のこのブロックはプレースホルダーであり、子テンプレート側でcontentブロックに挿入する情報を定義します。

子テンプレートに親テンプレートのすべてのブロックを定義する必要はありません。親テンプレートには好きなだけブロックを作成して領域を用意しておき、子テンプレートでは必要なものだけを選択して利用できます。

> Pythonのコードは、通常インデントに4つのスペースを使用します。テンプレートファイルは、Pythonファイルよりも入れ子の階層が深くなりやすいので、インデントには通常2つのスペースを使用します。

子テンプレート

ここで、index.htmlがbase.htmlを継承するように書き変える必要があります。次のコードをindex.htmlに追加してください。

index.html

❶ `{% extends "learning_logs/base.html" %}`

❷ `{% block content %}`
   `<p>学習ノートを使えば、好みのトピックについて学習していることを記録して、`
   `   いつも最新の状態を把握できます。</p>`

❸ `{% endblock content %}`

これをもとのindex.htmlと比較すると、「学習ノート」というタイトルが親テンプレートから継承するコードに置き換わったことがわかります❶。継承する親テンプレートをDjangoに指示するために、子テンプレートの1行目には必ず`{% extends %}`タグを記述します。base.htmlファイルは`learning_logs`の一部なので、親テンプレートのパスに`learning_logs`を追加します。この行によってbase.htmlテンプレートに含まれているすべての内容を取り込み、`content`ブロックで予約された領域に表示する内容をindex.htmlが定義できるようになります。

`content`という名前の`{% block %}`タグを挿入し、コンテンツのブロックを定義します❷。親テンプレートから継承していない要素は、すべてこの`content`ブロックの中に入ります。ここでは、「学習ノート」プロジェクトを説明する段落がそれにあたります。`{% endblock content %}`タグを使用し、コンテンツ定義の完了を示します❸。`{% endblock %}`タグに名前の記述は必須ではありません。しかし複数のブロックを含む程度にテンプレートが大きくなった場合には、ブロックの終了を正しく把握するのに名前が役立ちます。

子テンプレートにはそのページに固有のコンテンツだけが含まれればよいので、テンプレートを継承する利点が理解できたと思います。この手法によって各テンプレートが単純になるだけでなく、サイトの変更がより簡単になります。多くのページに共通する要素を変更する際には、親テンプレートだけを変更すればよいのです。その変更は、親テンプレートを継承するすべてのページに反映されます。数十、数百ページを持つプロジェクトであっても、この構造によってサイトの改善をより簡単に素早く行えます。

 大規模プロジェクトでは、base.htmlという名前でサイト全体の親テンプレートを1つ作成し、サイトの主要なセクションごとに親テンプレートを持たせることが一般的です。全セクションのテンプレートはbase.htmlを継承し、サイト内の各ページはセクションのテンプレートを継承します。こうすることで、サイト全体、サイトの各セクション、個別のページごとに見た目を簡単に変更できます。この構成は非常に効率的な作業を可能にし、長期にわたって継続的にプロジェクトを更新する助けとなります。

第**7**章　Djangoをはじめる

■ トピック一覧ページ

効率的にページを作成する手法を把握したので、次の2つのページの作成に集中できます。トピックの一覧ページと、1つのトピック内の記事を表示するページです。トピック一覧ページは、ユーザーが作成したトピックをすべて表示します。このページは、データを扱う最初のページです。

トピック一覧のURLパターン

まずトピック一覧ページのURLを定義します。一般に、URLフラグメント（URLの末尾にあたる部分）にはページに表示する内容を反映した、単純なものを選択します。ここではtopicsという単語を採用し、http://localhost:8000/topics/というURLでトピック一覧ページを返します。learning_logs/urls.pyを次のように変更します。

```
learning_logs/urls.py
"""learning_logsのURLパターンの定義."""
--省略--
urlpatterns = [
    # ホームページ
    path('', views.index, name='index'),
    # すべてのトピックを表示するページ
    path('topics/', views.topics, name='topics'),
]
```

新しいURLパターンはtopicsという語の最後にスラッシュ（/）を追加したものです。DjangoがリクエストURLを調べると、この場合はベースURLのあとにtopicsがついているURLに一致します。最後のスラッシュは含めることも省略することもできますが、topicsという単語の後ろには何も指定しないでください。URLが一致しなくなります。このURLパターンに一致するURLのリクエストは、views.pyのtopics()関数に渡されます。

トピック一覧のビュー

topics()関数はデータベースのデータを取得し、テンプレートに送信します。views.pyに次のように追加します。

```
views.py
from django.shortcuts import render

from .models import Topic

def index(request):
```

214

```
        --省略--

❷   def topics(request):
        """すべてのトピックを表示する"""
❸       topics = Topic.objects.order_by('date_added')
❹       context = {'topics': topics}
❺       return render(request, 'learning_logs/topics.html', context)
```

はじめに、必要とするデータに関連付けられたモデルをインポートします❶。topics()関数には、Django
がサーバーから受け取ったrequestオブジェクトという1つの引数が必要です❷。データベースからdate_
added属性でソートされたTopicオブジェクトを検索するクエリーを実行します❸。結果のクエリーセットを
topicsに代入します。

テンプレートに送信するコンテキストを定義します❹。**コンテキスト**（context）は辞書で、データにアクセス
するためにテンプレートで使用する名前をキーとし、テンプレートに送信するデータを値として持っています。
この場合は、1つのキーと値のペアがあり、ページに表示するトピックの一覧が含まれています。データを利
用するページを作成するには、render()関数を呼び出します。引数にはrequestオブジェクトと使用したいテ
ンプレート、さらにcontext辞書を指定します❺。

トピック一覧のテンプレート

トピック一覧ページのテンプレートは、topics()関数が提供するデータを利用するために辞書contextを受
け取ります。index.htmlと同じフォルダーにtopics.htmlというファイルを作成します。テンプレートにトピッ
クの一覧を表示するには次のように書きます。

topics.html

```
{% extends 'learning_logs/base.html' %}

{% block content %}

  <p>トピック一覧</p>

❶   <ul>
❷     {% for topic in topics %}
❸       <li>{{ topic.text }}</li>
❹     {% empty %}
        <li>トピックはまだ作成されていません。</li>
❺     {% endfor %}
❻   </ul>

{% endblock content %}
```

ホームページと同様に{% extends %}タグを使用してbase.htmlを継承します。続いてcontentブロックに入ります。このページの本体は、入力されたトピックの箇条書きのリストになります。標準的なHTMLで箇条書きは**順序なしリスト**（unordered list）と呼ばれ、<ul></ul>タグで指定されます。開始タグ<ul>からトピックの箇条書きリストが始まります❶。

次にforループに相当するテンプレートタグを記述します。このテンプレートタグにより辞書contextから取得したtopicsのリストをループします❷。テンプレートで使用するコードは、いくつか重要な点でPythonのコードと異なります。Pythonはインデントを使用してfor文のループする範囲を示します。テンプレートでは、forループに対して明示的に{% endfor %}タグを記述してループの終了位置を指定します。テンプレートでのループの書き方は次のようになります。

```
{% for item in list %}
    それぞれのitemに対する処理
{% endfor %}
```

ループの内側では、各トピックを箇条書きの項目に変換する必要があります。テンプレートの中で変数を出力するには、変数名を二重波カッコで囲みます。波カッコはページに表示されず、Djangoに対してテンプレート変数を使用していることを伝えます。そのため{{ topic.text }}というコードは、ループで通るたびに現在のトピックのtext属性の値で置き換えられます❸。HTMLタグ<li></li>はリストの項目を示します。<ul></ul>タグの内側で<li></li>タグの間にあるものは、箇条書きの項目として表示されます。

ここでは{% empty %}テンプレートタグも使用しています❹。このタグは、リスト内に項目が何もない場合にどうするかをDjangoに指示します。この例では、ユーザーに対してまだ何もトピックが作成されていない旨を伝えるメッセージを出力します。最後の2行でforループを閉じ❺、次に箇条書きを閉じます❻。

ここでベーステンプレートを変更し、トピック一覧ページへのリンクを追加します。次のコードをbase.htmlに追加します。

base.html

```
    <p>
❶    <a href="{% url 'learning_logs:index' %}">学習ノート</a> -
❷    <a href="{% url 'learning_logs:topics' %}">トピック一覧</a>
    </p>

    {% block content %}{% endblock content %}
```

ホームページへのリンクの後ろにダッシュ（-）を追加します❶。その後ろに再度{% url %}テンプレートタグを使用してトピック一覧ページへのリンクを追加します❷。この行は、learning_logs/urls.pyの'topics'という名前のURLパターンと一致するリンクを生成するようにDjangoに指示します。

Webブラウザーでホームページを再表示すると、「トピック一覧」のリンクが表示されます。リンクをクリックすると、**図7-4**のようなページが表示されます。

図7-4 トピック一覧ページ

個別トピックのページ

続いて、単一のトピックについてトピック名とトピックのすべての記事を表示するページを作成する必要があります。新しいURLパターンを定義し、ビューを作成し、テンプレートを作成します。また、トピック一覧ページを修正し、箇条書きの各項目から対応する個別トピックのページにリンクするようにします。

トピックのURLパターン

個別トピックページのURLパターンは、これまでの他のページと異なります。URLパターンにトピックのid属性を使用し、どのトピックがリクエストされたかを示します。たとえばユーザーがトピック「チェス」（idが1）の詳細ページを見たい場合、URLはhttp://localhost:8000/topics/1/となります。このURLにマッチするパターンは次のとおりです。これをlearning_logs/urls.pyに記述します。

```
learning_logs/urls.py
--省略--
urlpatterns = [
    --省略--
```

```
    # 個別トピックの詳細ページ
    path('topics/<int:topic_id>/', views.topic, name='topic'),
]
```

このURLパターンの文字列'topics/<int:topic_id>/'を調べてみましょう。文字列の最初の部分はベースURLの後ろにtopicsという語があるURLを探すようにDjangoに指示します。文字列の2番目の部分/<int:topic_id>/は、2つのスラッシュの間の整数にマッチし、さらにその整数の値をtopic_idという名前の引数に代入します。

DjangoはこのURLパターンと一致するURLを見つけ出すと、topic_id引数に値を代入してビュー関数topic()を呼び出します。topic_idの値を使用し、関数の中で適切なトピックを取得します。

トピックのビュー

topic()関数は、指定されたトピックとそれに関連付けられたすべての記事をデータベースから取得する必要があります。これは、先ほどDjangoシェルで行ったことと同様です。

views.py

```
--省略--
❶ def topic(request, topic_id):
      """1つのトピックとそれについてのすべての記事を表示"""
❷     topic = Topic.objects.get(id=topic_id)
❸     entries = topic.entry_set.order_by('-date_added')
❹     context = {'topic': topic, 'entries': entries}
❺     return render(request, 'learning_logs/topic.html', context)
```

ここではじめてrequestオブジェクト以外の引数を必要とするビュー関数が出てきました。この関数は、/<int:topic_id>/で取得した値を受け取り、topic_idに代入します❶。次に、指定されたトピックを取得するためにget()を使用します❷。これはDjangoシェルで実行したのと同じものです。続いて、このトピックに関連付けられたすべての記事を取得し、date_addedでソートします❸。date_addedにあるマイナス記号によって検索結果を逆順でソートし、新しいものが上になるように記事を表示します。トピックと全記事を辞書contextに格納します❹。requestオブジェクトとtopic.htmlテンプレート、さらに辞書contextを引数としてrender()関数を呼び出します❺。

 ❷と❸にあるようなコードは、特定の情報をデータベースに照会（query）することから**クエリー**と呼ばれます。プロジェクトでこういったクエリーを書くときには、まずDjangoシェルでクエリーを試してみるのが有効です。Djangoシェルを使えば、ビューやテンプレートにクエリーを書いてWebブラウザーで確認するよりもずっと早く結果が得られます。

トピックのテンプレート

トピックのテンプレートには、トピックの名前と記事を表示する必要があります。また、このトピックに対して記事が作成されていない場合には、そのことをユーザーに通知します。

topic.html

```
{% extends 'learning_logs/base.html' %}

{% block content %}

❶  <p>トピック: {{ topic.text }}</p>

    <p>記事:</p>
❷  <ul>
❸    {% for entry in entries %}
      <li>
❹      <p>{{ entry.date_added|date:'Y年m月d日 H:i' }}</p>
❺      <p>{{ entry.text|linebreaks }}</p>
      </li>
❻    {% empty %}
      <li>このトピックにはまだ記事がありません。</li>
    {% endfor %}
  </ul>

{% endblock content %}
```

プロジェクト内のすべてのページと同様に、base.htmlを継承します。次に、現在選択されているトピックのtext属性を表示します❶。変数topicは、辞書contextに含まれているのでここで利用できます。続いて、各記事を表示するために箇条書きを開始します❷。前出のトピック一覧と同じように記事をループします❸。

箇条書きの各項目には、各記事の作成日時とテキストの全文という2つの情報が含まれます。作成日時には、date_added属性の値を表示します❹。Djangoのテンプレートで垂直線（|）はテンプレートの**フィルター**、すなわち表示処理の間にテンプレート変数の値を変更する関数を意味します。date:'Y年m月d日 H:i'というフィルターを指定すると、作成日時を **2022年01月01日23:00** という形式で表示します。次の行には現在の記事のtext属性の値を表示します。linebreaksフィルターは、改行を含む長い文章をWebブラウザーが正しく表示できる形に変換します❺。これにより、区切りなしの文章がそのまま表示されることを避けられます。ここでもテンプレートタグ{% empty %}を使用し、記事が作成されていないことをユーザーに伝えるメッセージを出力します❻。

トピック一覧ページからリンクする

個別トピックのページをWebブラウザーで表示する前に、トピック一覧ページのテンプレートを変更して各トピックが適切なページにリンクするようにします。topics.htmlで必要な変更は次のとおりです。

```
topics.html
--省略--
    {% for topic in topics %}
      <li>
        <a href="{% url 'learning_logs:topic' topic.id %}">
          {{ topic.text }}</a>
      </li>
    {% empty %}
--省略--
```

learning_logsアプリケーションの中の'topic'という名前のURLパターンに基づく適切なリンクをURLテンプレートタグを使用して生成します。このURLパターンは引数にtopic_idが必要なので、topic.id属性をURLテンプレートタグに追加します。これで、トピック一覧の各トピックからhttp://localhost:8000/topics/1/のような個別トピックページへのリンクを作成できます。

トピック一覧ページを再読み込みしてからトピックをクリックすると、**図7-5**のようなページが表示されます。

 topic.idとtopic_idの間にはわずかですが重要な違いがあります。topic.idという表現は、あるトピックを調べて対応するIDを取得します。変数topic_idはコード内におけるそのIDへの参照です。IDの操作でエラーが発生したら、これらの表現が適切に使われているかを確認してください。

追加のページを作成する

図7-5 トピック内のすべての記事を表示している個別トピックページ

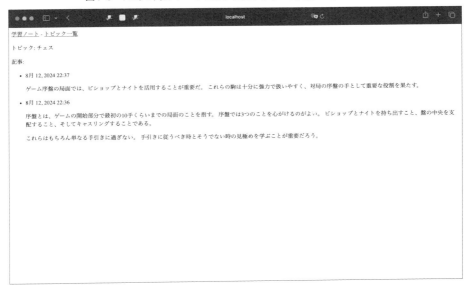

やってみよう

7-7. テンプレートのドキュメント
Djangoテンプレートのドキュメント (https://docs.djangoproject.com/en/4.1/ref/templates/) を見てください。自分のプロジェクトで作業するときに参照できます。

> **訳注**
>
> Djangoテンプレートの日本語ドキュメントは、次のURLで参照できます。
> https://docs.djangoproject.com/ja/4.1/ref/templates/

7-8. ピザ屋のページ
演習問題7-6 (211ページ) のPizzeriaプロジェクトに、お店にあるピザの名前を表示するページを追加します。次に、それぞれのピザの名前からそのピザのトッピングを表示するページにリンクします。テンプレートの継承を使用し、効率よくページを作成します。

まとめ

この章では、次のことについて学びました。

- Djangoフレームワークを使ったWebアプリケーション構築の基本
- プロジェクトの仕様書を読み、仮想環境にDjangoをインストールしてプロジェクトをセットアップし、プロジェクトが正しく設定されていることを確認する方法
- Djangoアプリケーションのセットアップとアプリケーションでデータを扱うためのモデルを定義する方法
- データベースの基本と、Djangoでモデルを変更したあとでデータベースをマイグレーションする方法
- Django管理サイトのスーパーユーザーの作成と、管理サイトを使用して初期データを入力する方法

また、次の内容についても学びました。

- Djangoシェルを使ってターミナルからプロジェクトのデータを操作する方法
- ページを作成するための3つの段階：URLの定義、ビュー関数の作成、テンプレートの作成
- テンプレートの継承を使用し、個別テンプレートの構造をシンプルに保ち、プロジェクトの進行に伴うサイトの変更を容易にする方法

第8章では、直感的でユーザーフレンドリーなページを作成し、管理サイトを使用せずにユーザーが新たなトピックや記事を追加したり既存の記事を編集したりできるようにします。また、ユーザー登録の仕組みを追加し、ユーザーがアカウントを作成して自分用の「学習ノート」を作成できるようにします。これはWebアプリケーションの核心部分であり、この仕組みによって多数のユーザーが対話的に何かを作り出せるようになります。

第8章

ユーザーアカウント

第8章　ユーザーアカウント

Webアプリケーションの核心は、世界中のユーザーが誰でもアカウントを登録してアプリケーションを使いはじめられるということです。この章では、入力フォームを作成し、ユーザーが自分のトピックと記事を作成したり既存の記事を編集したりできるようにします。また、フォームのあるサイトへの一般的な攻撃にDjangoがどう対処するかを学びます。その対処によってアプリケーションのセキュリティ対策に多くの時間を費やす必要がなくなります。

ユーザー認証システムの実装も行います。ユーザーがアカウントを作成するための登録ページを作成し、特定ページへのアクセスをログインユーザーのみに制限します。いくつかのビュー関数を変更し、ユーザーが自分のデータだけを閲覧できるようにします。ユーザーのデータの安全性を保つ方法を学びます。

ユーザーがデータを入力できるようにする

　アカウント作成の認証システムを構築する前に、まずユーザーが自分のデータを入力するページを作成します。ユーザーが新規のトピックや記事を作成したり既存の記事を編集したりできるようにします。

　現時点では、スーパーユーザーだけが管理サイトでデータを入力できます。一般のユーザーは管理サイトを使えないように、Djangoのフォーム作成ツールを使用して一般ユーザーがデータを入力できるページを作成します。

◤ 新しいトピックを追加する

　ユーザーが新しいトピックを追加できるようにするところから始めましょう。これまでに作成したページとほとんど同じ方法でフォームを使用したページを追加できます。URLを定義し、ビュー関数を作成し、テンプレートを作成します。1つの重要な違いは、forms.pyという新しいモジュールを追加することです。このモジュールにフォームが含まれています。

トピックのModelForm

　ユーザーが情報を入力して送信するWebページはどれも、**フォーム**（form）と呼ばれるHTML要素を含んでいます。ユーザーが情報を入力するときには入力された情報について**バリデーション**を行い、データの種類が正しいか、サーバーの停止につながるコードなど悪意のあるデータではないかを検証する必要があります。そ

して、有効な情報を処理し、データベース上の適切な場所に格納します。Djangoはこれらの作業の多くを自動化してくれます。

Djangoでフォームを作成するもっとも簡単な方法は**ModelForm**を使用することです。ModelFormは、**第7章**で定義したモデルの情報から自動的にフォームを生成します。最初のフォームをforms.pyというファイルに記述します。ファイルはmodels.pyと同じフォルダーに作成してください。

forms.py

```
from django import forms

from .models import Topic

❶ class TopicForm(forms.ModelForm):
    class Meta:
❷       model = Topic
❸       fields = ['text']
❹       labels = {'text': ''}
```

まず、formsモジュールと作業対象のモデルTopicをインポートします。forms.ModelFormを継承したTopicFormというクラスを定義します❶。

もっともシンプルなModelFormは、入れ子になったMetaクラスで構成されます。そのクラスでは、どのモデルをもとにフォームを作成するか、どのフィールドをフォームに含めるかをDjangoに指示します。ここでは、Topicモデルからフォームを作成し❷、textフィールドだけを取り込むことを指定しています❸。labels辞書の空白文字列は、textフィールドにラベルを生成しないようDjangoに指示します❹。

新規トピック追加ページのURL

新規トピックを追加するページのURLは、短くてわかりやすいものがよいでしょう。そこで、ユーザーが新しい（new）トピック（topic）を追加するURLとしてhttp://localhost:8000/new_topic/を使用します。learning_logs/urls.pyに追加するnew_topicページのURLパターンは次のとおりです。

learning_logs/urls.py

```
--省略--
urlpatterns = [
    --省略--
    # 新規トピックの追加ページ
    path('new_topic/', views.new_topic, name='new_topic'),
]
```

第8章 ユーザーアカウント

このURLパターンにより、ビュー関数new_topic()にリクエストが送信されます。ではnew_topic()を作成します。

new_topic()ビュー関数

new_topic()関数は、2種類の状況に対処する必要があります。new_topicページへの初回のリクエスト（この場合は空のフォームを表示します）とフォームから送信されたデータの処理の2つです。フォームから送信されたデータを処理したあとに、ユーザーをtopicsページに転送（リダイレクト）する必要もあります。

```
views.py
from django.shortcuts import render, redirect

from .models import Topic
from .forms import TopicForm

--省略--
def new_topic(request):
    """新規トピックを追加する"""
❶    if request.method != 'POST':
        # データは送信されていないので空のフォームを生成する
❷        form = TopicForm()
    else:
        # POSTでデータが送信されたのでこれを処理する
❸        form = TopicForm(data=request.POST)
❹        if form.is_valid():
❺            form.save()
❻            return redirect('learning_logs:topics')

    # 空または無効のフォームを表示する
❼    context = {'form': form}
    return render(request, 'learning_logs/new_topic.html', context)
```

トピック送信後にユーザーをtopicsページにリダイレクトするために、関数redirectをインポートします。また、先ほど作成したフォームTopicFormをインポートします。

GETリクエストとPOSTリクエスト

アプリケーションを構築する際に利用される主要なリクエストには、GETとPOSTの2種類があります。サーバーからのデータを読み取るだけのページには**GET**リクエストを使用します。ユーザーがフォームを通じて何らかの情報を送信する場合は、通常**POST**リクエストを使用します。本書では、すべてのフォームの処理でPOSTメソッドを指定します（リクエストには他にもいくつか種類がありますが、このプロジェクトでは使用しません）。

226

new_topic()関数はリクエストオブジェクトを引数として受け取ります。ユーザーが最初にこのページをリクエストするとき、WebブラウザーはGETリクエストを送信します。ユーザーが入力したフォームを送信するとき、WebブラウザーはPOSTリクエストを送信します。リクエストの種類によって、ユーザーからの要求が空のフォームの表示（GET）なのか、入力済みのフォームの処理（POST）なのかを判別できます。

if文でリクエストのメソッドがGETかPOSTかを判別します❶。リクエストメソッドがPOSTでない場合、リクエストはおそらくGETと考えられるので空のフォームを返す必要があります（別の種類のリクエストだとしても空のフォームを返しておけば安全です）。TopicFormのインスタンスを生成してform変数に代入します❷。このフォームをコンテキストの辞書に設定してテンプレートに渡します❼。TopicFormをインスタンス化する際に引数を指定していないため、Djangoはユーザーが入力できる空のフォームを生成します。

リクエストされたメソッドがPOSTの場合はelseブロックが実行され、フォームから送信されたデータが処理されます。TopicFormのインスタンスを生成するときに、request.POSTに代入されているユーザーの入力データを渡します❸。ここで返されるformオブジェクトには、ユーザーが送信した情報が含まれます。

送信された情報が有効（valid）であることを確認するまで、データベースには保存できません❹。必須の入力フィールドの値はすべて存在するか（デフォルトではフォーム内のすべてのフィールドが必須です）、入力されたデータはフィールドの種類に対して適切か（たとえば**第7章**のmodels.pyで指定したようにテキストの長さが200文字以内かなど）をis_valid()メソッドによってチェックします。このような自動的なバリデーション処理により、多くの作業を省くことができます。入力がすべて有効であればsave()を呼び出し、フォームのデータをデータベースに書き込みます❺。

データを保存したらこのページを離れます。redirect()関数はビューの名前を受け取り、ユーザーをそのビューに関連付けられたページにリダイレクトします。ここではredirect()を使用してWebブラウザーをトピック一覧ページにリダイレクトします❻。トピックのリストには今入力したトピックが表示されます。

ビュー関数の最後にはcontext変数を定義します。そして次に作成するテンプレートnew_topic.htmlを使用してページを表示します。このコードはifブロックの外に配置されています。この部分が実行されるのは、空のフォームが生成されたときと送信されたフォームが無効と判断されたときだけです。フォームが無効の場合には、ユーザーが正しいデータを送信できるようにデフォルトのエラーメッセージが表示されます。

new_topicのテンプレート

new_topic.htmlという新しいテンプレートを作成し、今作成したフォームを表示します。

new_topic.html

```
{% extends "learning_logs/base.html" %}

{% block content %}
  <p>新規トピックを追加:</p>
```

第8章　ユーザーアカウント

```
❶    <form action="{% url 'learning_logs:new_topic' %}" method='post'>
❷      {% csrf_token %}
❸      {{ form.as_div }}
❹      <button name="submit">トピックを追加</button>
    </form>

  {% endblock content %}
```

　このテンプレートはbase.htmlを継承するので、基本的な構造は学習ノートの他のテンプレートと同じです。<form></form>タグを使用してHTMLのフォームを定義します❶。action属性は、フォームのデータを送信する先をWebブラウザーに指示します。この場合は、ビュー関数new_topic()にデータを送り返します。method属性は、データをPOSTリクエストで送信するようにWebブラウザーに指示します。

　Djangoは、テンプレートタグ{% csrf_token %}を使用して、攻撃者がフォームを利用してサーバーに不正にアクセスすることを防ぎます❷（この種の攻撃は**クロスサイトリクエストフォージェリ**と呼ばれます）。次に、フォームを表示します。ここで、フォームの表示のような特定のタスクをDjangoがいかに簡単にしてくれるかがわかります。テンプレート変数{{ form.as_div }}を記述するだけで、Djangoはフォームの表示に必要なすべてのフィールドを自動的に生成します❸。出力オプションのas_divは、すべてのフォームの要素をHTMLの<div></div>タグで囲むようにDjangoに指示します。このオプションにより、フォームを簡単にきれいに表示できます。

　Djangoは送信ボタンを自動生成しませんので、フォームタグを閉じる前にボタンを定義します❹。

new_topicページにリンクする

　次に、トピック一覧ページにnew_topicページへのリンクを追加します。

topics.html
```
{% extends "learning_logs/base.html" %}

{% block content %}

  <p>トピック一覧</p>

  <ul>
    --省略--
  </ul>

  <a href="{% url 'learning_logs:new_topic' %}">新規トピックを追加</a>

{% endblock content %}
```

既存のトピック一覧の下にリンクを配置します。図8-1が作成されたフォームです。new_topicページのリンクをクリックし、このフォームを使用して新しいトピックを追加してください。

図8-1　新規トピックの追加ページ

新しい記事を追加する

新しいトピックを追加できるようになったので、新しい記事も追加できるようにします。再度URLを定義し、ビュー関数とテンプレートを作成し、ページへのリンクを追加します。まずはforms.pyに別のクラスを追加しましょう。

記事のModelForm

Entryモデルに関連付けられたフォームを作成しましょう。今度はTopicFormよりも少しカスタマイズが必要です。

forms.py
```
from django import forms

from .models import Topic, Entry

class TopicForm(forms.ModelForm):
    --省略--
```

第**8**章　ユーザーアカウント

```
   class EntryForm(forms.ModelForm):
       class Meta:
           model = Entry
           fields = ['text']
❶         labels = {'text': ''}
❷         widgets = {'text': forms.Textarea(attrs={'cols': 80})}
```

　Topicに加えてEntryもインポートするようにimport文を更新します。forms.ModelFormを継承した
EntryFormという名前の新しいクラスを作成します。EntryFormクラスは入れ子のMetaクラスを持ち、その中
でもととなるモデルとフォームに含めるフィールドを指定します。ここでも'text'フィールドのラベルは空白に
しています❶。

　EntryFormにwidgets属性を追加します❷。**ウィジェット**（widget）はHTMLフォームの要素です。たとえ
ば1行のテキストボックス、複数行のテキストエリア、ドロップダウンリストなどがこれにあたります。widgets
属性を指定することで、Djangoがデフォルトで選択するウィジェットを上書きできます。ここではforms.
Textarea要素を使用し、デフォルトの40文字分ではなく80文字分の幅となるようDjangoに指示していま
す。これでユーザーが意味のある記事を書くのに十分な幅を確保できます。

新規記事追加ページのURL

　新しい記事は特定のトピックに関連付ける必要があるため、新しい記事（new entry）を追加するページの
URLには引数topic_idを含める必要があります。learning_logs/urls.pyに追加するURLは次のとおりです。

```
learning_logs/urls.py
--省略--
urlpatterns = [
    --省略--
    # 新規記事の追加ページ
    path('new_entry/<int:topic_id>/', views.new_entry, name='new_entry'),
]
```

　このURLパターンは、http://localhost:8000/new_entry/*id*/という形式のどのURLともマッチします。
*id*の部分には、トピックのIDと一致する数字が入ります。コード<int:topic_id>は数値を取得して変数
topic_idに代入します。このパターンにマッチするURLがリクエストされると、Djangoはリクエストとトピッ
クのIDをビュー関数new_entry()に渡します。

230

new_entry()ビュー関数

new_entryページのビュー関数は、新規トピックを追加する関数とよく似ています。views.pyファイルに次のコードを追加します。

views.py

```python
from django.shortcuts import render, redirect

from .models import Topic
from .forms import TopicForm, EntryForm

--省略--
def new_entry(request, topic_id):
    """特定のトピックに新規記事を追加する"""
❶    topic = Topic.objects.get(id=topic_id)

❷    if request.method != 'POST':
        # データは送信されていないので空のフォームを生成する
❸        form = EntryForm()
    else:
        # POSTでデータが送信されたのでこれを処理する
❹        form = EntryForm(data=request.POST)
        if form.is_valid():
❺            new_entry = form.save(commit=False)
❻            new_entry.topic = topic
            new_entry.save()
❼            return redirect('learning_logs:topic', topic_id=topic_id)

    # 空または無効のフォームを表示する
    context = {'topic': topic, 'form': form}
    return render(request, 'learning_logs/new_entry.html', context)
```

import文を修正し、先ほど作成したEntryFormを追加します。new_entry()関数の定義には、URLから受け取る値を格納するためのtopic_id引数があります。ページの表示とフォームデータの処理にトピックが必要なので、topic_idを使用して適切なトピックオブジェクトを取得します❶。

リクエストメソッドがPOSTかGETかを確認します❷。リクエストがGETであればifブロックが実行され、EntryFormの空のインスタンスが生成されます❸。

次に、リクエストメソッドがPOSTであれば、EntryFormインスタンスを生成する際にリクエストオブジェクトからPOSTデータを取り込みます❹。フォームのバリデーションを行います。フォームで送信されたデータが有効な場合は、記事オブジェクトのトピック属性を設定してからデータベースに保存します。save()を呼び出す際に引数commit=Falseを指定します❺。この引数は、新しい記事オブジェクトを生成してnew_entryに

231

代入するがデータベースにはまだ保存しない、という動作をDjangoに指示します。new_entryのtopic属性には、この関数のはじめの部分でデータベースから取得したトピックを設定します❻。続いて引数なしでsave()を呼び出し、適切なトピックと関連付けた記事をデータベースに保存します。

redirect()関数の呼び出しには、リダイレクト先のビューの名前とそのビュー関数に必要な引数という2つの引数が必要です❼。ここではtopic()にリダイレクトし、引数にtopic_idを指定しています。続いてこのビューは、ユーザーが作成した記事が紐付く個別トピックページを表示します。個別トピックページには新たに作成した記事が追加されています。

関数の最後でcontext辞書を作成し、new_entry.htmlテンプレートを使ってページを表示します。このコードは、フォームが空の場合またはフォームから送信された値が無効の場合に実行されます。

new_entryのテンプレート

次のコードからわかるように、new_entryのテンプレートはnew_topicのテンプレートと似ています。

new_entry.html

```
{% extends "learning_logs/base.html" %}

{% block content %}

❶  <p><a href="{% url 'learning_logs:topic' topic.id %}">{{ topic }}</a></p>

    <p>新しい記事を追加:</p>
❷  <form action="{% url 'learning_logs:new_entry' topic.id %}" method='post'>
      {% csrf_token %}
      {{ form.as_div }}
      <button name='submit'>記事を追加</button>
    </form>

{% endblock content %}
```

トピック名をページ上部に表示し、ユーザーが記事を追加する対象のトピックを確認できるようにします❶。トピックの表示は、そのトピックのメインページに戻るリンクとしても機能します。

フォームのaction属性でURLにtopic.idの値が含まれているため、ビュー関数は新しい記事を正しいトピックに関連付けることができます❷。それ以外の点でこのテンプレートはnew_topic.htmlとほぼ同じです。

new_entryページにリンクする

次に、各個別トピックページからnew_entryページへのリンクを、トピックのテンプレート内に追加する必要があります。

topic.html

```
{% extends "learning_logs/base.html" %}

{% block content %}

  <p>トピック: {{ topic }}</p>

  <p>記事:</p>
  <p>
    <a href="{% url 'learning_logs:new_entry' topic.id %}">新しい記事を追加</a>
  </p>

  <ul>
    --省略--
  </ul>

{% endblock content %}
```

　このページでもっともよく行う操作は記事の追加と考えられるので、記事の一覧表示の直前にリンクを配置します。new_entryページは**図8-2**のようになります。これでユーザーは、新しいトピックを追加して各トピックについて好きなだけ記事を作成できます。new_entryページを使用し、作成したトピックに関する記事をいくつか書いてみてください。

図8-2　new_entryページ

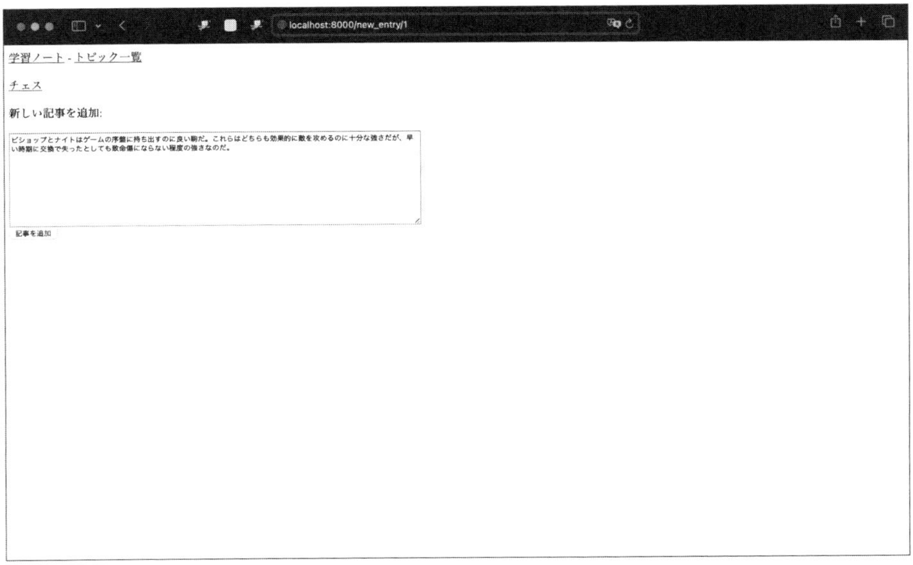

第**8**章　ユーザーアカウント

記事を編集する

次に、ユーザーが追加した記事（entry）を編集する（edit）ためのページを作成しましょう。

記事編集ページのURL

ページのURLには、編集対象となる記事のIDを渡す必要があります。learning_logs/urls.pyは次のようになります。

```
urls.py
--省略--
urlpatterns = [
    --省略--
    # 記事の編集ページ
    path('edit_entry/<int:entry_id>/', views.edit_entry, name='edit_entry'),
]
```

このURLパターンはhttp://localhost:8000/edit_entry/id/のようなURLと一致します。ここでは*id*の値がパラメーター entry_idに代入されます。Djangoは、このフォーマットに一致するリクエストをビュー関数edit_entry()に渡します。

edit_entry()ビュー関数

edit_entryページがGETリクエストを受け取った場合、edit_entry()関数は記事を編集するためのフォームを返します。修正された記事のテキストをPOSTリクエストで受け取った場合、この関数は変更されたテキストをデータベースに保存します。

```
views.py
from django.shortcuts import render, redirect

from .models import Topic, Entry
from .forms import TopicForm, EntryForm
--省略--

def edit_entry(request, entry_id):
    """既存の記事を編集する"""
❶  entry = Entry.objects.get(id=entry_id)
    topic = entry.topic

    if request.method != 'POST':
        # 初回リクエスト時は現在の記事の内容がフォームに埋め込まれている
```

234

ユーザーがデータを入力できるようにする

```
❷          form = EntryForm(instance=entry)
       else:
           # POSTでデータが送信されたのでこれを処理する
❸          form = EntryForm(instance=entry, data=request.POST)
           if form.is_valid():
❹              form.save()
❺              return redirect('learning_logs:topic', topic_id=topic.id)

       context = {'entry': entry, 'topic': topic, 'form': form}
       return render(request, 'learning_logs/edit_entry.html', context)
```

まずEntryモデルをインポートします。次に、ユーザーが編集する記事のオブジェクトとその記事に関連するトピックを取得します❶。GETリクエストのときに実行されるifブロックでは、instance=entryを引数に指定してEntryFormのインスタンスを生成します❷。この引数を指定すると、Djangoは既存の記事オブジェクトの情報が入力されたフォームを生成します。ユーザーに既存のデータが表示され、ユーザーはそれを編集できます。

POSTリクエストの場合は、引数としてinstance=entryとdata=request.POSTの両方を渡します❸。これらの引数によりDjangoは、既存の記事オブジェクトに関連する情報に基づいてフォームのインスタンスを生成し、そのインスタンスをrequest.POSTにあるデータで更新します。次にフォームのバリデーションを行い、結果が有効であればsave()を引数なしで呼び出します。これは、記事がすでに正しいトピックと関連付けられているからです❹。そして個別トピックページにリダイレクトします。個別トピックページにはユーザーが編集した記事が最新の状態で表示されます❺。

記事の編集のために初期状態のフォームを表示する場合と送信されたフォームが無効な場合には、コンテキストの辞書を作成し、edit_entry.htmlテンプレートを使用してページを表示します。

edit_entryのテンプレート

次に、edit_entry.htmlを作成します。これはnew_entry.htmlとよく似ています。

edit_entry.html

```
{% extends "learning_logs/base.html" %}

{% block content %}

  <p><a href="{% url 'learning_logs:topic' topic.id %}">{{ topic }}</a></p>

  <p>記事を編集:</p>

❶  <form action="{% url 'learning_logs:edit_entry' entry.id %}" method='post'>
    {% csrf_token %}
```

235

```
        {{ form.as_div }}
❷       <button name="submit">記事を更新</button>
     </form>

  {% endblock content %}
```

　action属性の指定により、フォームの内容をedit_entry()関数に送信して処理します❶。{% url %}タグの中に記事のIDが引数として含まれているため、ビュー関数は適切な記事オブジェクトを変更できます。送信ボタンのラベルを「記事を更新」に変更し、新規の記事を作成するのではなく既存の記事を編集して保存することをユーザーに伝えます❷。

edit_entryページにリンクする

　次に、個別トピックページの各記事にedit_entryページへのリンクを追加します。

topic.html

```
--省略--
  {% for entry in entries %}
    <li>
      <p>{{ entry.date_added|date:'Y年m月d日 H:i' }}</p>
      <p>{{ entry.text|linebreaks }}</p>
      <p>
        <a href="{% url 'learning_logs:edit_entry' entry.id %}">記事を編集</a>
      </p>
    </li>
--省略--
```

　各記事の日付とテキストの後ろに編集リンクを追加します。{% url %}テンプレートタグを使用し、edit_entryのURLパターンと、ループ内における現在の記事のID属性（entry.id）からURLを決定します。リンク用のテキスト「記事を編集」がページ内の各記事の下に表示されます。編集用リンクを含んだ個別トピックページの表示は**図8-3**のようになります。

図 8-3　各記事に編集用のリンクがついた

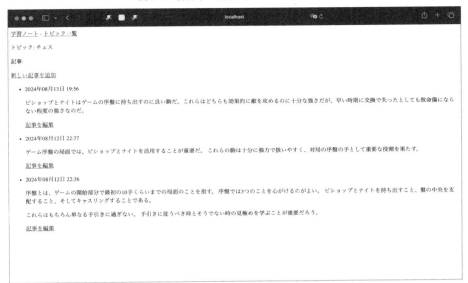

　これで、学習ノートのほとんどの機能を実装できました。ユーザーは、トピックと記事を追加でき、どんな記事でも好きなだけ読むことができます。次の節では、ユーザー登録のシステムを実装し、誰もが学習ノートにアカウントを作成して自分用のトピックと記事を作成できるようにします。

やってみよう

8-1. ブログ
Blogという名前で新しいDjangoプロジェクトを開始します。blogsというアプリケーションを作成し、ブログ全体を表現するモデルと、個々のブログ記事を表現するモデルを作成します。それぞれのモデルに適切なフィールドを定義します。プロジェクトのスーパーユーザーを作成し、Djangoの管理サイトからブログと、いくつかの短い投稿（BlogPost）を作成します。すべての投稿を適切な順序で表示するホームページを作成します。ブログの作成、新しい記事の投稿、そして既存の記事を編集するためのページをそれぞれ作成します。すべてのページがうまく動作することを確認します。

第**8**章　ユーザーアカウント

ユーザーアカウントを設定する

この節では、ユーザー登録とユーザー認証のシステムを設定し、任意の人がアカウントを登録してログインとログアウトができるようにします。ユーザー関連のすべての機能を含む新しいアプリケーションを作成します。Djangoが提供するユーザー認証システムをできるだけ使用して作業を進めます。また、Topicモデルを少し変更し、すべてのトピックが特定のユーザーに属するようにします。

accountsアプリケーション

まずstartappコマンドを使用してaccountsという新しいアプリケーションを作成します。

```
(ll_env) learning_log$ python manage.py startapp accounts
(ll_env) learning_log$ ls
❶ accounts db.sqlite3 learning_logs ll_env ll_project manage.py
(ll_env) learning_log$ ls accounts
❷ __init__.py admin.py apps.py migrations models.py tests.py views.py
```

デフォルトの認証システムはユーザーアカウントの考え方に基づいて構築されているため、accountsという名前を使うことで、デフォルトのシステムとの統合が容易になります。このstartappコマンドにより、accountsという名前のフォルダーが新たに作成されます❶。このフォルダーの構成はlearning_logsアプリケーションと同じです❷。

accountsをsettings.pyに追加する

新しいアプリケーションをsettings.pyのINSTALLED_APPSに次のように追加します。

settings.py
```python
--省略--
INSTALLED_APPS = [
    # 自分のアプリケーション
    'learning_logs',
    'accounts',

    # デフォルトの django アプリケーション
    --省略--
]
--省略--
```

ユーザーアカウントを設定する

これでDjangoはプロジェクト全体にaccountsアプリケーションを含めるようになります。

accountsからURLを取り込む

次に、プロジェクトフォルダー ll_project/ の直下にあるurls.pyを変更し、accountsアプリケーション用のURLを追加します。

ll_project/urls.py

```python
from django.contrib import admin
from django.urls import path, include

urlpatterns = [
    path('admin/', admin.site.urls),
    path('accounts/', include('accounts.urls')),
    path('', include('learning_logs.urls')),
]
```

accountsからファイルurls.pyを取り込む行を追加します。この行は、http://localhost:8000/accounts/login/のようにaccountsという単語から始まるURLと一致します。

ログインページ

最初にログインページを実装します。Djangoが提供するデフォルトのloginビューを使うので、このアプリケーションのURLパターンは少し異なります。ll_project/accounts/フォルダーに新しいurls.pyを作成し、次のように記述します。

accounts/urls.py

```python
"""accounts用URLパターンの定義"""

from django.urls import path, include

app_name = 'accounts'
urlpatterns = [
    # デフォルトの認証URLを取り込む
    path('', include('django.contrib.auth.urls')),
]
```

❶ ❷

path関数をインポートします。あわせて、Djangoに定義されているデフォルトの認証URL群を取り込むためにinclude関数もインポートします。これらのデフォルトURLには、loginやlogoutといった名前つきのURLパターンが含まれています。Djangoが他のアプリケーションのURLと区別できるように、変数app_

239

nameに'accounts'を設定します❶。Djangoが提供するデフォルトのURLでも、accountsアプリケーションのurls.pyファイルに含めれば、accounts名前空間からアクセスできます。

ログインページのパターンはhttp://localhost:8000/accounts/login/というURLに一致します❷。Djangoはこの URLを読むときに、accountsという単語からaccounts/urls.pyを参照し、次にloginという単語からDjangoデフォルトのloginビューにリクエストを送信します。

ログインページのテンプレート

ユーザーがログインページをリクエストするとDjangoはデフォルトのビュー関数を使用しますが、その場合でもページのテンプレートを用意する必要があります。デフォルトの認証ビューはregistrationという名前のフォルダーの中でテンプレートを探すので、registrationフォルダーを作成する必要があります。ll_project/accounts/フォルダーの中にtemplatesというフォルダーを作成します。その中にregistrationという別のフォルダーを作成します。次に示すのがlogin.htmlテンプレートです。このファイルは、ll_project/accounts/templates/registration/に保存する必要があります。

login.html

```
{% extends 'learning_logs/base.html' %}

{% block content %}

❶    {% if form.errors %}
       <p>ユーザー名とパスワードが一致しません。もう一度お試しください。</p>
     {% endif %}

❷    <form action="{% url 'accounts:login' %}" method='post'>
       {% csrf_token %}
❸      {{ form.as_div }}

❹      <button name="submit">ログイン</button>
     </form>

{% endblock content %}
```

このテンプレートはbase.htmlを継承するので、ログインページの見た目と振る舞いがサイト内の他のページと統一されます。あるアプリケーションのテンプレートは、別のアプリケーションのテンプレートを継承できる点に注意してください。

フォームにerrors属性が設定されている場合は、エラーメッセージを表示します❶。このメッセージは、ユーザー名とパスワードの組み合わせがデータベースに格納されているものと一致しないことをユーザーに伝えるものです。

ログインのビューではフォームの処理が必要なので、action属性にログインページのURLを設定します❷。ログインのビューはformオブジェクトをテンプレートに受け渡します。フォーム❸と送信ボタンを表示するためにテンプレートに記述します❹。

LOGIN_REDIRECT_URLの設定

ユーザーのログインがうまく行ったら、そのユーザーをどこに送り出すかをDjangoが知る必要があります。これは設定ファイルで制御します。

次のコードをsettings.pyの最後に追加します。

```
settings.py
--省略--
# 自分の設定
LOGIN_REDIRECT_URL = 'learning_logs:index'
```

settings.pyにはデフォルトの設定がすべて含まれているので、新しい設定を追加するセクションは明確に分けておくと便利です。最初に追加する設定はLOGIN_REDIRECT_URLです。これはログインが成功したときにどのURLにリダイレクトするかをDjangoに指示します。

ログインページにリンクする

base.htmlにログインのリンクを追加し、すべてのページに表示されるようにしましょう。ユーザーがすでにログイン済みのときにはリンクを表示させたくないので、{% if %}タグの中に記述します。

```
base.html
<p>
  <a href="{% url 'learning_logs:index' %}">学習ノート</a> -
  <a href="{% url 'learning_logs:topics' %}">トピック一覧</a> -
❶  {% if user.is_authenticated %}
❷    こんにちは {{ user.username }}さん
  {% else %}
❸    <a href="{% url 'accounts:login' %}">ログイン</a>
  {% endif %}
</p>

{% block content %}{% endblock content %}
```

Djangoの認証システムでは、すべてのテンプレートでuserオブジェクトを利用できます。このオブジェクトには常にis_authenticated属性が存在し、ユーザーがログインしている場合はTrue、そうでない場合はFalseとなります。この属性を利用すれば、認証済みのユーザーと未認証のユーザーに別のメッセージを表示できます。

現在ログインしているユーザーに向けたあいさつのメッセージを表示します❶。認証済みのユーザーには追加の属性usernameが設定されるので、この値を使ってその人向けのメッセージを作成し、ログインしていることを知らせます❷。認証していないユーザーにはログインページへのリンクを表示します❸。

ログインページを使用する

すでにユーザーアカウントを設定してあるので、ログインしてページの動作を確認しましょう。http://localhost:8000/admin/にアクセスします。管理者としてログインしている場合は、ヘッダーにあるログアウトのリンクをクリックします。

ログアウトしたら、http://localhost:8000/accounts/login/にアクセスします。**図8-4**のようなログインページが表示されます。あらかじめ設定したユーザー名とパスワードを入力してログインすると、ホームページに遷移します。ホームページのヘッダーには、ユーザー名を使用したあいさつメッセージが表示されます。

図 8-4　ログインページ

ログアウトする

次にユーザーがログアウトできるようにしましょう。ログアウトのリクエストはPOSTメソッドで送信するべきなので、base.htmlに小さなログアウトフォームを追加します。ユーザーがログアウトボタンをクリックすると、ログアウトされたことを確認できるページに移動します。

base.htmlにログアウトフォームを追加する

ログアウトフォームをbase.htmlに追加し、どのページからでも実行できるようにします。これは別のifブロックの中に記述し、ログインしているユーザーだけに表示します。

base.html
```
--省略--
{% block content %}{% endblock content %}

{% if user.is_authenticated %}
❶   <hr />
❷   <form action="{% url 'accounts:logout' %}" method='post'>
      {% csrf_token %}
      <button name='submit'>ログアウト</button>
    </form>
{% endif %}
```

ログアウトのデフォルトのURLパターンは'accounts/logout/'です。しかし、リクエストはPOSTメソッドで送信しなければなりません。もしそうでなければ、攻撃者は簡単に強制ログアウトをリクエストできてしまいます。ログアウトのリクエストでPOSTを利用するために簡単なフォームを定義します。

ページの最下部、水平線を表す要素（<hr />）の下にフォームを配置します❶。こうすれば、ログアウトボタンをページの決まった場所に、すべてのコンテンツの下に簡単に配置できます。フォームにはactionの引数としてログアウトのURLが設定されており、リクエストのメソッドとして'post'が指定されています❷。Djangoでは、すべてのフォームに{% csrf_token %}を含む必要があります。たとえこのように簡単なフォームであったとしてもそれは変わりません。このフォームは、送信ボタンだけの空白のフォームになります。

LOGOUT_REDIRECT_URLの設定

ユーザーがログアウトボタンをクリックしたとき、そのユーザーをどこに送り出すかをDjangoが知る必要があります。この振る舞いはsettings.pyで制御します。

settings.py
```
--省略--
# 自分の設定
LOGIN_REDIRECT_URL = 'learning_logs:index'
LOGOUT_REDIRECT_URL = 'learning_logs:index'
```

LOGOUT_REDIRECT_URLの設定はログアウトしたユーザーをホームページにリダイレクトすることをDjangoに指示します。これはユーザーがログアウトしたことを確認するための簡単な方法です。ログアウト後は自分のユーザー名が表示されなくなるからです。

ユーザー登録ページ

次に、新規ユーザーを登録するページを作成します。Djangoのデフォルトの`UserCreationForm`を使用しますが、ビュー関数とテンプレートは独自のものを作成します。

ユーザー登録ページのURL

accounts/urls.pyにユーザー登録ページのURLパターンを次のように追加します。

```
accounts/urls.py
"""accounts用URLパターンの定義"""

from django.urls import path, include

from . import views

app_name = accounts
urlpatterns = [
    # デフォルトの認証URLを取り込む
    path('', include('django.contrib.auth.urls')),
    # ユーザー登録ページ
    path('register/', views.register, name='register'),
]
```

accountsからviewsモジュールをインポートします。ユーザー登録ページ向けに独自のビューを書いているので、このモジュールが必要になります。ユーザー登録ページのパターンはhttp://localhost:8000/accounts/register/というURLに一致し、これから作成するregister()関数にリクエストが送信されます。

register()ビュー関数

register()ビュー関数は、最初にユーザー登録ページがリクエストされた場合に空白の登録フォームを表示し、フォームから入力内容が送信された場合に登録情報の処理を行います。ユーザー登録が成功すると、この関数は新規ユーザーをログイン状態にする必要もあります。accounts/views.pyに次のコードを追加します。

```
views.py
from django.shortcuts import render, redirect
from django.contrib.auth import login
from django.contrib.auth.forms import UserCreationForm
```

ユーザーアカウントを設定する

```
    def register(request):
        """新しいユーザーを登録する"""
        if request.method != 'POST':
            # 空のユーザー登録フォームを表示する
❶          form = UserCreationForm()
        else:
            # 入力済みのフォームを処理する
❷          form = UserCreationForm(data=request.POST)
❸          if form.is_valid():
❹              new_user = form.save()
                # ユーザーをログインさせてホームページにリダイレクトする
❺              login(request, new_user)
❻              return redirect('learning_logs:index')

        # 空または無効のフォームを表示する
        context = {'form': form}
        return render(request, 'registration/register.html', context)
```

　render()関数とredirect()関数をインポートします。次に、login()関数をインポートします。この関数は、登録情報が適切な場合にユーザーをログインさせるために使用します。デフォルトのUserCreationFormをインポートします。register()関数でははじめにPOSTリクエストに対する応答かどうかをチェックします。POSTでない場合は、初期データなしでUserCreationFormのインスタンスを生成します❶。

　POSTリクエストに対する応答の場合は、送信されたデータをもとにUserCreationFormのインスタンスを生成します❷。データのバリデーションを行います❸。この場合、ユーザー名の文字種は適切か、パスワードは一致するか、そして何らかの悪意のある行為ではないかが確認されます。

　送信されたデータが有効であれば、フォームのsave()メソッドを呼び出してユーザー名とハッシュ化したパスワードをデータベースに保存します❹。save()メソッドは新しく作成されたユーザーオブジェクトを返し、このオブジェクトをnew_userに代入します。ユーザー情報を保存したら、requestオブジェクトとnew_userオブジェクトを引数としてlogin()関数を呼び出し、ユーザーをログインさせます❺。この関数は新しいユーザー向けの有効なセッションを作成します。最後にユーザーをホームページにリダイレクトします❻。ホームページでは、ユーザー名を使用したあいさつ文がヘッダーに表示され、ユーザー登録が成功したことが示されます。

　関数の最後でページを表示します。このページは、空のフォームか無効なデータが送信されたフォームのいずれかになります。

ユーザー登録ページのテンプレート

今度はユーザー登録ページのテンプレートを作成します。これはログインページと似たものになります。login.htmlと同じフォルダーに保存するよう、注意してください。

```html
register.html
{% extends "learning_logs/base.html" %}

{% block content %}

  <form action="{% url 'accounts:register' %}" method='post'>
    {% csrf_token %}
    {{ form.as_div }}

    <button name="submit">登録する</button>
  </form>

{% endblock content %}
```

ここまで書いてきたフォームのテンプレートと同様です。再度as_divメソッドを使用し、Djangoにフォームのフィールドを（入力が正しくない場合のエラーメッセージも含めて）適切に表示させます。

ユーザー登録ページにリンクする

次に、ログインしていないユーザー向けにユーザー登録ページのリンクを表示するコードを追加します。

```html
base.html
--省略--
  {% if user.is_authenticated %}
    こんにちは {{ user.username }}さん
  {% else %}
    <a href="{% url 'accounts:register' %}">ユーザー登録</a> -
    <a href="{% url 'accounts:login' %}">ログイン</a>
  {% endif %}
--省略--
```

これで、ログイン中のユーザーにはユーザー名を使用したあいさつ文とログアウトのボタンが表示され、ログインしていないユーザーにはユーザー登録のリンクとログインのリンクが表示されます。ユーザー登録ページを実際に試すために異なるユーザー名でいくつかユーザーアカウントを作成してみてください。

次の節では、一部のページを登録ユーザーだけが使用できるように制限します。また、どのトピックも特定のユーザーと結びついていることを確認します。

ここで作成したユーザー登録システムでは、誰でもいくつでも「学習ノート」のアカウントを作成できます。一部のシステムでは、返信が必要なメールを送付してユーザーの本人確認を行う場合があります。このようにすることで、今回作成したシンプルなシステムよりもスパムアカウントを少なくできます。とはいえアプリケーションの構築を学ぶ際には、ここで作成したようなシンプルなユーザー登録システムで練習するほうがより理にかなっているといえます。

やってみよう

8-2. ブログのアカウント
演習問題8-1（237ページ）で開始したブログのプロジェクトにユーザー認証の仕組みを追加します。ログイン中のユーザー向けに画面のどこかにユーザー名を表示し、未登録のユーザーには登録ページへのリンクを表示します。

ユーザーが自分のデータを持てるようにする

ユーザーは学習ノートにプライベートなデータを入力できるほうがよいので、データがどのユーザーに属しているかを把握できるシステムを作成します。そして特定のページに対するアクセスを制限し、ユーザーが自分のデータに対してのみ作業できるようにします。

Topicモデルを変更し、すべてのトピックが特定のユーザーに属するようにします。すべての記事は特定のトピックに属するため、記事も同様に処理します。まずは特定のページへのアクセスを制限するところから始めます。

@login_requiredを使用してアクセスを制限する

Djangoでは、@login_requiredデコレーターを使用することで、特定のページへのアクセス制限を簡単に実現できます。**必修編の第11章**を思い出してください。**デコレーター**は関数定義の直前に配置する命令で、関数の振る舞いを変更します。例を見てみましょう。

トピック一覧ページへのアクセスを制限する

各トピックは1人のユーザーと結びついているので、登録ユーザーだけがトピック一覧ページをリクエストできるようにします。learning_logs/views.pyに次のコードを追加します。

第**8**章　ユーザーアカウント

```
learning_logs/views.py
from django.shortcuts import render, redirect
from django.contrib.auth.decorators import login_required

from .models import Topic, Entry
--省略--

@login_required
def topics(request):
    """すべてのトピックを表示する"""
    --省略--
```

はじめにlogin_required()関数をインポートします。login_requiredの前に@をつけることにより、login_required()をデコレーターとしてtopics()ビュー関数に適用します。この結果、Pythonはtopics()のコードを実行する前にlogin_required()のコードを実行します。

login_required()のコードはユーザーがログインしているかをチェックし、Djangoはユーザーがログインしている場合のみtopics()のコードを実行します。ユーザーがログインしていない場合は、ログインページにリダイレクトされます。

このリダイレクトを機能させるために、settings.pyを変更してログインページの場所をDjangoに指示します。settings.pyの最後に次の内容を追加します。

```
settings.py
--省略--
# 自分の設定
LOGIN_REDIRECT_URL = 'learning_logs:index'
LOGOUT_REDIRECT_URL = 'learning_logs:index'
LOGIN_URL = 'accounts:login'
```

これで、認証されていないユーザーが@login_requiredデコレーターで保護されたページをリクエストすると、Djangoがユーザーをsettings.pyのLOGIN_URLに定義されたURLにリダイレクトするようになりました。

この設定をテストするために、ユーザーアカウントからログアウトしてホームページにアクセスします。「トピック一覧」のリンクをクリックすると、ログインページにリダイレクトされるはずです。次に任意のアカウントでログインし、ホームページで再度「トピック一覧」のリンクをクリックします。今度はトピック一覧ページにアクセスできるはずです。

学習ノート全体のアクセスを制限する

　Djangoでページへのアクセスを制限することは簡単ですが、保護するページを決める必要があります。プロジェクト内で制限をかけないページはどれかを先に考えてから、他のすべてのページに制限をかける方法がおすすめです。過剰なアクセス制限を修正することは簡単にできますし、機密情報のあるページを制限なしにしてしまうよりも危険を少なくできます。

　「学習ノート」では、ホームページとユーザー登録ページを制限なしにします。その他のページにはアクセス制限を設けます。

　learning_logs/views.pyにあるindex()以外のすべてのビューに対して次のように@login_requiredデコレーターを適用します。

learning_logs/views.py

```
--省略--
@login_required
def topics(request):
    --省略--

@login_required
def topic(request, topic_id):
    --省略--

@login_required
def new_topic(request):
    --省略--

@login_required
def new_entry(request, topic_id):
    --省略--

@login_required
def edit_entry(request, entry_id):
    --省略--
```

　ログアウトした状態で各ページにアクセスすると、ログインページにリダイレクトされます。ログアウトした状態ではnew_topic（トピックの新規作成）のようなページへのリンクもクリックできませんが、http://localhost:8000/new_topic/のようにURLを直接入力するとログインページにリダイレクトされます。公開されているURLでユーザー個人のデータに関係するものはすべて、アクセスを制限する必要があります。

データを特定のユーザーと関連付ける

次に、データとデータを送信したユーザーを関連付ける必要があります。ユーザーと関連付ける必要があるのは、階層の最上位にあるデータだけです。そうすれば下位レベルのデータは自動的にユーザーと関連付けられます。学習ノートの中では、トピックがアプリケーション内の最上位レベルのデータで、すべての記事は1つのトピックに関連付けられています。各トピックが特定のユーザーに関連している限り、各記事の所有者が誰なのかはデータベース上でたどることができます。

Topicモデルを変更し、ユーザーに対する外部キーの関連を追加します。そして変更を適用するためにデータベースをマイグレーションします。最後にいくつかのビューを変更し、現在ログイン中のユーザーに関連するデータだけを表示するようにします。

Topicモデルを変更する

models.pyの変更はたった2行です。

models.py

```python
from django.db import models
from django.contrib.auth.models import User

class Topic(models.Model):
    """ユーザーが学んでいるトピックを表す"""
    text = models.CharField(max_length=200)
    date_added = models.DateTimeField(auto_now_add=True)
    owner = models.ForeignKey(User, on_delete=models.CASCADE)

    def __str__(self):
        """モデルの文字列表現を返す"""
        return self.text

class Entry(models.Model):
    --省略--
```

django.contrib.auth.modelsからUserモデルをインポートします。そしてTopicモデルにowner（所有者）フィールドを追加し、Userモデルへの外部キーの関連を設定します。ユーザーが削除されると、そのユーザーと関連付けられたすべてのトピックも同時に削除されます。

既存のユーザーを特定する

データベースのマイグレーションを行うと、Djangoはデータベースを変更し、各トピックとユーザーの関連を保存できるようになります。マイグレーションを実行するには、すでに存在する各トピックをどのユーザー

と関連付けるかをDjangoが知る必要があります。もっとも簡単な方法は、たとえばスーパーユーザーのような1人のユーザーに既存のすべてのトピックを関連付けることです。しかし、はじめにそのユーザーIDを知る必要があります。

ここまでに作成したすべてのユーザーIDを見てみましょう。Djangoシェルのセッションを開始し、次のコマンドを実行します。

```
(ll_env) learning_log$ python manage.py shell
❶ >>> from django.contrib.auth.models import User
❷ >>> User.objects.all()
<QuerySet [<User: ll_admin>, <User: eric>, <User: willie>]>
❸ >>> for user in User.objects.all():
...     print(user.username, user.id)
...
ll_admin 1
eric 2
willie 3
>>>
```

はじめに、シェルのセッションにUserモデルをインポートします❶。次に、これまでに作成したすべてのユーザーを確認します❷。ここではll_admin、eric、willieという、私のプロジェクトの3人のユーザーが表示されています。

ユーザーの一覧をループし、各ユーザーのユーザー名とIDを出力します❸。既存のトピックをどのユーザーと関連付けるかをDjangoに尋ねられたときは、これらのIDのいずれかを使用します。

データベースをマイグレーションする

続いてユーザーIDを確認したので、データベースのマイグレーションを実行できます。マイグレーションを行うと、Topicモデルを一時的に特定の所有者に関連付けるか、models.pyファイルにデフォルトの値を追加するかのいずれかを選ぶよう促されます。ここではオプションの1番を選択します。

```
❶ (ll_env) learning_log$ python manage.py makemigrations learning_logs
❷ It is impossible to add a non-nullable field 'owner' to topic without
  specifying a default. This is because...
❸ Please select a fix:
   1) Provide a one-off default now (will be set on all existing rows with a
      null value for this column)
   2) Quit and manually define a default value in models.py.
❹ Select an option: 1
❺ Please enter the default value now, as valid Python
  The datetime and django.utils.timezone modules are available...
```

第**8**章　ユーザーアカウント

```
      Type 'exit' to exit this prompt
❻   >>> 1
      Migrations for 'learning_logs':
        earning_logs/migrations/0003_topic_owner.py
      - Add field owner to topic
      (ll_env) learning_log$
```

まずmakemigrationsコマンドを実行します❶。Djangoは、既存のモデル（topic）に対して必須（**non-nullable**：空白にできない）フィールドをデフォルト値の指定なしで追加しようとしていることを通知します❷。Djangoは2つのオプションを提示します❸。この場でデフォルト値を指定するか、マイグレーションを終了してmcdels.pyにデフォルト値を設定するかです。ここでは1番目のオプションを選択します❹。続けてDjangoはデフォルト値の入力を求めます❺。

本来の管理者であるll_adminに既存のすべてのトピックを関連付けるため、ユーザーIDに1を入力します❻。入力する値には作成した任意のユーザーIDを使えます。必ずしもスーパーユーザーである必要はありません。Djangoはこの値を使用してデータベースをマイグレーションし、0003_topic_owner.pyというマイグレーションファイルを生成します。このファイルにより、Topicモデルにフィールドownerが追加されます。

これでマイグレーションを実行できます。仮想環境が有効な状態で次のコマンドを入力します。

```
(ll_env) learning_log$ python manage.py migrate
Operations to perform:
  Apply all migrations: admin, auth, contenttypes, learning_logs, sessions
Running migrations:
❶   Applying learning_logs.0003_topic_owner... OK
(ll_env) learning_log$
```

Djangoが新しいマイグレーションを適用し、OKという結果が表示されました❶。

Djangoシェルで次のように入力し、マイグレーションが期待どおりに実行されたことを確認します。

```
>>> from learning_logs.models import Topic
>>> for topic in Topic.objects.all():
...     print(topic, topic.owner)
...
チェス ll_admin
ロッククライミング ll_admin
>>>
```

learning_logs.modelsからTopicをインポートします。そして既存のすべてのトピックをループし、トピック名とトピックを所有するユーザーを出力します。各トピックはll_adminユーザーが所有していることがわかります（このコードを実行したときにエラーが発生する場合は、一度シェルを抜けてから新しいシェルを開始してください）。

マイグレーションを行う代わりに単純にデータベースをリセットすることもできますが、その場合は既存のデータがすべて失われます。ユーザーの作成したデータの整合性を維持しながらデータベースをマイグレーションする方法を学ぶことは、よい取り組みといえます。新規のデータベースから始めたい場合は、`python manage.py flush`コマンドを実行してデータベースを再構築します。この場合は、新しいスーパーユーザーを作成する必要があり、またすべてのデータは消去されます。

トピックへのアクセスを適切なユーザーに制限する

今のところ、ユーザーが誰かに関係なくログインさえしていれば、すべてのトピックを参照できます。これを、ログイン中のユーザーに関連するトピックだけを表示するように変更します。

views.pyにあるtopics()関数を次のように変更します。

```python
# learning_logs/views.py
--省略--
@login_required
def topics(request):
    """すべてのトピックを表示する"""
    topics = Topic.objects.filter(owner=request.user).order_by('date_added')
    context = {'topics': topics}
    return render(request, 'learning_logs/topics.html', context)
--省略--
```

ユーザーがログインすると、リクエストオブジェクトにはユーザー情報を含んだrequest.user属性がセットされます。クエリー`Topic.objects.filter(owner=request.user)`により、DjangoはTopicオブジェクトのうちowner属性が現在のユーザーと一致するものだけをデータベースから取得します。トピック一覧ページの表示方法は変更していないため、テンプレートを変更する必要はありません。

正しく動作しているかを確認するために、既存のすべてのトピックを関連付けたユーザーでログインしてトピック一覧ページに移動します。ここではすべてのトピックが表示されます。今度はログアウトして別のユーザーでログインしなおします。すると、「トピックはまだ作成されていません。」というメッセージが表示されるでしょう。

第8章 ユーザーアカウント

ユーザーのトピックを保護する

まだ個別トピックページへのアクセス制限ができていないため、登録ユーザーがhttp://localhost:8000/topics/1/のようなURLをいくつも試せば一致するトピックのページを表示できます。

実際に試してみましょう。すべてのトピックを所有するユーザーでログインし、個別トピックページのURLをコピーするかURL内のトピックIDをメモします。次にログアウトして別のユーザーで再度ログインします。コピーしておいたトピックのURLを入力します。別ユーザーでログインしているにもかかわらず記事を読むことができるはずです。

この問題を修正するために、topic()ビュー関数でリクエストされた記事を取得する前にチェックを行います。

learning_logs/views.py

```
  from django.shortcuts import render, redirect
  from django.contrib.auth.decorators import login_required
❶ from django.http import Http404

  --省略--
  @login_required
  def topic(request, topic_id):
      """1つのトピックとそれについてのすべての記事を表示"""
      topic = Topic.objects.get(id=topic_id)
      # トピックが現在のユーザーが所持するものであることを確認する
❷     if topic.owner != request.user:
          raise Http404

      entries = topic.entry_set.order_by('-date_added')
      context = {'topic': topic, 'entries': entries}
      return render(request, 'learning_logs/topic.html', context)
  --省略--
```

404(ヨンマルヨンと呼ばれることが多いです)レスポンスは標準的なエラーレスポンスで、リクエストされたリソースがサーバーに見つからない場合に返されます。ここではHttp404例外をインポートします❶。ユーザーが許可されていないトピックの表示をリクエストしたときに、この例外を発生させます。個別トピックへのリクエストを受け取ったあと、ページを描画する前にトピックの所有者が現在ログイン中のユーザーと一致するかを確認します。リクエストしたトピックの所有者と現在のユーザーが一致しない場合は、Http404例外を発生させます❷。するとDjangoは404エラーページを返します。

これで、別のユーザーのトピックを表示しようとすると「Page Not Found」というメッセージが表示されるようになりました。**第9章**では、デバッグ用ページの代わりに適切なエラーページがユーザーに向けて表示されるよう、プロジェクトの設定を変更します。

254

edit_entryページを保護する

　edit_entryページのURLはhttp://localhost:8000/edit_entry/*entry_id/*という形式で、*entry_id*の部分は数字です。このページを保護し、任意のURLを使用して他人の記事にアクセスできないようにします。

```
learning_logs/views.py
--省略--
@login_required
def edit_entry(request, entry_id):
    """既存の記事を編集する"""
    entry = Entry.objects.get(id=entry_id)
    topic = entry.topic
    if topic.owner != request.user:
        raise Http404

    if request.method != 'POST':
        --省略--
```

　記事とその記事に関連付けられたトピックを取得します。次に、トピックの所有者が現在ログイン中のユーザーと一致するかを確認します。一致しない場合は、Http404例外を発生させます。

新しいトピックを現在のユーザーと関連付ける

　現在新規トピックの追加ページは、新しいトピックをどのユーザーとも関連付けないので正しく動作しません。新しいトピックを追加しようとすると、IntegrityErrorとNOT NULL constraint failed: learning_logs_topic.owner_idというメッセージが表示されます。ownerフィールドに値を指定しないと新規トピックの作成ができないことをDjangoは伝えています。

　この問題は簡単に解決できます。なぜならrequestオブジェクトを通じて現在のユーザーにアクセスできるからです。次のコードを追加し、新規トピックと現在のユーザーを関連付けます。

```
learning_logs/views.py
--省略--
@login_required
def new_topic(request):
    --省略--
    else:
        # POSTでデータが送信されたのでこれを処理する
        form = TopicForm(data=request.POST)
```

第**8**章　ユーザーアカウント

```
      if form.is_valid():
❶         new_topic = form.save(commit=False)
❷         new_topic.owner = request.user
❸         new_topic.save()
          return redirect('learning_logs:topics')

      # 空または無効のフォームを表示する
      context = {'form': form}
      return render(request, 'learning_logs/new_topic.html', context)
  --省略--
```

　最初にform.save()を呼び出すときにcommit=False引数を指定します❶。これは、新規トピックをデータベースに保存する前に変更する必要があるからです。次に新規トピックのowner属性に現在のユーザーをセットします❷。最後に、定義したトピックのインスタンスのsave()メソッドを呼び出します❸。トピックに必要なデータはすべてそろったので、正常に保存されます。

　異なるユーザーごとに新しいトピックを好きなだけ追加できるようになりました。各ユーザーは、自分が所有するデータに対してだけデータの表示、新規データの作成、既存データの変更といったアクセスができます。

やってみよう

8-3. リファクタリング

views.pyには、トピックに関連付けられたユーザーと現在ログイン中のユーザーが一致するかを確認するコードが2か所あります。この確認用のコードをcheck_topic_owner()という名前の関数に移動し、適切な場所からこの関数を呼び出します。

8-4. new_entryを保護する

今のところユーザーは他のユーザーの所有するトピックのIDをURLに指定すると、そのユーザーの学習ノートに記事を追加できます。新規の記事を保存する前に現在のユーザーが記事のトピックを所有しているかを確認することでこの攻撃を防いでください。

8-5. 保護されたブログ

ブログプロジェクトで各ブログの投稿が特定のユーザーと関連付けられていることを確認します。誰でもすべての投稿を参照できますが、新規の投稿の作成や既存の投稿の編集ができるのは登録ユーザーだけです。ユーザーが投稿を編集するビューで、フォームの処理を行う前にユーザーが編集しているのが自分が所有する投稿であることを確認してください。

256

まとめ

この章では、次のことについて学びました。

- フォームを使用し、ユーザーが新しいトピックや記事を追加したり既存の記事を編集したりする方法
- ユーザーアカウントを実装する方法
- 既存ユーザーのログインとログアウト
- Djangoのデフォルトの`UserCreationForm`を使用した新規アカウントの作成方法

また、シンプルなユーザー認証とユーザー登録システムの構築を通して次のことを学びました。

- `@login_required`デコレーターを使用し、特定ページへのアクセスをログインユーザーのみに制限する方法
- 外部キーの関連を使用し、特定のユーザーがデータを所有する方法
- マイグレーション時にデフォルト値の指定が必要なデータがある場合のデータベースのマイグレーション方法

最後に、ユーザーが所有するデータに正しくアクセスできるように次のことを学びました。

- ビュー関数を変更してユーザー自身が所有するデータだけを表示する方法
- `filter()`メソッドを使用して適切なデータを取得する方法
- リクエストされたデータの所有者とログインしているユーザーを比較する方法

どのデータを一般向けに公開してどのデータを保護対象にすべきかはいつもすぐ明らかになるとは限りませんが、練習を重ねることで判断するスキルを身につけることができます。この章で行ったユーザーデータの保護に関する意思決定のことを思えば、プロジェクト開発で他の人と共同で作業することの大事さがわかります。自分以外の誰かにプロジェクトを見渡してもらうことで、脆弱な部分が見つかる可能性が高まります。

これで、ローカル環境で完全に機能するプロジェクトができあがりました。最後の章では、より視覚的に魅力のあるスタイルを「学習ノート」に設定します。そしてプロジェクトをサーバーにデプロイし、インターネットにアクセスできる誰もがアカウントを登録できるようにします。

第9章

アプリケーションのスタイル設定とデプロイ

こ　こまでの内容で「学習ノート」に必要な機能はすべて揃っていますが、見た目のスタイルが設定されておらず、アプリケーションはローカル環境でしか動作しません。この章では、簡単ですがプロフェッショナルな方法でプロジェクトにスタイルを設定します。そして、公開されたサーバーにアプリケーションをデプロイし、一般の人が誰でもアカウントを作成して利用できるようにします。

スタイル設定には**Bootstrap**ライブラリを使用します。このライブラリは、Webアプリケーションにスタイルを設定するためのツール集で、小さなスマートフォンから大画面のデスクトップモニターまで、現代のあらゆる端末でプロ並みの見た目を実現できます。スタイルを設定するために、django-bootstrap5アプリケーションを使用します。これは他のDjango開発者が作成したアプリケーションを利用する練習にもなります。

「学習ノート」のデプロイには**Platform.sh**を利用します。Platform.shのサーバーにプロジェクトをプッシュし、インターネットに接続した人が誰でも「学習ノート」を利用できるようにします。また、Gitというバージョン管理システムを使って、プロジェクトの変更を追跡することにも着手します。

「学習ノート」が完成する頃には、シンプルですがプロ並みの見た目と使い心地のWebアプリケーションを開発し、公開サーバーにデプロイできるようになっているでしょう。また、スキルを磨くにつれてより高度な学習リソースを使えるようになるでしょう。

「学習ノート」にスタイルを設定する

　これまでは「学習ノート」の機能の完成を第一に考え、意図的にスタイルの設定を無視してきました。動作するアプリケーションのみが役に立つので、これは開発の取り組み方として適切です。当然ですが、正常に動作してから人が使いたくなるような見た目がたいへん重要になります。

　この節ではdjango-bootstrap5アプリケーションをインストールし、プロジェクトに追加します。その後、このアプリを利用してプロジェクトの個々のページにスタイルを設定し、すべてのページが統一感のある見た目と使い心地となるようにします。

django-bootstrap5アプリケーション

プロジェクトにBootstrapを組み込むために、django-bootstrap5を使用します。このアプリケーションは、Bootstrapを使うために必要なファイルをダウンロードしてプロジェクト内の適切な場所に配置します。それにより、スタイルの設定に関する指示をプロジェクトのテンプレートで利用できるようになります。

django-bootstrap5をインストールするには、仮想環境が有効な状態で次のコマンドを実行します。

```
(ll_env) learning_log$ pip install django-bootstrap5
--省略--
Successfully installed beautifulsoup4-4.11.1 django-bootstrap5-21.3 soupsieve-2.3.2.post1
```

訳注

本書の翻訳時点におけるdjango-bootstrap5の最新バージョンは24.3です。django-bootstrap5は定期的にアップデートされており、読者の方がインストールするときにはより新しいバージョンとなっている可能性があります。本書に掲載したものと同じバージョンのdjango-bootstrap5を使いたい場合は、コマンドpip install django-bootstrap5==21.3と指定してインストールしてください。

次に、django-bootstrap5をsettings.pyのINSTALLED_APPS部分に追加します。

settings.py

```
--省略--
INSTALLED_APPS = [
    # 自分のアプリケーション
    'learning_logs',
    'accounts',

    # サードパーティのアプリケーション
    'django_bootstrap5',

    # デフォルトの django アプリケーション
    'django.contrib.admin',
    --省略--
```

他の開発者によって作成されたアプリケーションを記述する新しいセクションとして「サードパーティのアプリケーション」を作成し、このセクションに'django_bootstrap5'を追加します。このセクションは「自分のアプリケーション」のセクションの後ろ、「デフォルトのdjangoアプリケーション」の前に配置することに気をつけてください。

「学習ノート」のスタイルにBootstrapを使用する

Bootstrapは、スタイルを設定するための多くのツールをまとめたものです。プロジェクトに適用して全体に統一感のあるスタイルを作成できるテンプレートがいくつもあります。これらのテンプレートを使えば、個別のスタイル設定ツールを使うよりもずっと簡単にスタイルを設定できます。Bootstrapが用意しているテンプレートを参照するには、Bootstrapの公式サイト（https://getbootstrap.com/）を表示し、「Examples」をクリックします。ここでは、**Navbar static**テンプレートを使用します。このテンプレートにより、シンプルなトップナビゲーションバーとページのコンテンツの表示領域を設定できます。

図9-1は、base.htmlにBootstrapテンプレートを適用し、index.htmlを少し変更したあとのホームページです。

図9-1　Bootstrapを使用した「学習ノート」のホームページ

base.htmlを変更する

Bootstrapのテンプレートを使えるようにbase.htmlを書き直す必要があります。このあとの節で新しいbase.htmlを開発します。これは大きなファイルです。必要に応じて、原書のオンライン資料（https://ehmatthes.github.io/pcc_3e）からこのファイルをコピーすることができます。もしコピーを入手したとしても、次の項を通して読み、変更内容を理解するほうがよいでしょう。

HTMLヘッダーを定義する

base.htmlの最初の変更点はHTMLヘッダーの定義です。あわせて、テンプレートでBootstrapを使用するために必要な情報を追加し、ページにタイトルを追加します。base.html全体を消去し、次のコードに置き換えてください。

base.html

```
❶  <!doctype html>
❷  <html lang="ja">
❸  <head>
     <meta charset="utf-8">
     <meta name="viewport" content="width=device-width, initial-scale=1">
❹   <title>学習ノート</title>

❺   {% load django_bootstrap5 %}
     {% bootstrap_css %}
     {% bootstrap_javascript %}

   </head>
```

まず、このファイルがHTMLドキュメントであることを宣言します❶。そして使用言語が日本語であることを宣言します❷。HTMLファイルは、**head**と**body**という2つの主要な部分に分かれます。head部分は<head>開始タグから始まります❸。HTMLのhead部分にコンテンツは含まれません。この部分は、ページを適切に表示するための情報をWebブラウザーに伝えます。ページのtitle要素をhead部分に含めています❹。「学習ノート」のページを開いているときは常にtitle要素がWebブラウザーのタイトルバーに表示されます。

head部分を閉じる前に、django-bootstrap5で利用可能なテンプレートタグのコレクションを読み込みます❺。テンプレートタグ{% bootstrap_css %}はdjango-bootstrap5のカスタムタグです。これにより、Bootstrapのスタイルを実装するために必要なすべてのCSSファイルが読み込まれます。次に続くタグは、ページで使う可能性のある対話的な動作をすべて有効にします。たとえば折りたためるナビゲーションバーなどが含まれます。最後の行には終了タグ</head>があります。

これで、base.htmlを継承するどのテンプレートでも、Bootstrapのスタイリングに関するすべてのオプションを利用できます。もしもdjango-bootstrap5のカスタムテンプレートタグを利用したい場合は、それぞれのテンプレートに{% load django_bootstrap5 %}タグを含める必要があります。

ナビゲーションバーを定義する

ページの先頭にあるナビゲーションバーを定義するコードはかなり長くなります。これは、幅の狭いスマートフォンの画面でも幅の広いデスクトップのモニターでも同等にきれいに表示する必要があるからです。ナビ

第**9**章　アプリケーションのスタイル設定とデプロイ

ゲーションバーをセクションごとに見ていきます。

　次に示すのがナビゲーションバーの最初の部分です。

base.html

```
--省略--
</head>
<body>

❶    <nav class="navbar navbar-expand-md navbar-light bg-light mb-4 border">
        <div class="container-fluid">
❷          <a class="navbar-brand" href="{% url 'learning_logs:index' %}">
                学習ノート</a>

❸          <button class="navbar-toggler" type="button" data-bs-toggle="collapse"
              data-bs-target="#navbarCollapse" aria-controls="navbarCollapse"
              aria-expanded="false" aria-label="ナビゲーションの切り替え">
              <span class="navbar-toggler-icon"></span>
          </button>

❹          <div class="collapse navbar-collapse" id="navbarCollapse">
❺            <ul class="navbar-nav me-auto mb-2 mb-md-0">
❻              <li class="nav-item">
❼                <a class="nav-link" href="{% url 'learning_logs:topics' %}">
                    トピック一覧</a></li>
            </ul> <!-- navbar左側のリンクリストの終了 -->
          </div> <!-- navbarの折りたたみ可能なパーツの終了 -->

        </div> <!-- navbarコンテナの終了 -->
    </nav> <!-- navbar全体の終了 -->

❽  {% block content %}{% endblock content %}

</body>
</html>
```

　最初の新しい要素は\<body>の開始タグです。HTMLファイルの本文（**body**部分）には、ユーザーがページで目にするコンテンツが含まれています。次にあるのは\<nav>要素です。ここからページの先頭にあるナビゲーションバーのコードが始まります❶。この要素に含まれるものはすべて、ここに見られるnavbarやnavbar-expand-mdといったセレクターに対して定義されたBootstrapのスタイルルールにしたがってスタイルが設定されます。**セレクター**は、特定のスタイルルールをページ内のどの要素に適用するかを決定します。navbar-lightとbg-lightのセレクターは、ナビゲーションバーを明るい色調の背景でスタイリングします。

264

mb-4の中のmbの部分はmargin-bottom（下部のマージン）の省略形です。このセレクターにより、ナビゲーションバーとページの残り部分との間に余白が少し確保されます。borderセレクターは明るめの背景がページの他の部分よりも少しだけ目立つように周囲を細い枠線で囲みます。

　次の行の<div>タグから、ナビゲーションバー全体を保持する、サイズ変更可能なコンテナー部分が始まります。divという用語はdivision（区分）の省略形です。Webページの作成は、全体をいくつかのセクションに区分し、スタイルと振る舞いのルールを区分ごとに定義して行います。開始のdivタグに定義されたスタイルと振る舞いのルールは、終了のdivタグ（</div>という形式で書かれます）までの間にあるすべてに影響します。

　次に、プロジェクト名である「学習ノート」をナビゲーションバーの最初の要素として表示します❷。これはホームページへのリンクとしても機能します。前の2つの章で作成した、スタイリングを最小限としたバージョンのプロジェクトと同様です。navbar-brandセレクターは、これを他のリンクよりも目立つようにスタイリングします。これはサイトのブランディングに有用です。

　Bootstrapテンプレートにボタンを定義します❸。このボタンは、Webブラウザーの画面の幅が狭すぎてナビゲーションバー全体が横方向に収まらないときに表示されます。ユーザーがボタンをクリックすると、ナビゲーションの要素がドロップダウンリストで表示されます。collapse（折りたたむ）という記述があるので、ユーザーがWebブラウザーのウィンドウ幅を狭めたときや小さな画面の端末でサイトを表示したときにはナビゲーションバーが折りたたまれます。

　次に、<div>タグでナビゲーションバーの新しいセクションを開始します❹。この部分が、ナビゲーションバーの中でブラウザーのウィンドウ幅に応じて折りたたまれるところです。

　Bootstrapは、ナビゲーション要素を順序なしリスト（unordered list）のアイテムとして定義します❺。ここには通常のリストとは異なる見え方のスタイルルールが適用されます。ナビゲーションバーに必要なリンクや要素は何でも、このリスト内のアイテムの1つとして取り込めます❻。ここでリスト内に含めているアイテムはトピック一覧ページへのリンクだけです❼。リンクの最後にある終了タグ</li>に注意してください。すべての開始タグには、対応する終了タグが必要です。

　ここに表示されている残りの部分には、上で開始されたすべてのタグを終了するための行が続きます。HTMLではコメントは次のように書きます。

```
<!-- これはHTMLのコメントです -->
```

　通常は、終了タグにコメントをつけることはありません。しかし、もしあなたがHTML初心者なら、終了タグに目印をつけておくと、とても役立つでしょう。タグが1つ不足したり、1つ多かったりするだけでページ全体のレイアウトが台無しになってしまいます。contentブロックを含めます❽。あわせて、</body>と</html>の終了タグを記述します。

　ナビゲーションバーについては作業途中ですが、完全なHTML文書が作成できました。もしrunserverをまだ実行中でしたら、サーバーを停止して再起動してください。プロジェクトのホームページを表示すると、

第9章 アプリケーションのスタイル設定とデプロイ

図9-1 にあるナビゲーションバーの要素の一部が反映されているのがわかります。それでは、ナビゲーションバーに残りの要素を追加していきます。

ユーザーアカウントへのリンクを追加する

ユーザーアカウントへのリンクを追加しなければなりません。ログアウトフォームを除くすべてのアカウント関連のリンクを追加するところから始めます。

次の変更をbase.htmlに行います。

```
base.html
        --省略--
        </ul> <!-- navbar左側のリンクリストの終了 -->

        <!-- アカウント関連のリンク -->
❶      <ul class="navbar-nav ms-auto mb-2 mb-md-0">
❷        {% if user.is_authenticated %}
          <li class="nav-item">
❸          <span class="navbar-text me-2">こんにちは {{ user.username }}さん
              </span></li>
❹        {% else %}
          <li class="nav-item">
            <a class="nav-link" href="{% url 'accounts:register' %}">
                ユーザー登録</a></li>
          <li class="nav-item">
            <a class="nav-link" href="{% url 'accounts:login' %}">
                ログイン</a></li>
        {% endif %}

        </ul> <!-- アカウント関連のリンクの終了 -->

    </div> <!-- navbarの折りたたみ可能なパーツの終了 -->
    --省略--
```

新しいリンクリストは別の<ul>開始タグを使って始めます❶。リンクのグループは、いくつでもページの中に置くことができます。ms-autoセレクターは**margin-start-automatic**（開始位置のマージンを自動にする）の省略形です。このセレクターはナビゲーションバー内の他の要素を調べ、左（開始位置）のマージンを計算して追加します。これによりリンクのグループはブラウザーウィンドウの右側に寄せられます。

このifブロックは、これまでユーザーのログイン状態に応じたメッセージを表示するために使ったものと同じ条件分岐のブロックです❷。条件分岐のタグの中にいくつかのスタイルルールを含めているので、今回はブロックが少し長くなっています。認証されたユーザー向けのあいさつは<span>要素で囲まれています❸。

span要素は、長い文のテキストの一部、つまりページ構成要素の一部にスタイルを設定します。div要素がページ内に独自の区分を作るのに対し、span要素はdivが作る区分の中で使われます。div要素が深い入れ子の状態になっているページは多いので、この考え方にはじめは戸惑うかもしれません。ここでは、ナビゲーションバー上の情報テキストにスタイルを設定するためにspan要素を使用しています。この場合はログイン中のユーザー名が該当します。

elseブロック内には、認証されていないユーザー向けに新規アカウント登録とログインのためのリンクを含めます❹。これらのリンクは、トピック一覧ページへのリンクと同じような見た目にするべきです。

ナビゲーションバーにさらにリンクを追加したいときは、ここで見たスタイリングの指示を使って、これまでに定義した<ul>のグループのいずれかに別の<li>アイテムを追加してください。

それでは、ナビゲーションバーにログアウトフォームを追加しましょう。

ナビゲーションバーにログアウトフォームを追加する

最初にログアウトフォームを作成したときはbase.htmlの最下部に追加しました。今回は、よりよい場所であるナビゲーションバーに配置します。

base.html

```
--省略--
</ul> <!-- アカウント関連のリンクの終了 -->

{% if user.is_authenticated %}
  <form action="{% url 'accounts:logout' %}" method='post'>
    {% csrf_token %}
    <button name='submit' class='btn btn-outline-secondary btn-sm'>
        ログアウト</button>
  </form>
{% endif %}

</div> <!-- navbarの折りたたみ可能なパーツの終了 -->
--省略--
```

❶

ログアウトフォームは、アカウント関連のリンクの後ろ、かつナビゲーションバーの折りたたみ可能なセクション内に配置するべきです。このフォームの変更点は、<button>要素にBootstrapのクラスをいくつか加えたことだけです。これにより、ログアウトボタンにBootstrapのスタイルが適用されます❶。

ホームページを再読み込みすると、作成したアカウントを使ってログイン、ログアウトできるはずです。

base.htmlにはもう少し手を入れる必要があります。個別ページのコンテンツを配置するために2つのブロックを定義します。

第**9**章 アプリケーションのスタイル設定とデプロイ

ページのメイン部分を定義する

base.htmlの残りの部分には、ページのメイン部分が含まれます。

base.html

```
--省略--
</nav> <!-- navbar全体の終了 -->

❶  <main class="container">
❷    <div class="pb-2 mb-2 border-bottom">
       {% block page_header %}{% endblock page_header %}
     </div>
❸    <div>
       {% block content %}{% endblock content %}
     </div>
   </main>

</body>
</html>
```

はじめに`<main>`タグを開始します❶。**main**要素はページ本文（body）のもっとも重要な部分に使われます。ここではbootstrapの`container`セレクターを割り当てます。これは、ページ内の要素を簡単にグルーピングできる方法です。このコンテナー（container）内に2つの`div`要素を配置します。

1つ目の`div`要素は`page_header`ブロックを含みます❷。ほとんどのページで、タイトルにこのブロックを使用します。このセクションをページの残りの部分と分けて目立たせるために、ヘッダーの下部にパディングを足します。**パディング**（padding）とは、要素の本体と境界との間にあるすき間を指します。セレクター `pb-2` はbootstrapのスタイル指示で、適度な余白（padding）を要素の下部（bottom）につけ足します。**マージン**は、ページ内のある要素の境界と別の要素との間にあるすき間を指します。セレクター `mb-2` は、この`div`の下部に適度なマージンを追加します。このブロックの下部だけに枠線をつけたいので、`border-bottom`セレクターを使って`page_header`ブロックの下部に細い枠線を引きます。

続いて、`div`要素をもう1つ定義します❸。ここには`content`ブロックがあります。このブロックには特定のスタイルを適用しないので、どのページでもコンテンツに合わせてスタイリングできます。base.htmlファイルの最後で`main`、`body`、`html`の各タグを閉じます。

「学習ノート」のホームページをWebブラウザーで読み込むと、**図9-1**のように、プロが作成したものと遜色のない見た目のナビゲーションバーが表示されます。画面の幅を思い切り狭めてみると、ナビゲーションバーはボタンに置き換わります。ボタンをクリックすると、すべてのリンクがドロップダウンリストで表示されます。

268

「学習ノート」にスタイルを設定する

Jumbotronを使用してホームページにスタイルを設定する

Jumbotron（ジャンボトロン）と呼ばれるBootstrapの要素を使用してホームページを更新しましょう。Jumbotronはページの他の部分よりもひときわ目立つ大きなボックスで、プロジェクト全体の簡潔な説明とサイトの閲覧者に参加を促すメッセージを掲載するためにホームページでよく使われます。

次に示すのが改訂版のindex.htmlファイルです。

index.html

```
{% extends "learning_logs/base.html" %}

❶ {% block page_header %}
❷   <div class="p-3 mb-4 bg-light border rounded-3">
      <div class="container-fluid py-4">
❸       <h1 class="display-3">学んだことを記録しよう</h1>

❹       <p class="lead">自分だけの学習ノートを作成して、学んだことをいつでも
          振り返れるようにしよう。<br>
          何か新しいことを学んだら、その内容を要約した記事を書こう。</p>

❺       <a class="btn btn-primary btn-lg mt-1"
          href="{% url 'accounts:register' %}">登録する &raquo;</a>
      </div>
    </div>
{% endblock page_header %}
```

まず、Djangoに`page_header`ブロックの定義が始まることを伝えます❶。Jumbotronは、一連のスタイル指示を適用した2つのdiv要素として実装されます❷。外側のdivには、余白とマージンの設定、明るい背景色、角丸の指定があります。内側のdivはコンテナーで、ウィンドウのサイズに合わせて、余白も含めた大きさが変化します。py-4セレクターはdiv要素の上下（y軸）に余白を追加します。これらの設定値を自由に調整して、ホームページがどのように変化するか見てみましょう。

Jumbotronの内部には3つの要素があります。1つ目は「学んだことを記録しよう」という短いメッセージで、はじめて訪れたユーザーに「学習ノート」とは何かを知らせます❸。h1要素は最上位レベルの見出しで、display-3セレクターはこの特別な見出しをよりスリムな見た目にします。長めのメッセージを表示し、ユーザーに対して「学習ノート」でできることをより詳しく説明します❹。ここは、lead（リード文）形式で書かれた段落です。通常の段落より目立たせることを意図しています。

「学習ノート」にアカウントを登録するためのリンクには、ただのテキストリンクを使わず、ボタンを作成します❺。これはヘッダーにあるのと同じリンクですが、ボタンはページ内で目立つので、閲覧者に対してこのプロジェクトを使いはじめるために何をする必要があるかを明示できます。この部分のセレクターは、次の行動

第**9**章　アプリケーションのスタイル設定とデプロイ

を促すボタンのサイズを大きくスタイリングします。»というコードは**HTMLエンティティ**で、2つの大な
り記号が合体したような表示になります（>>）。最後に、divの終了タグを記述し、page_headerブロックを閉
じます。このファイルにはdiv要素は2つしかないので、divの終了タグに目印をつけてもそれほど役に立たな
いでしょう。このページにはこれ以上コンテンツを追加しないので、contentブロックは定義しません。

　ホームページは**図9-1**のような見た目となります。スタイルの設定されていないプロジェクトから大幅に改善
されました！

◢ ログインページにスタイルを設定する

　ログインページの全体的な見た目は洗練されましたが、ログインフォームにはまだ着手していません。
login.htmlを変更し、フォームとページの他の部分の見た目を統一しましょう。

login.html
```
  {% extends 'learning_logs/base.html' %}
❶ {% load django_bootstrap5 %}

❷ {% block page_header %}
    <h2>アカウントにログイン</h2>
  {% endblock page_header %}

  {% block content %}

    <form action="{% url 'accounts:login' %}" method='post'>
      {% csrf_token %}
❸     {% bootstrap_form form %}
❹     {% bootstrap_button button_type="submit" content="ログイン" %}
    </form>

  {% endblock content %}
```

　bootstrap5テンプレートタグをこのテンプレートに読み込みます❶。次に、page_headerブロックを定義
し、このページが何のためのものかを記述します❷。テンプレートから{% if form.errors %}ブロックを削
除したことに注意してください。django-bootstrap5はフォームのエラーを自動的に管理します。

　フォームを表示するために、テンプレートタグ{% bootstrap_form %}を使用します❸。このタグは**第8章**
で使用した{{ form.as_div }}タグを置き換えるものです。テンプレートタグ{% bootstrap_form %}は、
フォーム生成時にBootstrapのスタイルルールをフォームの個々の要素に挿入します。送信ボタンを生成する
ために{% bootstrap_button %}タグを記述します。このとき、送信ボタンらしい見た目とラベルにログインと
指定するための引数を渡します❹。

図9-2は現在のログインフォームの表示です。ページがよりすっきりとし、スタイルが統一されて目的が明確になりました。間違ったユーザー名やパスワードでログインを試してみてください。エラーメッセージも統一感のあるスタイルで、サイト全体にうまく馴染んでいることがわかります。

図9-2　Bootstrapでスタイリングしたログインページ

トピック一覧ページにスタイルを設定する

情報を見るためのページにも適切にスタイルを設定しましょう。まずはトピック一覧ページです。

topics.html

```
{% extends 'learning_logs/base.html' %}

{% block page_header %}
❶    <h1>トピック一覧</h1>
{% endblock page_header %}

{% block content %}
❷    <ul class="list-group border-bottom pb-2 mb-4">
     {% for topic in topics %}
❸      <li class="list-group-item border-0">
         <a href="{% url 'learning_logs:topic' topic.id %}">
           {{ topic.text }}</a>
       </li>
```

第**9**章　アプリケーションのスタイル設定とデプロイ

```
       {% empty %}
❹        <li class="list-group-item border-0">トピックはまだ作成されていません。</li>
       {% endfor %}
     </ul>

     <a href="{% url 'learning_logs:new_topic' %}">新規トピックを追加</a>

   {% endblock content %}
```

このファイルではbootstrap5のカスタムテンプレートを使用しないため、{% load bootstrap5 %}タグは不要です。見出し「トピック一覧」をpage_headerブロックに移動し、単純な段落を<h1>要素に置き換えます❶。

このページの主要なコンテンツはトピックの一覧です。そこで、Bootstrapの**list group**コンポーネントを使用してページをレンダリングします。このコンポーネントを使用すると、一連のシンプルなスタイル指定が、リスト全体とリストの個々のアイテムに対して適用されます。<ul>タグを開始するときにlist-groupクラスを含めて、リストに対してデフォルトのスタイル指定を適用します❷。リストをさらにカスタマイズします。リストの下部に罫線を追加し、またリストの下に少し余白を加え（pb-2）、さらに下部の罫線の下に少しマージンを追加します（mb-4）。

リストの各アイテムにはlist-group-itemクラスが必要です。また、個別のアイテムを囲む罫線を取り除くようにカスタマイズします❸。リストが空の場合に表示するメッセージについても、同じクラスを使います❹。

トピック一覧ページを表示すると、ホームページと統一されたスタイルのページになっているはずです。

個別トピックページの各記事にスタイルを設定する

個別トピックページでは、各記事を目立たせるためにBootstrapのカード（card）コンポーネントを使用します。**カード**は、あらかじめスタイルが定義されたdiv要素のまとまりです。入れ子構造に対応し柔軟なので、トピックの記事を表示するのに最適です。

topic.html
```
{% extends 'learning_logs/base.html' %}

❶ {% block page_header %}
   <h1>{{ topic.text }}</h1>
   {% endblock page_header %}

   {% block content %}
     <p>
       <a href="{% url 'learning_logs:new_entry' topic.id %}">新しい記事を追加</a>
     </p>
```

```
   {% for entry in entries %}
❷    <div class="card mb-3">
       <!-- カードの見出し。作成日時と編集用のリンクを含む -->
❸      <h4 class="card-header">
         {{ entry.date_added|date:'Y年m月d日 H:i' }}
❹        <small><a href="{% url 'learning_logs:edit_entry' entry.id %}">
            記事を編集</a></small>
       </h4>
       <!-- カードの本体。記事の本文を含む -->
❺      <div class="card-body">{{ entry.text|linebreaks }}</div>
     </div>
   {% empty %}
❻    <p>このトピックにはまだ記事がありません。</p>
   {% endfor %}

{% endblock content %}
```

はじめにトピック名をpage_headerブロックに配置します❶。次に、このテンプレートで使用していた順序なしリストのタグを削除します。各記事をリストのアイテムとする代わりにcardセレクターを持つdiv要素を開始します❷。このカードには入れ子の要素が2つあります。1つは作成日時と編集用のリンクを含み、もう1つは記事の本文を含みます。cardセレクターがこのdivに必要なスタイルのほとんどをカバーします。各カードの下部に小さなマージンを追加するようにカスタマイズします（mb-3）。

カード内のはじめの要素は見出しで、<h4>タグにcard-headerセレクターが指定されています❸。カードの見出しには記事が作成された日時と記事の編集画面へのリンクが含まれます。<small>タグで囲まれたedit_entryへのリンクは作成日時よりも小さく表示されます❹。2つ目の要素はcard-bodyセレクターが指定されたdivです❺。これはカード上のシンプルなボックスに記事の本文を表示します。ページに情報を取り込むためのDjangoコードが変更されていない点に注意してください。ページの見た目に関わる要素だけが変更されています。順序なしリストはなくなったので、記事がない場合のメッセージを囲むリスト項目タグ（<li>）をシンプルな段落タグ（<p>）で置き換えます❻。

図9-3が新しい個別トピックページの見え方です。「学習ノート」の機能に変更はありませんが、とてもプロっぽい見た目で魅力的になりました。

プロジェクトに別のBootstrapテンプレートを使用する場合は、この章でここまでに行ったものと同様の手順を実行してください。使いたいテンプレートをbase.htmlにコピーし、実際のコンテンツを含む要素を修正し、テンプレートにプロジェクトの情報が表示されるようにします。そしてBootstrapの個別のスタイル設定ツールを使用し、各ページのコンテンツにスタイルを設定します。

第9章 アプリケーションのスタイル設定とデプロイ

NOTE Bootstrapプロジェクトにはすばらしいドキュメントがあります。ホームページhttps://getbootstrap.comにアクセスして［Docs］をクリックすれば、Bootstrapについてさらに詳しく学ぶことができます。

訳注

Bootstrapプロジェクトの日本語ホームページはhttps://getbootstrap.jp/です。［ドキュメント］から日本語ドキュメントを参照できます。

図9-3　Bootstrapでスタイル設定した個別トピックページ

やってみよう

9-1. 他のフォーム

ここまでの内容でloginページにBootstrapのスタイルが適用されました。フォームを持つ残りのページ（new_topic、new_entry、edit_entry、register）にも同様の変更を行ってください。

9-2. スタイリッシュなブログ

Bootstrapを使用し、**第8章**で作成したブログプロジェクトにスタイルを設定してください。

「学習ノート」をデプロイする

これでプロ並みの見た目のプロジェクトができあがったので、プロジェクトを公開サーバーにデプロイし、インターネットに接続すれば誰でも利用できるようにしましょう。ここでは、Platform.shというWebベースのプラットフォームを利用します。Platform.shを使うことで、Webアプリケーションのデプロイを管理できます。「学習ノート」をPlatform.shで実行します。

Platform.shのアカウントを作成する

アカウントを作成するには、https://platform.shを表示し、[Free Trial]ボタンをクリックします。執筆時点では、Platform.shにはクレジットカードを必要としない無料枠があります。トライアル期間中は、最小限のリソースでアプリケーションをデプロイできるため、有料のホスティングプランに申し込む前に、プロジェクトを公開環境でテストできます。

 トライアルプランの制限は、スパムやリソースの濫用に対応するため、定期的に変更される傾向があります。無料トライアルの現在の制限については、https://platform.sh/free-trialで確認できます。

Platform.sh CLIをインストールする

Platform.shのサーバーにプロジェクトをデプロイして管理するには、コマンドラインインターフェース（Command Line Interface、CLI）で提供されるツールが必要になります。最新バージョンのCLIをインストールするには、https://docs.platform.sh/development/cli.htmlを開き、使用しているOSのガイドに従ってください。

ほとんどのシステムで、次のコマンドをターミナルから実行すれば、CLIをインストールできます。

```
$ curl -fsS https://platform.sh/cli/installer | php
```

訳注

翻訳時点では、CLIのインストールは次のコマンドで行うように、https://docs.platform.sh/administration/cli.htmlに記載されています。こちらの最新版でインストールしてください。

```
$ curl -fsSL https://raw.githubusercontent.com/platformsh/cli/main/installer.sh | bash
```

このコマンドの実行が完了したら、CLIを利用する前に新しいターミナルウィンドウを開く必要があります。

 このコマンドはおそらくWindowsの標準ターミナルでは動作しないでしょう。その場合はWindows Subsystem for Linux（WSL）かGit Bashターミナルを使ってください。PHPをインストールする必要がある場合は、https://apachefriends.orgからXAMPPインストーラーを使うことができます。Platform.sh CLIのインストールがうまくいかない場合は、**付録**の「B デプロイのトラブルシューティング」（308ページ）にある詳細なインストール手順を参照してください。

訳注

翻訳時点では、https://docs.platform.sh/administration/cli.htmlにWindows用のCLIインストールツールとしてScoopが追加されています。

◤ platformshconfigをインストールする

platformshconfigという追加パッケージもインストールする必要があります。このパッケージはプロジェクトがローカルシステムで動作しているのか、Platform.shサーバーで動作しているのかを検知します。アクティブな仮想環境で次のコマンドを実行してください。

```
(ll_env)learning_log$ pip install platformshconfig
```

このパッケージは、公開サーバーで動作させるためにプロジェクトの設定を変更する際に使用します。

◤ requirements.txtファイルを作成する

リモートサーバーは「学習ノート」が依存するパッケージを知る必要があるので、pipを利用してパッケージをリストアップしたファイルを作成しましょう。再び仮想環境が有効な状態で次のコマンドを実行してください。

```
(ll_env) learning_log$ pip freeze > requirements.txt
```

freezeコマンドは、現在プロジェクトにインストールされているすべてのパッケージの名前を出力するようにpipに指示します。ここではrequirements.txtというファイルに出力を書き込んでいます。このファイルを開き、プロジェクトにインストールされたパッケージの名前とバージョンを確認してください。

```
requirements.txt
asgiref==3.8.1
beautifulsoup4==4.12.3
Django==4.2
django-bootstrap5==24.2
platformshconfig==2.4.0
soupsieve==2.6
sqlparse==0.5.1
```

「学習ノート」はすでに7つの異なるパッケージの特定のバージョンに依存しているため、プロジェクトを適切に動作させるには同じバージョンがインストールされた特定の環境が必要です（このうち3つのパッケージは手動でインストールしたもので、他の4つはこれらのパッケージとの依存関係から自動でインストールされたものです）。

「学習ノート」をデプロイすると、Platform.shはrequirements.txtに記載されたすべてのパッケージをインストールし、ローカル環境と同じパッケージを使用した環境を構築します。これにより、デプロイされたプロジェクトがローカル環境と同じように動作することに確信を持てます。このようなプロジェクト管理の方法は、システム上で複数のプロジェクトを構築・維持するうえで非常に重要です。

 もしもシステム上のパッケージのバージョン番号がここに記載されているものと異なる場合は、システム上のバージョンをそのまま使用してください。

デプロイに必要な追加の要件

公開サーバーには追加で2つのパッケージが必要です。これらのパッケージは、本番環境で多くのユーザーが同時にリクエストを送れるようにするために使用します。

requirements.txtを保存したフォルダーに、requirements_remote.txtという名前のファイルを新たに作成してください。次の2つのパッケージを追加します。

```
requirements_remote.txt
# 公開プロジェクトに必要なパッケージ
gunicorn
psycopg2
```

gunicornパッケージはリモートサーバーへのリクエストに応答します。開発に使用していたローカルサーバーに代わるものです。psycopg2パッケージは、Platform.shが使用するPostgresデータベースをDjangoから管理するために必要です。**Postgres**（ポストグレス）は、本番環境アプリでの利用にたいへん適したオープンソースのデータベースです。

第**9**章　アプリケーションのスタイル設定とデプロイ

設定ファイルを追加する

どのホスティングプラットフォームでも、提供するサーバーでプロジェクトを正しく実行するために、何らかの設定が必要です。この節では、3つの設定ファイルを追加します。

- **.platform.app.yaml**
  プロジェクトのメインの設定ファイルです。Platform.shに対して、デプロイするプロジェクトの種類や必要なリソースの種類を伝え、サーバー上でプロジェクトをビルドするためのコマンドを含んでいます。

- **.platform/routes.yaml**
  このファイルは、プロジェクトのルート設定を定義します。Platform.shが受け取るリクエストをプロジェクトに振り分けるための設定です。

- **.platform/services.yaml**
  プロジェクトが必要とする追加のサービスを定義します。

　これらはすべてYAML形式のファイルです（YAMLはYAML Ain't Markup Languageの略で、「YAMLはマークアップ言語ではありません」という意味です）。**YAML**は設定を記述するために設計された言語です。人間にも、コンピューターにも簡単に読めるように作られています。典型的なYAMLファイルは、手動で書いたり変更したりできるだけでなく、コンピューターも間違えることなく読んだり解釈したりすることができます。

　YAMLファイルは、デプロイの設定に非常に便利です。デプロイの過程を細かく制御できるからです。

隠しファイルを表示する

　多くのオペレーティングシステムでは、.platformのように名前がドットで始まるファイルやフォルダーが隠されています。ファイルブラウザーを開いたとき、初期状態ではこれらのファイルやフォルダーは表示されません。しかしプログラマーのあなたは隠しファイルを見る必要があります。隠しファイルを表示する方法は次のとおりです。OSごとに記述します。

- **Windowsの場合**
  エクスプローラーを開き、「デスクトップ」などのフォルダーを開きます。［表示］タブをクリックし、［ファイル名拡張子］と［隠しファイル］がチェックされていることを確認します。

- **macOSの場合**
  Finderウィンドウで ⌘ + Shift + . キーを同時に押すと、隠しファイルと隠しフォルダーが表示されます。

- **UbuntuなどLinuxの場合**
  ファイルブラウザーで Ctrl + H キーを押すと隠しファイルと隠しフォルダーが表示されます。この設定を永続化するには、Nautilusなどのファイルブラウザーを開き、optionsタブ（3本線で示されます）をクリックします。［Show Hidden Files］のチェックボックスを選択します。

.platform.app.yaml設定ファイル

最初の設定ファイルは、もっとも長いファイルです。これは、デプロイのプロセス全体を制御しているためです。部分ごとに見ていきますので、テキストエディターに手入力するか、サポートページ（https://gihyo.jp/book/2024/978-4-297-14526-2/support）からコピーをダウンロードしてください。

次の内容が.platform.app.yamlの最初の部分です。このファイルはmanage.pyと同じフォルダーに保存してください。

.platform.app.yaml

```
❶  name: "ll_project"
   type: "python:3.10"

❷  relationships:
       database: "db:postgresql"

   # アプリがウェブに公開されるときの設定
❸  web:
       upstream:
           socket_family: unix
       commands:
❹          start: "gunicorn -w 4 -b unix:$SOCKET ll_project.wsgi:application"
❺      locations:
           "/":
               passthru: true
           "/static":
               root: "static"
               expires: 1h
               allow: true

   # アプリケーションの永続ディスクのサイズ（MB単位）
❻  disk: 512
```

このファイルを保存するときは、ファイル名の先頭にドット（.）が含まれていることを確認してください。ドットを省略するとPlatform.shがファイルを見つけられず、プロジェクトのデプロイができません。

今は.platform.app.yamlに書かれているすべてを理解する必要はありません。設定の中でもっとも重要な部分を解説します。ファイルの先頭でnameにプロジェクト名'll_project'を指定します。これは、プロジェクトを開始したときに使った名前と一貫性を持たせるためです❶。使用するPythonのバージョンも指定する必要があります（本書の執筆時点では3.10です）。サポートされているバージョンの一覧についてはhttps://docs.platform.sh/languages/python.htmlを参照してください。

第**9**章　アプリケーションのスタイル設定とデプロイ

> **訳注**
>
> 翻訳時点でのPythonのバージョンは3.12になります。

　次にrelationshipsというセクションで、プロジェクトが必要とする他のサービスとの関連を定義します❷。ここでは、Postgresデータベースとの関連のみを定義します。その次はwebセクションです❸。commands:startセクションには、Platform.shがどのプロセスを使用してリクエストを処理するかを指定します。ここではgunicornがリクエストを処理するように指定しています❹。このコマンドはローカル環境で使用していたpython manage.py runserverコマンドの代わりになります。

　locationsセクションには、Platform.shが受け取ったリクエストをどこに送るかを指定します❺。ほとんどのリクエストはgunicornに引き渡されます。urls.pyファイルにはgunicornがこれらのリクエストをどのように処理するかが正確に記述されています。静的ファイルへのリクエストは別途処理され、1時間に1回リフレッシュされます。最後の行は、Platform.shのサーバーに512MBのディスク領域を要求していることを示しています❻。

　.platform.app.yamlの残りの部分は次のとおりです。

```
--省略--
cisk: 512

# ログ用に読み書き可能なローカルマウントポイントを設定
❶ mounts:
        "logs":
            source: local
            source_path: logs

# アプリケーションライフサイクルのさまざまなタイミングで実行されるフック
❷ hooks:
    build: |
❸        pip install --upgrade pip
         pip install -r requirements.txt
         pip install -r requirements_remote.txt

         mkdir logs
❹        python manage.py collectstatic
         rm -rf logs
❺    deploy: |
         python manage.py migrate
```

280

mountsセクションでは、プロジェクトの実行中にデータを読み書きできるフォルダーを定義します❶。このセクションでは、デプロイされたプロジェクトのlogs/ディレクトリを定義します。

　hooksセクションには、デプロイプロセスのさまざまな場面で実行されるアクションを定義します❷。buildセクションでは、公開環境でプロジェクトを提供するために必要なすべてのパッケージをインストールします❸。また、collectstaticを実行し、プロジェクトに必要なすべての静的ファイルを1か所に集めて、効率的に提供できるようにします❹。

　最後に、deployセクションでは、プロジェクトをデプロイするたびにマイグレーションが実行されるよう指定します❺。単純なプロジェクトでは、変更がない場合、この指定は特に影響を与えません。

　他の2つの設定ファイルはかなり短いです。今すぐ書きましょう。

routes.yaml設定ファイル

　ルート（route）とは、リクエストがサーバーで処理される際に通る経路のことです。リクエストを受信したとき、Platform.shはそのリクエストをどこに送るべきかを知る必要があります。

　manage.pyと同じフォルダーに.platformという新しいフォルダーを作成します。名前の先頭にドットを含めることを忘れないでください。そのフォルダーの中にroutes.yamlというファイルを作成し、次の内容を記述します。

```
.platform/routes.yaml

# 受け取ったURLをPlatform.shがどのように処理するかを記述する

"https://{default}/":
    type: upstream
    upstream: "ll_project:http"

"https://www.{default}/":
    type: redirect
    to: "https://{default}/"
```

　このファイルにより、https://project_url.comやwww.project_url.comのようなリクエストがすべて同じ場所にルーティングされるようになります。

services.yaml設定ファイル

　この最後の設定ファイルでは、プロジェクトの実行に必要なサービスを指定します。このファイルを、.platform/フォルダー内のroutes.yamlと同じ場所に保存します。

第**9**章 アプリケーションのスタイル設定とデプロイ

.platform/services.yaml
```
# リストアップされた各サービスは、Platform.shプロジェクトの一部として
# それぞれ個別のコンテナにデプロイされる

db:
    type: postgresql:12
    disk: 1024
```

このファイルには、Postgresデータベースという1つのサービスだけが定義されています。

Platform.sh用にsettings.pyを変更する

settings.pyの最後に、Platform.shの環境に合わせた設定を追加する必要があります。settings.pyの末尾に次のコードを追記します。

settings.py
```
ー省略ーー
# Platform.sh の設定
❶ from platformshconfig import Config

config = Config()
❷ if config.is_valid_platform():
❸     ALLOWED_HOSTS.append('.platformsh.site')

❹     if config.appDir:
            STATIC_ROOT = Path(config.appDir) / 'static'
❺     if config.projectEntropy:
            SECRET_KEY = config.projectEntropy

      if not config.in_build():
❻         db_settings = config.credentials('database')
          DATABASES = {
              'default': {
                  'ENGINE': 'django.db.backends.postgresql',
                  'NAME': db_settings['path'],
                  'USER': db_settings['username'],
                  'PASSWORD': db_settings['password'],
                  'HOST': db_settings['host'],
                  'PORT': db_settings['port'],
              },
          }
```

282

通常、import文はモジュールの先頭に記述しますが、この場合はリモート環境固有の設定を1か所に集めておくほうが便利です。platformshconfigからConfigをインポートします❶。これは、リモートサーバーの設定を判別するのに役立ちます。config.is_valid_platform()メソッドがTrueを返したときだけ、設定を変更します❷。これは、その設定がPlatform.shサーバー上で使用されていることを示します。

ALLOWED_HOSTSを変更して、.platformsh.siteで終わるホストからプロジェクトを提供できるようにします❸。無料枠にデプロイされるすべてのプロジェクトは、このホストを利用して提供されます。デプロイされたアプリのフォルダーに設定が読み込まれた場合に、静的ファイルが正しく提供されるようにSTATIC_ROOTを設定します❹。また、より安全なSECRET_KEYをリモートサーバーに設定します❺。

最後に、本番用データベースを設定します❻。これは、ビルドプロセスが終了し、プロジェクトが提供されているときにのみ設定されます。ここにあるすべての設定は、Platform.shがプロジェクト用にセットアップしたPostgresサーバーとDjangoが通信するために必要です。

プロジェクトファイルを追跡するためにGitを使う

第6章で紹介したように、Gitはバージョン管理プログラムで、新機能を実装するたびにプロジェクトのスナップショットを残すことができます。もし何か不都合が生じても、最後に動作していたプロジェクトのスナップショットに簡単に戻すことができます。たとえば、新機能の開発中にうっかりバグを発生させてしまったときなどです。それぞれのスナップショットは**コミット**と呼ばれます。

Gitを使えば、プロジェクト全体を損なう心配をせずに新機能の実装を試せます。公開サーバーにデプロイするときには、デプロイしようとしているプロジェクトが動作するバージョンであることを確認する必要があります。Gitとバージョン管理についてより深く知りたい方は**付録**の「A バージョン管理にGitを使う」(298ページ)を参照してください。

Gitをインストールする

Gitはすでにシステムにインストールされているかもしれません。確認するには、新たにターミナル画面を開いてgit --versionコマンドを実行してください。

```
(ll_env) learning_log$ git --version
git version 2.30.1 (Apple Git-130)
```

もしエラーメッセージが表示されるようなら、**付録**に記載されているGitのインストール手順を参照してください。

Gitの環境設定をする

Gitは誰がプロジェクトに対して変更を行ったかを追跡して記録します。たとえプロジェクトの作業者が1人だったとしても、それは変わりません。そのため、ユーザー名とメールアドレスをGitに知らせる必要があります。ユーザー名は必須ですが、練習用プロジェクトであればメールアドレスの入力は任意です。

```
(ll_env) learning_log$ git config --global user.name "eric"
(ll_env) learning_log$ git config --global user.email "eric@example.com"
```

このステップを忘れた場合には、初回のコミット時にこれらの情報を入力するように求められるでしょう。

ファイルを無視する

プロジェクト内のすべてのファイルをGitの追跡対象にする必要はありません。Gitに対して無視してよいファイルを知らせましょう。.gitignoreという名前のファイルをmanage.pyと同じフォルダーに作成してください。ファイル名がドット（.）で始まり、拡張子がないことに注意してください。次に示すのが.gitignoreの例です。

```
.gitignore
ll_env/
__pycache__/
*.sqlite3
```

Gitに対してll_envフォルダー全体を無視するように指定しています。このフォルダーはいつでも自動的に再構築されるからです。__pycache__フォルダーも追跡の対象外となっています。ここに入るのは.pycファイルです。このファイルは.pyファイルを実行するときに自動的にできるものなので、追跡する必要はありません。ローカル環境にあるデータベースの変更も追跡しません。データベースの変更を追跡するのは悪いクセです。もしサーバーでSQLiteを使っていたら、プロジェクトをプッシュしたときに誤って本番環境のデータベースをローカル環境のテスト用データベースで上書きしてしまいかねません。*.sqlite3のアスタリスクは拡張子「.sqlite3」で終わるすべてのファイルを無視するようにGitに指示します。

 macOSを利用している場合、.DS_Storeを.gitignoreに加えてください。これはmacOSのフォルダー設定情報を保存するファイルで、プロジェクトにはまったく関係ありません。

プロジェクトをコミットする

「学習ノート」でGitを利用するには、リポジトリを初期化して必要なファイルを追加し、プロジェクトの初期状態としてコミットする必要があります。次がその手順です。

```
❶ (ll_env)learning_log$ git init
  Initialized empty Git repository in /Users/eric/.../learning_log/.git/
❷ (ll_env)learning_log$ git add .
❸ (ll_env)learning_log$ git commit -am "Platform.shにデプロイする準備が完了"
  [main (root-commit) c7ffaad] Platform.shにデプロイする準備が完了
   42 files changed, 879 insertions(+)
   create mode 100644 .gitignore
   create mode 100644 .platform.app.yaml
   --省略--
   create mode 100644 requirements_remote.txt
❹ (ll_env)learning_log$ git status
  On branch main
  nothing to commit, working tree clean
  (ll_env)learning_log$
```

「学習ノート」プロジェクトを含むフォルダーでgit initコマンドを実行し、空のリポジトリを初期化します
❶。次に、git add .コマンドを実行します。.gitignoreで無視の対象としたものを除くすべてのファイルが
リポジトリに追加されます（ドットをお忘れなく）❷。続いて、git commit -am "commit message"コマンド
を実行します。-aフラグは変更のあったすべてのファイルをこのコミットに含めるための指示で、-mフラグは
ログメッセージを記録するためのものです❸。

git statusコマンドによれば、現在**main**ブランチを対象に作業しており、作業ツリーは**クリーン**（clean）
な状態です❹。Platform.shにプロジェクトをプッシュするときは常にこれが望ましい状態です。

Platform.shにプロジェクトを作成する

この時点で、「学習ノート」プロジェクトはローカルシステムで動作しており、またリモートサーバーでも正し
く動作するように設定されています。ここからは、Platform.sh CLIを使ってサーバー上に新しいプロジェク
トを作成し、プロジェクトをリモートサーバーにプッシュします。

ターミナルでlearning_log/ディレクトリにいることを確認し、次のコマンドを実行してください。

```
  (ll_env)learning_log$ platform login
  Opened URL: http://127.0.0.1:5000
  Please use the browser to log in.
  --省略--
❶ Do you want to create an SSH configuration file automatically? [Y/n] Y
```

このコマンドを実行すると、ブラウザーでログイン用のタブが開きます。ログインが完了したら、ブラウザー
のタブを閉じてターミナルに戻ることができます。SSH設定ファイルの作成についてプロンプトが表示された
場合は、リモートサーバーにあとで接続できるようにYを入力してください❶。

第**9**章　アプリケーションのスタイル設定とデプロイ

それでは、プロジェクトを作成しましょう。出力が多くなるので、作成プロセスを段階ごとに確認していきます。まず、createコマンドを実行してください。

```
(ll_env)learning_log$ platform create
* Project title (--title)
Default: Untitled Project
❶ > ll_project

* Region (--region)
The region where the project will be hosted
  --省略--
  [us-3.platform.sh] Moses Lake, United States (AZURE) [514 gCO2eq/kWh]
❷ > us-3.platform.sh
* Plan (--plan)
Default: development
Enter a number to choose:
  [0] development
  --省略--
❸ > 0

* Environments (--environments)
The number of environments
Default: 3
❹ > 3

* Storage (--storage)
The amount of storage per environment, in GiB
Default: 5
❺ > 5
```

最初のプロンプトではプロジェクト名を聞かれますので、ll_projectという名前を使います❶。次のプロンプトでは、サーバーのリージョン（地域）を尋ねられます❷。お住まいの地域にもっとも近いサーバーを選んでください。筆者の場合はus-3.platform.shです。残りのプロンプトについては、デフォルトの設定で大丈夫です。サーバーのプランはもっとも低いdevelopmentプラン❸、プロジェクト用の環境は3つ❹、プロジェクト全体のストレージは5GBです❺。

訳注

翻訳時点では、createコマンドのプロンプトには次のような違いがあります。

- 新たにプロジェクトを作成する際に、携帯電話による本人確認と、所属する組織（organization）の作成が必要です。それぞれ、画面の指示に従って入力を進めてください。組織の作成が完了すると、プロジェクトについてのプロンプトが表示されます。

286

- Plan、Environments、Storageのプロンプトは表示されません。デフォルトの設定がそのまま適用されます。

応答が必要なプロンプトはあと3つです。

```
Default branch (--default-branch)
The default Git branch name for the project (the production environment)
Default: main
❶ > main

Git repository detected: /Users/eric/.../learning_log
❷ Set the new project ll_project as the remote for this repository? [Y/n] Y

The estimated monthly cost of this project is: $10 USD
❸ Are you sure you want to continue? [Y/n] Y

The Platform.sh Bot is activating your project
```

```
The project is now ready!
```

　Gitリポジトリには複数のブランチを持つことができます。Platform.shが、プロジェクトのデフォルトブランチをmainにするかどうかを確認しています❶。そして、ローカルプロジェクトのリポジトリをリモートリポジトリに接続するかどうかを聞かれます❷。最後に、このプロジェクトをトライアル期間を超えて実行し続けると、毎月約$10の費用がかかることが通知されます❸。まだクレジットカード情報を入力していない場合は、この費用を気にする必要はありません。クレジットカードを追加しないまま無料トライアルの制限を超えると、プロジェクトは一時的に停止されます。

Platform.shにプッシュする

　公開バージョンのプロジェクトを見る前の最後のステップは、リモートサーバーにコードをプッシュすることです。そのためには、次のコマンドを実行します。

```
(ll_env)learning_log$ platform push
❶ Are you sure you want to push to the main (production) branch? [Y/n]  Y
--省略--
```

```
The authenticity of host 'git.us-3.platform.sh (...)' can't be established.
RSA key fingerprint is SHA256:Tvn...7PM
❷ Are you sure you want to continue connecting (yes/no/[fingerprint])? Y
Pushing HEAD to the existing environment main
--省略--
 To git.us-3.platform.sh:3pp3mqcexhlvy.git
  * [new branch]      HEAD -> main
```

コマンドplatform pushを実行すると、プロジェクトをプッシュするかどうか再度確認を求められます❶。初回接続時には、Platform.shの認証に関するメッセージが表示されることがあります❷。これらのプロンプトにそれぞれYを入力すると、大量の出力がスクロールして表示されます。この出力は、最初はわかりにくいかもしれませんが、何か問題が発生した場合には、トラブルシューティングに非常に役立ちます。出力をざっと確認すると、Platform.shが必要なパッケージをインストールし、静的ファイルを収集し、マイグレーションを適用し、プロジェクトのURLを設定していることがわかります。

設定ファイルのタイプミスなど、簡単に特定できるエラーが発生する場合があります。このような場合は、テキストエディターでエラーを修正し、ファイルを保存してgit commitコマンドを再度実行してください。その後、再度platform pushコマンドを実行してください。

公開されたプロジェクトを確認する

プッシュが完了したら、プロジェクトを表示することができます。

```
(ll_env)learning_log$ platform url
Enter a number to open a URL
 [0] https://main-bvxea6i-wmye2fx7wwqgu.us-3.platformsh.site/
 --省略--
 > 0
```

platform urlコマンドは、デプロイされたプロジェクトに関連するURLをリスト表示します。プロジェクトで利用できるいくつかのURLが選択肢として提示されます。1つ選択すると、ブラウザーの新しいタブでプロジェクトが表示されます！これはローカルで実行しているプロジェクトと同じように見えますが、このURLは誰とでも共有でき、誰でもアクセスしてプロジェクトを利用できます。

トライアルアカウントでプロジェクトをデプロイした際に、ページの読み込みに通常より時間がかかることがあっても驚かないでください。多くのホスティングプラットフォームでは、アイドル状態の無料リソースは一時停止され、新しいリクエストが来たときにだけ再開されます。たいていは、有料プランのほうがはるかにレスポンスが速いです。

Platform.shのデプロイを改良する

それではデプロイの作業をより改良しましょう。ローカル環境で行ったのと同様にスーパーユーザーを作成します。また、DEBUGの設定をFalseに変更してプロジェクトをより安全なものにします。これにより、サーバーの攻撃につながるような追加情報がユーザー向けのエラーメッセージに表示されなくなります。

Platform.shでスーパーユーザーを作成する

公開プロジェクトのデータベースはセットアップされましたが、中身は空の状態です。先ほど作成したすべてのユーザーは、ローカル環境のプロジェクトにしか存在しません。

公開プロジェクトでスーパーユーザーを作成するために、SSH（セキュアソケットシェル）セッションを開始してリモートサーバーで管理コマンドを実行します。

```
(ll_env)learning_log$ platform environment:ssh

                                   ┌─┐┌─┐
 ┌─┐┌─┐┌─┐ ┌┬┐┌─┐┌─┐┌┬┐ ┌─┐┌┬┐
 Welcome to Platform.sh.
❶ web@ll_project.0:~$ ls
accounts  learning_logs  ll_project  logs  manage.py  requirements.txt
    requirements_remote.txt  static
❷ web@ll_project.0:~$ python manage.py createsuperuser
❸ ユーザー名 (leave blank to use 'web'): ll_admin_live
メールアドレス:
Password:
Password (again):
Superuser created successfully.
❹ web@ll_project.0:~$ exit
logout
Connection to ssh.us-3.platform.sh closed.
❺ (ll_env)learning_log$
```

はじめてplatform environment:sshコマンドを実行した場合、このホストの認証に関する別のプロンプトが表示されるかもしれません。メッセージが表示されたら、Yと入力するとリモートターミナルセッションにログインできます。

sshコマンドを実行すると、ローカル環境のターミナルはリモートサーバーのターミナルと同様に動作します。プロンプトが変わっていることに注意してください。ll_projectというプロジェクトに関連付けられたwebセッションにいることがわかります❶。lsコマンドを実行すると、Platform.shサーバーにプッシュされたファイルが表示されます。

第7章で使用したのと同じcreatesuperuserコマンドを実行します❷。今回は、管理者ユーザー名にローカル環境とは別のll_admin_liveを入力しました❸。リモートターミナルセッションでの作業が終わったら、exitコマンドを入力します❹。プロンプトに、再びローカルシステムで作業していることが表示されます❺。

これで、公開アプリのURLの最後に/admin/を追加すれば管理サイトにログインできます。他の人がすでにあなたのプロジェクトを使いはじめている場合、すべてのデータにアクセスできることに注意してください！この責任を真剣に受け止めることで、ユーザーはあなたを信頼し続け、データを託してくれるでしょう。

 Windowsユーザーも、ここに示されているのと同じコマンド（dirの代わりにlsなど）を使用します。リモート接続でLinuxターミナルを実行しているからです。

公開中のプロジェクトを保護する

現在のプロジェクトのデプロイ方法には、セキュリティ上明らかな問題が1つあります。それは、settings.pyにDEBUG=Trueが設定されていることです。このため、エラー発生時にはデバッグメッセージが表示されます。Djangoのエラーページには、プロジェクトの開発中に不可欠なデバッグのための情報が表示されています。しかし、もし公開サーバーでこの設定を有効にしていると、攻撃者に対してあまりに多くの情報を与えることになります。

この問題の深刻さを確認するために、デプロイしたプロジェクトのホームページにアクセスしてください。ユーザーのアカウントにログインし、ホームページURLの末尾に/topics/999/を追加します。トピックを大量に作成していない限り、DoesNotExist at /topics/999/というメッセージのページが表示されるはずです。下にスクロールすると、プロジェクトとサーバーに関する情報がたくさん表示されます。これをユーザーには見せたくないでしょうし、サイトを攻撃しようとしている人にこの情報を絶対に知られたくないはずです。

settings.pyの、デプロイされたプロジェクトだけに適用される部分でDEBUG = Falseを設定することで、この情報が公開サイトに表示されないようにできます。こうすることで、ローカル環境では引き続き有用なデバッグ情報を確認できますが、それらは公開サイトには表示されません。

テキストエディターでsettings.pyを開き、Platform.sh向けに設定を変更する部分にコードを1行追加します。

settings.py
```
--省略--
if config.is_valid_platform():
    ALLOWED_HOSTS.append('.platformsh.site')
    DEBUG = False
    --省略--
```

デプロイ版プロジェクト向けのすべての設定作業が実を結びました。公開バージョンのプロジェクトを調整したいときは、以前作業した設定の該当部分を変更するだけです。

変更をコミットしてプッシュする

今度は、settings.pyに対する変更をGitリポジトリにコミットする必要があります。そしてその変更をPlatform.shにプッシュします。ターミナルセッションでの最初の手順は次のようになります。

```
❶ (ll_env)learning_log$ git commit -am "公開サイトにDEBUG Falseを設定"
   [main d2ad0f7] 公開サイトにDEBUG Falseを設定
     1 file changed, 1 insertion(+)
❷ (ll_env)learning_log$ git status
   On branch main
   nothing to commit, working tree clean
   (ll_env)learning_log$
```

変更内容を簡潔に記述したコミットメッセージを付加し、git commitコマンドを実行します❶。-amフラグを指定すると、変更のあったすべてのファイルがコミットされてログにメッセージが記録されることを覚えておいてください。1つのファイルに変更があったことをGitは認識しています。そしてこの変更はリポジトリにコミットされました。

git statusを実行すると、リポジトリで現在作業中のブランチはmainで、今はコミットの必要な変更がないことがわかります❷。リモートサーバーにプッシュする前にステータスを確認することが重要です。クリーンなステータスでない場合、何らかの変更がコミットされておらず、その変更はサーバーにプッシュされません。commitコマンドの再実行を試みることはできます。しかし、もしここで発生する問題の解決方法がはっきりしないようなら、Gitについてさらに理解を深めるために**付録**の「A バージョン管理にGitを使う」（298ページ）を読んでください。

それでは、更新されたリポジトリをPlatform.shにプッシュしましょう。

```
(ll_env)learning_log$ platform push
Are you sure you want to push to the main (production) branch? [Y/n] Y
Pushing HEAD to the existing environment main
--省略--
  To git.us-3.platform.sh:wmye2fx7wwqgu.git
     fce0206..d2ad0f7  HEAD -> main
(ll_env)learning_log$
```

リポジトリの更新がPlatform.shに認識され、すべての変更が反映されるようにプロジェクトが再構築されます。データベースの再構築は実行されないので、この更新でデータが失われることはありません。

この変更が有効になったことを確認するには、/topics/999/のURLにもう一度アクセスしてください。Server Error（500）というメッセージだけが表示され、プロジェクトに関する機密情報は一切表示されないはずです。

エラーページをカスタマイズする

第8章で、自分が作成したものではないトピック、または記事に対するリクエストには404エラーを返すように「学習ノート」を構成しました。また、これまでに500サーバーエラー（内部エラー）も何度か見ていると思います。通常404エラーは、Djangoのコードは正常だがリクエストされたオブジェクトが存在しない、ということを意味します。500エラーは、開発したコードに何らかのエラーがあることを意味します。たとえばviews.pyの関数にエラーがあるような場合です。現在のところDjangoは、どちらの場合でも同じように標準のエラーページを返します。しかし、カスタマイズすることによって「学習ノート」の全体的な見た目によりマッチした404と500のエラーページテンプレートを作成できます。これらのテンプレートはルートのテンプレートフォルダーに配置する必要があります。

カスタムテンプレートを作成する

learning_logフォルダー内に新たにtemplatesという名前のフォルダーを作成します。次に、404.htmlという名前のファイルを新たに作成してください。このファイルのパスはlearning_log/templates/404.htmlになります。このファイルに次のコードを記述します。

404.html

```
{% extends "learning_logs/base.html" %}

{% block page_header %}
  <h2>リクエストされたページは利用できません（404）</h2>
{% endblock page_header %}
```

この簡単なテンプレートにより、一般的な404エラーページの情報を提供しつつサイトの他の部分とマッチするようなスタイリングを実現できます。

もう1つ、次のコードを使用して500.htmlというファイルを作成してください。このファイルのパスはlearning_log/templates/500.htmlです。

500.html

```
{% extends "learning_logs/base.html" %}

{% block page_header %}
  <h2>内部エラーが発生しました（500）</h2>
{% endblock page_header %}
```

これらの新しいファイルのために、settings.pyを少々変更する必要があります。

```settings.py
--省略--
TEMPLATES = [
    {
        'BACKEND': 'django.template.backends.django.DjangoTemplates',
        'DIRS': [BASE_DIR / 'templates'],
        'APP_DIRS': True,
        --省略--
    },
]
--省略--
```

　この変更により、Djangoはルートのテンプレートフォルダーで、エラーページテンプレートや特定のアプリケーションに関連付けられていない他のテンプレートを探すようになります。

変更をPlatform.shにプッシュする

　それでは、これらの変更をコミットして公開するためにPlatform.shにプッシュしましょう。

```
❶  (ll_env)learning_log$ git add .
❷  (ll_env)learning_log$ git commit -am "カスタマイズした404と500エラーページを追加"
   [main 5e42048] カスタマイズした404と500エラーページを追加
    3 files changed, 11 insertions(+), 1 deletion(-)
    create mode 100644 templates/404.html
    create mode 100644 templates/500.html
❸  (ll_env)learning_log$ platform push
   --省略--
     To git.us-3.platform.sh:wmye2fx7wwqgu.git
       d2ad0f7..9f042ef  HEAD -> main
   (ll_env)learning_log$
```

　プロジェクトにいくつか新しいファイルを作成したので、git add . コマンドを実行します❶。次に変更をコミットします❷。そして更新されたプロジェクトをPlatform.shにプッシュします❸。

　これで、表示されるエラーページの外観がサイトの他のページと変わらないものになりました。エラー発生時のユーザー体験はよりスムーズなものとなるでしょう。

開発を継続する

公開サーバーにはじめてプッシュしたあと、「学習ノート」の開発をさらに進めたり、あるいは自身のプロジェクトをデプロイしたりしたくなるかもしれません。こうしたときに行うプロジェクトの更新には、首尾一貫した手順があります。

はじめにローカル環境のプロジェクトに対して必要な変更を行います。もし変更に伴って新しいファイルを作成した場合は、git add . コマンドでこれらのファイルをGitリポジトリに追加してください（コマンドの最後にドットを含めるのをお忘れなく）。データベースのマイグレーションを伴うような変更の場合、このコマンドが必要になります。なぜなら、それぞれのマイグレーションにおいて新しいマイグレーションファイルが作成されるからです。

次に、git commit -am "commit message" コマンドを使って自分のリポジトリに対して変更をコミットします（commit message は自分のコミットメッセージに置き換えてください）。続いて、platform push コマンドで変更をPlatform.shにプッシュします。その後、公開プロジェクトを開いて想定どおりに変更が反映されていることを確認してください。

この手順の実行にはミスが伴うことが多いので、多少うまくいかないことがあっても驚くことはありません。もしコードが動かなければ、これまでにやったことを見直し、間違いを見つけ出すように努めてください。間違いを見つけられない場合や、どうすればもとに戻せるかがわからない場合は、助けを得るために**必修編付録**の「C 助けを借りる」（276ページ）を参照してください。助けを求めることを恥ずかしがらないでください。他の誰もがあなたと同じような質問をしてプロジェクトを構築することを学びました。ですから、きっと誰かが喜んで助けてくれることでしょう。発生する問題を一つ一つ解決することで着実にスキルが身につきます。これにより、やがてあなたは重要で信頼性の高いプロジェクトを自力で構築できるようになるでしょう。そしてその頃あなたは他の人からの質問に答えるようになっているはずです。

Platform.sh プロジェクトを削除する

同じプロジェクトあるいは一連の小規模なプロジェクトで何度もデプロイの手順を実行することは、デプロイ作業のコツをつかむうえで非常によい練習になります。しかし、デプロイされたプロジェクトを削除する方法も知る必要があります。Platform.shの無料プランでホストできるプロジェクトの数には制限があるので、アカウントを練習用のプロジェクトでちらかった状態にしたくはないでしょう。

プロジェクトの削除はCLIで行います。

```
(ll_env)learning_log$ platform project:delete
```

この操作はもとに戻すことができないため、実行するかどうかの確認を求められます。プロンプトに応答すると、プロジェクトが削除されます。

platform createコマンドを実行すると、ローカルのGitリポジトリに、Platform.shのサーバー上のリモートリポジトリへの参照が作成されます。このリモートリポジトリへの参照も、コマンドラインから削除できます。

```
(ll_env)learning_log$ git remote
platform
(ll_env)learning_log$ git remote remove platform
```

コマンドgit remoteは、現在のリポジトリに関連付けられたすべてのリモートURLの名前を一覧表示します。コマンドgit remote remove *remote_name*は、これらのリモートURLをローカルリポジトリから削除します。

Platform.shのWebサイトにログインし、https://console.platform.shのダッシュボードからプロジェクトのリソースを削除することも可能です。このページには、アクティブなプロジェクトがすべて表示されます。プロジェクトのボックス内の3点メニューをクリックし、［Edit Plan］をクリックします。これはプロジェクトの料金ページです。ページ下部の［Delete Project］ボタンをクリックすると、削除を実行するための確認画面が表示されます。CLIを使ってプロジェクトを削除した場合でも、デプロイ先のホスティングプロバイダーのダッシュボードに慣れておくと役立つことが多いでしょう。

Platform.shでプロジェクトを削除してもローカル環境のプロジェクトには何の影響もありません。練習目的のデプロイでまだ誰もプロジェクトを利用していないのであれば、Platform.shでプロジェクトを削除し、再デプロイすることはまったくもって理にかなっています。動作しない場合は、ホストの無料プランの制限に達した可能性があることに注意してください。

やってみよう

9-3. 公開ブログ
作業中のブログプロジェクトをPlatform.shにデプロイしてください。DEBUGをFalseに設定し、何か問題が発生してもユーザーがDjangoの詳細なエラーページを見ることがないようにします。

9-4. 拡張された「学習ノート」
「学習ノート」に機能を1つ追加し、公開されたデプロイに対して変更をプッシュしてください。はじめは簡単な変更を試してください。たとえばホームページにプロジェクトの説明を書き足すなどです。次に、より進んだ機能を追加してください。たとえばユーザーがトピックを公開できるようにするなどです。そのためにはTopicモデルの一部にpublicという属性の追加が必要になるでしょう（この属性はデフォルトではFalseにすべきです）。またnew_topicページには、トピックを非公開状態から公開状態に変更できるようにするフォーム要素も必要です。そして、プロジェクトのマイグレーションとviews.pyの変更も必要になります。公開状態に設定されたすべてのトピックを未認証のユーザーでも閲覧できるようにするためです。

まとめ

この章では、次のことについて学びました。

- Bootstrapライブラリとdjango-bootstrap5アプリケーションを利用して、プロジェクトの外観をシンプルでプロ並みのものに変更すること
- Bootstrapを使うとプロジェクトにアクセスするユーザーが使うほとんどすべての端末で、選択したスタイルを一貫して提供できること
- Bootstrapのテンプレートについて以下の内容を学びました。
  - 「Navbar static」テンプレートを利用して「学習ノート」をシンプルな見た目と振る舞いで整えること
  - ホームページのメッセージを目立たせるためのJumbotronの使い方
  - サイト内のすべてのページに一貫したスタイルを適用すること

プロジェクトの最終部分では、次のことを学びました。

- 誰でもアクセスできるようにリモートサーバーにプロジェクトをデプロイする方法
- Platform.shアカウントの作成と、デプロイを進める中で役に立つ各種ツールのインストール
- Gitを使って作業中のプロジェクトをリポジトリにコミットし、このリポジトリをPlatform.sh上のリモートサーバーにプッシュする方法
- 最後に、公開サーバーでDEBUG=Falseを設定してアプリケーションを安全にすること（本書の方法は安全にするための第一歩）
- 不可避のエラーが発生しても、適切に処理されていることが伝わるエラーページのカスタマイズ

これで「学習ノート」プロジェクトは完了し、あなた自身のプロジェクトを作りはじめる準備が整いました。シンプルに始めてみてください。そして複雑なことをつけ足す前にプロジェクトが動作することを必ず確かめてください。学び続けることを楽しんでください。プロジェクトの成功を心から祈ります！

付録

A　バージョン管理にGitを使う
B　デプロイのトラブルシューティング
C　Matplotlibに日本語フォントを設定する

付録

A バージョン管理にGitを使う

　バージョン管理ソフトウェアを使用すると、プロジェクトの作業状況を表すスナップショットを取得できます。プロジェクトの変更（たとえば新機能の実装など）によって正常に動作しなくなった場合に、もとの正常な状態に戻すことができます。

　バージョン管理ソフトウェアを使用することでプロジェクトを台無しにする心配から解放され、ミスを恐れることなく自由に改善に取り組めるようになります。これは大規模プロジェクトではとても重要なことですが、プログラムが1つのファイルに収まるような小規模プロジェクトでも役に立ちます。

　この付録では、Gitをインストールしてプログラムのバージョンを管理する方法を学びます。Gitは現在もっとも人気のあるバージョン管理ソフトウェアです。Gitには大規模プロジェクトをチームで共同開発するときに便利なツールが多くありますが、個人開発の場合は基本的な機能を知っておけば十分です。Gitはプロジェクトの全ファイルの変更を追跡することでバージョンを管理します。間違いを犯したときは、以前に保存した状態に戻すことができます。

Gitをインストールする

　Gitは多くのオペレーティングシステムで動作しますが、各システムにインストールする際の手順は異なります。ここではOSごとのインストール手順を説明します。

　Gitはいくつかのシステムにはデフォルトで含まれており、すでにインストールされている他のパッケージと一緒にインストールされている場合もあります。Gitをインストールする前に、システムにすでにGitが存在するかを確認します。新しいターミナルウィンドウを開いて**git --version**コマンドを実行します。バージョン番号が出力されたら、Gitはシステムにインストール済みです。Gitのインストールまたはアップデートを促すメッセージが表示された場合は、画面上の説明に従ってください。

　WindowsまたはmacOSを使用していて画面上に説明が表示されない場合は、https://git-scm.com からインストーラーをダウンロードできます。apt互換のLinuxを使用している場合は、**sudo apt install git** コマンドでGitをインストールできます。

Gitの環境を設定する

　Git はプロジェクトの作業者が1人であっても誰が変更を行ったかを管理します。そのため、Gitはユーザー名とメールアドレスを必要とします。ユーザー名は必ず指定する必要がありますが、メールアドレスは仮のものでもかまいません。

```
$ git config --global user.name "username"
$ git config --global user.email "username@example.com"
```

この手順を忘れた場合、最初のコミットを行うときにGitがユーザー情報の入力を促します。

各プロジェクトの主となるブランチのデフォルト名を設定することもおすすめです。このブランチ名はmainが
よいです。

```
$ git config --global init.defaultBranch main
```

この設定は、Gitで管理する新規プロジェクトが、mainという名前の1つのブランチのコミットで始まるこ
とを意味しています。

プロジェクトを作成する

バージョン管理を試すためにプロジェクトを作成しましょう。PCのどこかにgit_practiceというフォルダー
を作成します。フォルダーの中に簡単なPythonのプログラムを作成します。

hello_git.py
```
print("こんにちはGit！")
```

このプログラムを使ってGitの基本的な機能を調べます。

ファイルを無視する

「.pyc」という拡張子がついたファイルは.pyファイルから自動的に生成されるため、Gitでこれらのファイル
をバージョン管理する必要はありません。.pycファイルは__pycache__というフォルダーに格納されます。
Gitがこのフォルダーを無視するように.gitignoreという（ドットから始まって拡張子を持たない名前の）特別
なファイルを作成し、次の行を追加します。

.gitignore
```
__pycache__/
```

このファイルはGitに対して__pycache__フォルダーを無視するように指示します。.gitignoreファイルを
使用すると、プロジェクトが整然として作業しやすくなります。

隠しファイル（ファイル名がドット（.）で始まるファイル）が表示されるようにファイルブラウザーの設定変更
が必要な場合があります。Windowsのエクスプローラーでは［表示］メニューの［隠しファイル］を選択しま

す。macOSでは ⌘ + Shift + . （ドット）キーを入力します。Linuxでは［Show Hidden Files］というラベルのついた設定を探してください。

 macOSでは.gitignoreにもう1行 .DS_Storeを追加します。この隠しファイルはmacOSの各ディレクトリの情報を含んでおり、.gitignoreにこの行を追加しないとプロジェクトのファイルが散らかる原因となります。

リポジトリを初期化する

Pythonファイルと.gitignoreファイルを含んだフォルダーを準備できたので、Gitリポジトリを初期化します。ターミナルを開いてgit_practiceフォルダーに移動し、次のコマンドを実行します。

```
git_practice$ git init
Initialized empty Git repository in git_practice/.git/
git_practice$
```

出力メッセージは、Gitがgit_practiceで空のリポジトリを初期化したことを示しています。**リポジトリ**とは、Gitがバージョン管理しているファイルの集まりのことです。Gitがリポジトリの管理に使用するファイルはすべて.gitという隠しフォルダーにありますが、このフォルダーで作業する必要はありません。ただしこのフォルダーに削除しないでください。削除するとプロジェクトの履歴が失われます。

状態を確認する

作業を始める前にプロジェクトの状態（status）を見てみましょう。

```
git_practice$ git status
❶ On branch main

No commits yet

❷ Untracked files:
  (use "git add <file>..." to include in what will be committed)
        .gitignore
        hello_git.py

❸ nothing added to commit but untracked files present (use "git add" to track)
git_practice$
```

Gitでは、現在作業しているプロジェクトのバージョンが**ブランチ**（**branch**）で表されます。ここではmainという名前のブランチで作業していることがわかります❶。プロジェクトの状態を確認するたびに、mainブランチで作業していると表示されるでしょう。そして最初のコミット（initial commit）を実行しようとしていることがわかります。**コミット**（**commit**）はプロジェクトの特定の瞬間を表すスナップショットです。

Gitは、プロジェクト中のバージョン管理を行っていない（untracked）ファイルを通知します❷。これは、そのファイルがバージョンを管理すべきものかどうかをまだGitに教えていないからです。そして現在のコミットには何も追加されていないと表示されています❸。バージョン管理されていないファイルが存在するので、そのファイルをリポジトリに追加します。

リポジトリにファイルを追加する

リポジトリに2つのファイルを追加して状態を見てみましょう。

```
❶  git_practice$ git add .
❷  git_practice$ git status
   On branch main

   No commits yet

   Changes to be committed:
     (use "git rm --cached <file>..." to unstage)

❸        new file:   .gitignore
         new file:   hello_git.py

   git_practice$
```

git add .コマンドは、リポジトリで管理していないプロジェクト中のすべてのファイルをリポジトリに追加します❶。ただし.gitignoreに記述してあるファイルは対象外です。このコマンドはファイルをコミットしません。Gitがこれらのファイルに注意を払うようになっただけです。プロジェクトの状態を確認すると、Gitがいくつかのファイルの変更を認識しており、コミットを必要としていることが表示されます❷。「new file」というラベルは、リポジトリに新規追加されたファイルを意味します❸。

コミットを作成する

最初のコミットを作成してみましょう。

```
❶  git_practice$ git commit -m "プロジェクトを開始"
❷  [main (root-commit) cea13dd] プロジェクトを開始
```

付録

```
❸    2 files changed, 5 insertions(+)
     create mode 100644 .gitignore
     create mode 100644 hello_git.py
❹  git_practice$ git status
   On branch main
   nothing to commit, working tree clean
   git_practice$
```

　git commit -m "*message*" コマンドを実行すると、プロジェクトのスナップショットが作成されます❶。-m オプションを指定すると、Gitはそのあとに続くメッセージ（"プロジェクトを開始"）をプロジェクトのログとして記録します。出力メッセージは、mainブランチ上での作業であることを示しています❷。また、2つのファイルが変更されたことを表しています❸。

　ここで状態を確認すると、masterブランチ上の作業ツリーはきれいな状態（working tree clean）であることがわかります❹。プロジェクトの作業状況をコミットするたびに、このメッセージを確認できます。異なるメッセージが表示された場合は注意してメッセージを読んでください。コミットする前にファイルの追加を忘れている可能性があります。

■ ログを確認する

　Gitは、プロジェクトの全コミットのログを記録しています。ログを確認してみましょう。

```
git_practice$ git log
commit cea13ddc51b885d05a410201a54faf20e0d2e246 (HEAD -> main)
Author: eric <eric@example.com>
Date:   Mon Jun 6 19:37:26 2022 -0800

    プロジェクトを開始
git_practice$
```

　コミットを作成するたびに、Gitは一意な40文字のIDを参照用に生成します。ログには、誰がいつ作成したコミットであるかとメッセージが記録されています。すべての情報を常に表示する必要はないので、Gitはシンプルなログを表示するオプションを提供しています。

```
git_practice$ git log --pretty=oneline
cea13ddc51b885d05a410201a54faf20e0d2e246 (HEAD -> main) プロジェクトを開始
git_practice$
```

　--pretty=onelineオプションを指定すると2つの重要な情報、コミットのリファレンスIDとメッセージのみが出力されます。

A バージョン管理にGitを使う

2番目のコミット

バージョン管理の真の力を知るために、プロジェクトに変更を加えてコミットします。次のようにhello_git.pyにもう一行追加します。

hello_git.py
```
print("こんにちはGit！")
print("こんにちはみなさん。")
```

プロジェクトの状態を確認すると、Gitはファイルが変更されていることを通知します。

```
git_practice$ git status
❶ On branch main
Changes not staged for commit:
  (use "git add <file>..." to update what will be committed)
  (use "git restore <file>..." to discard changes in working directory)
❷        modified:   hello_git.py

❸ no changes added to commit (use "git add" and/or "git commit -a")
git_practice$
```

メッセージには次の内容が表示されています。

- 作業しているブランチ❶
- 変更された（modified）ファイルの名前❷
- 変更がまだコミットされていないこと❸

変更をコミットして再度状態を見てみましょう。

```
❶ git_practice$ git commit -am "あいさつメッセージを拡張する"
[main 945fa13] あいさつメッセージを拡張する
 1 file changed, 1 insertion(+), 1 deletion(-)
❷ git_practice$ git status
On branch main
nothing to commit, working tree clean
❸ git_practice$ git log --pretty=oneline
945fa13af128a266d0114eebb7a3276f7d58ecd2 (HEAD -> main) あいさつメッセージを拡張する
cea13ddc51b885d05a410201a54faf20e0d2e246 プロジェクトを開始
git_practice$
```

303

付録

　git commitコマンドに-amオプションを指定して新しいコミットを作成します❶。-aオプションは、リポジトリで変更されたファイルすべてを現在のコミットに追加するようにGitに指示します（前回と今回のコミットの間に新しいファイルを作成した場合は、単純にgit add .コマンドを実行してリポジトリにファイルを追加します）。-mオプションは、このコミットでGitのログに記録するメッセージを指定します。

　プロジェクトの状態を確認すると、作業ツリーがきれいな状態であることを再度確認できます❷。最後に、ログにある2つのコミットを確認します❸。

変更を破棄する

　次に、変更を破棄して以前作業していた状態に戻してみましょう。最初にhello_git.pyに新しい行を追加します。

hello_git.py
```
print("こんにちはGit！")
print("こんにちはみなさん。")

print("しまった。プロジェクトを壊してしまった！")
```

　このファイルを保存して実行します。

　状態を確認すると、Gitがファイルが変更されていることを通知します。

```
git_practice$ git status
On branch main
Changes not staged for commit:
  (use "git add <file>..." to update what will be committed)
  (use "git restore <file>..." to discard changes in working directory)
❶        modified:   hello_git.py

no changes added to commit (use "git add" and/or "git commit -a")
git_practice$
```

　Gitはhello_git.pyが変更されていることを通知します❶。必要であれば変更をコミットできます。しかし今回は変更をコミットせず、プロジェクトが正常に動作していた直前のコミットに戻します。hello_git.pyで行を削除したりテキストエディターのUndo機能を使ったりする必要はありません。その代わりにターミナルで次のコマンドを入力します。

```
git_practice$ git restore .
git_practice$ git status
```

```
On branch main
nothing to commit, working tree clean
git_practice$
```

　git restore *filename*コマンドは、特定のファイルに対して最後のコミット以降のすべての変更を破棄します。git restore .コマンドは、最後のコミット以降のすべてのファイルに対する変更を破棄します。この操作はプロジェクトを最後のコミットがされた状態に戻します。

　テキストエディターに戻ってhello_git.pyを確認すると、ファイルがもとに戻っています。

```
print("こんにちはGit！")
print("こんにちはみなさん。")
```

　以前の状態に戻すことは、この単純なプロジェクトでは些細なことに見えるかもしれません。しかし、一度に数十ファイルが変更される大規模なプロジェクトで作業するときにも同様に、最後のコミットのあとに変更されたすべてのファイルをもとに戻すことができます。この機能は素晴らしく便利です。新しい機能を実装するときにたくさんの変更を加えることができ、動作しなくなった場合はプロジェクトに影響を与えることなくその状態を破棄できます。複数のファイルへの変更を手作業で戻せるように覚えておく必要はありません。Gitが変更の情報をすべて記録しています。

> **NOTE**　テキストエディターで復元されたバージョンを表示するために、ファイルの再読み込みが必要な場合があります。

■ 過去のコミットをチェックアウトする

　checkoutコマンドを使用して、リファレンスIDの先頭6文字を指定してログにある任意のコミットに再度アクセスできます。以前のコミットをチェックアウトして見直したあとに、直前のコミットに戻ったり、最新の更新を無効にしてその前のコミットから開発したりできます。

```
git_practice$ git log --pretty=oneline
945fa13af128a266d0114eebb7a3276f7d58ecd2 (HEAD -> main) あいさつメッセージを拡張する
cea13ddc51b885d05a410201a54faf20e0d2e246 プロジェクトを開始
git_practice$ git checkout cea13d
Note: switching to 'cea13d'.

❶ You are in 'detached HEAD' state. You can look around, make experimental
  changes and commit them, and you can discard any commits you make in this
  state without impacting any branches by switching back to a branch.
```

付録

```
If you want to create a new branch to retain commits you create, you may
do so (now or later) by using -c with the switch command. Example:

  git switch -c <new-branch-name>

Or undo this operation with:

  git switch -

Turn off this advice by setting config variable advice.detachedHead to false

HEAD is now at cea13d プロジェクトを開始
git_practice$
```
❷

以前のコミットをチェックアウトするときは、masterブランチから離れて**detached HEAD**と呼ばれる状態になります❶。**HEAD**とはプロジェクトが現在置かれているコミットの状態を指します。名前のついたブランチ（この場合はmain）からそれが**分離された**（**detached**）状態であるということです。

mainブランチに戻るには、提案❷に従って直前の操作を取り消します。

```
git_practice$ git switch -
Previous HEAD position was cea13d プロジェクトを開始
Switched to branch 'main'
git_practice$
```

このコマンドでmainブランチに戻ります。Gitのより高度な機能を使用したい場合を除き、プロジェクトの以前のコミットをチェックアウトしたときにはプロジェクトを変更しないでください。プロジェクトで作業しているのが自分1人で、最新のコミットをすべて破棄して以前の状態に戻したい場合は、プロジェクトを以前のコミットの状態にリセットできます。mainブランチで作業し、次のように入力します。

```
git_practice$ git status
On branch main
nothing to commit, working directory clean
git_practice$ git log --pretty=oneline
945fa13af128a266d0114eebb7a3276f7d58ecd2 （HEAD -> main）あいさつメッセージを拡張する
cea13ddc51b885d05a410201a54faf20e0d2e246 プロジェクトを開始
git_practice$ git reset --hard cea13d
HEAD is now at cea13dd プロジェクトを開始
git_practice$ git status
On branch main
nothing to commit, working directory clean
```
❶

❷

❸

❹

306

❺ git_practice$ **git log --pretty=oneline**
cea13ddc51b885d05a410201a54faf20e0d2e246（HEAD -> main）プロジェクトを開始
git_practice$

　はじめに状態を表示してmainブランチにいることを確認します❶。ログを表示し、2件のコミットがあること
を確認します❷。そしてgit reset --hardコマンドに、永続的に戻したいコミットを参照するIDの先頭6文
字を指定して実行します❸。状態を再度確認すると、作業はmainブランチ上で行われており、コミットが必要
なファイルはありません❹。ログを再度表示すると、開始時のコミットだけが表示されます❺。

◤ リポジトリを削除する

　リポジトリの履歴を壊してしまって復旧する方法がわからなくなる場合がときどきあります。そのような場
合、まずは**必修編付録**の「C 助けを借りる」（276ページ）にある手法で助けを求めることを検討してください。
1人で作業しているプロジェクトで問題を解決できない場合は.gitフォルダーを削除することでファイルに対し
ての作業を継続できますが、プロジェクトの履歴は破棄されます。.gitフォルダーの削除はファイルの現在の
状態に影響しませんが、すべてのコミットが削除されるので、他のコミット時におけるプロジェクトの状態を確
認できなくなります。

　この作業を行う際には、ファイルブラウザーやコマンドラインを使用して.gitフォルダーを削除します。その
後、再度新しいリポジトリを作成してファイルのバージョン管理を始めます。ターミナル上でこの作業を行うと
次のようになります。

❶ git_practice$ **git status**
On branch main
nothing to commit, working directory clean
❷ git_practice$ **rm -rf .git/**
❸ git_practice$ **git status**
fatal: Not a git repository (or any of the parent directories): .git
❹ git_practice$ **git init**
Initialized empty Git repository in git_practice/.git/
❺ git_practice$ **git status**
On branch main

No commits yet

Untracked files:
  (use "git add <file>..." to include in what will be committed)
        .gitignore
        hello_git.py

nothing added to commit but untracked files present (use "git add" to track)

付録

```
❻  git_practice$ git add .
   git_practice$ git commit -m "最初からやり直す"
   [main (root-commit) 14ed9db] 最初からやり直す
    2 files changed, 5 insertions(+)
    create mode 100644 .gitignore
    create mode 100644 hello_git.py
❼  git_practice$ git status
   On branch main
   nothing to commit, working tree clean
   git_practice$
```

　最初に状態を表示し、作業フォルダーがきれいな状態であることを確認します❶。次にrm -rf .git/コマンド（Windowsではdel .git）を使用して.gitフォルダーを削除します❷。.gitフォルダーを削除したあとに状態を確認すると、Gitリポジトリではないことを示すメッセージが表示されます❸。Gitがリポジトリのバージョン管理に使用する全情報は.gitフォルダーに保存されているため、このフォルダーを削除するとリポジトリ全体が削除されます。

訳注

WindowsのPowerShellでフォルダーごと削除する場合は、Remove-Item -Recurse -Force .gitコマンドを使用してください。

　git initコマンドを使用し、新しいリポジトリでバージョン管理を開始します❹。状態を確認すると、最初のコミットを待っている初期状態に戻っています❺。ファイルを追加して最初のコミットを作成します❻。状態を確認すると、新しいmainブランチ上でコミットする必要がないことがわかります❼。

　バージョン管理システムを使用するには少し練習が必要ですが、一度使いはじめるとバージョン管理システムなしでは開発できなくなるでしょう。

B デプロイのトラブルシューティング

　アプリケーションのデプロイがうまくいくと非常に満足します。一度もデプロイしたことがない場合はなおさらです。しかし、デプロイのプロセスにはたくさんの障害が発生する可能性があり、残念ながら、いくつかの問題は原因の特定と対応が難しいです。この付録は最新のデプロイ方法の理解に役立ち、デプロイのプロセスがうまくいかないときにトラブルシューティングするための具体的な方法を提供します。

この付録にある追加情報でデプロイのプロセス全体が成功しない場合は、https://ehmatthes.github. io/pcc_3eにあるオンラインのリソースを参照してください。そこにある更新情報によって、必ずデプロイに成功できるでしょう。

デプロイを理解する

特定のデプロイを試したときのトラブルシューティングをするときには、典型的なデプロイがどのように機能するかを明確に理解することが役立ちます。**デプロイ**とは、ローカルシステムで動作するプロジェクトを、インターネット上の任意のユーザーからのリクエストに応答できるように、リモートサーバーにコピーするプロセスをいいます。リモート環境は典型的なローカルシステムとはいくつかの重要な点で異なります。おそらく、普段使用しているものとは違うオペレーティングシステム（OS）であり、1つの物理サーバー上にある多数の仮想サーバーの1つでしょう。

プロジェクトをデプロイ、つまりリモートサーバーに**プッシュ**するときには、次の段階を踏む必要があります。

- データセンターの物理マシン上に仮想サーバーを作成する
- ローカルシステムとリモートサーバー間で接続を確立する
- プロジェクトのコードをリモートサーバーにコピーする
- プロジェクトが依存するものをすべて特定し、リモートサーバーにインストールする
- データベースを設定し、既存のマイグレーションを実行する
- 静的ファイル（CSS、Javascript、メディアファイル）を効率的に配信できる場所にコピーする
- リクエストを受け取るサーバーを起動する
- リクエストを処理する準備ができたら、プロジェクトへのリクエストのルーティングを開始する

デプロイに関するすべてについて考えると、デプロイがよく失敗することは不思議ではありません。幸いなことに、何が発生しているかが一度理解できれば、問題が発生したときに原因を特定しやすくなります。問題が発生した原因を特定できれば、次のデプロイを成功させるための修正箇所を特定できるかもしれません。

ローカルではある種類のOS上で開発をし、別のOSで動作するサーバーにプッシュできます。プッシュするシステムの種類を知ることは、トラブルシューティングの作業に影響があるため重要です。本書の執筆時点では、Platform.shの基本的なリモートサーバーはDebian Linuxで動作しています。多くのリモートサーバーはLinuxベースのシステムです。

基本的なトラブルシューティング

いくつかのトラブルシューティングの手順はOSごとに異なりますが、後ほど説明します。最初に、デプロイのトラブルシューティングをするときに、誰もが試すべき手順について考えます。

付録

　もっとも重要なリソースは、プッシュを試行したときに生成される出力です。この出力は威圧的に見えるかもしれません。初めてアプリケーションをデプロイするときには、その出力は高度に技術的に見え、通常は大量の情報があります。ログ出力に目を通すときには2つの目的があるはずです。動作しているデプロイ手順と、失敗したデプロイ手順の特定です。特定ができれば、次のプッシュを成功させるために、プロジェクトまたはデプロイのプロセスで何を変更すべきかわかるかもしれません。

画面上の提案に従う

　プッシュ先のプラットフォームが、問題への対策となる明確な提案のメッセージを生成する場合があります。たとえば、Gitリポジトリを初期化する前にPlatform.shプロジェクトを作成して、プロジェクトをプッシュしようとすると、次のようなメッセージが表示されます。

```
$ platform push
❶ Enter a number to choose a project:
  [0] ll_project (votohz445ljyg)
  > 0

❷ [RootNotFoundException]
  Project root not found. This can only be run from inside a project
    directory.

❸ To set the project for this Git repository, run:
    platform project:set-remote [id]
```

　プロジェクトをプッシュしようとしますが、ローカルのプロジェクトはリモートのプロジェクトとまだ関連付けられていません。そのため、Platform.sh CLIはどのリモートプロジェクトにプッシュするのかを質問します❶。0を入力し、唯一表示されているプロジェクトを選択します。しかし続いてRootNotFoundExceptionが表示されます❷。これは、Platform.shがローカルプロジェクトの調査で.gitディレクトリを探すために発生します。この処理は、ローカルプロジェクトとリモートプロジェクトを接続する方法を把握するために行われます。この場合、リモートプロジェクトの作成時に.gitディレクトリは存在しないため、接続は確立されません。CLIは修正方法を提案しています❸。ここでは、このローカルプロジェクトと関連付けるリモートプロジェクトを指定するために、project:set-remoteコマンドを使用することを示しています。

　この提案を試してみましょう。

```
$ platform project:set-remote votohz445ljyg
Setting the remote project for this repository to: ll_project (votohz445ljyg)

The remote project for this repository is
    now set to: ll_project (votohz445ljyg)
```

先ほどの出力で、CLIはリモートプロジェクトのID votohz4451jygを表示していました。そこで、このID を使用して提案されたコマンドを実行すると、CLIはローカルプロジェクトとリモートプロジェクトを接続します。

ここで、再度プロジェクトをプッシュしてみましょう。

```
$ platform push
Are you sure you want to push to the main (production) branch? [Y/n] y
Pushing HEAD to the existing environment main
--省略--
```

プッシュが成功しました。画面上の提案に従うことでうまくいきました。

十分に理解していないコマンドを実行するときは注意してください。しかし、コマンドが害を及ぼさないと信じられる十分な理由があり、提案元が信頼できる場合は、使用しているツールが示す提案を試すことは妥当な考えです。

 あなたのシステムを消去したり、システムを危険にさらしてリモートから不当に利用するようなコマンドを実行するよう指示する人が存在することを覚えておいてください。信頼する企業や組織が提供するツールの提案に従うことは、オンライン上の不特定多数の人々による提案に従うこととは異なります。リモート接続を扱うときは、いつも十分に慎重に用心して作業を進めてください。

出力されたログを読む

以前述べたようにplatform pushのようなコマンドを実行したときに表示されるログ出力は、有益でもあり威圧的でもあります。platform pushを使用した別の試行の結果出力された次のログ出力の抜粋を読み、問題を見つけることができるか確認してみてください。

```
--省略--
Collecting soupsieve==2.3.2.post1
  Using cached soupsieve-2.3.2.post1-py3-none-any.whl (37 kB)
Collecting sqlparse==0.4.2
  Using cached sqlparse-0.4.2-py3-none-any.whl (42 kB)
Installing collected packages: platformshconfig, sqlparse,...
Successfully installed Django-4.1 asgiref-3.5.2 beautifulsoup4-4.11.1...
W: ERROR: Could not find a version that satisfies the requirement gunicorrn
W: ERROR: No matching distribution found for gunicorrn


130 static files copied to '/app/static'.


Executing pre-flight checks...
--省略--
```

付録

デプロイの試行が失敗したときはログ出力に目を通し、警告やエラーのようなものを見つけることがよい方策です。警告はよく見られます。警告は、プロジェクトの依存関係に関する今後の変更予定についてのメッセージであることが多く、開発者が実際に失敗する前に問題に対処する助けとなります。

プッシュに成功すると警告が出力されることはありますが、エラーは出力されません。この場合、Platform.shは必要とするgunicornをインストールする方法を見つけられていません。これはrequirements_remote.txtファイルのタイプミスによるもので、gunicorn（rが1つ）を含むはずだと思われます。ログ出力の中から根本的な問題を見つけることは簡単ではなく、特に問題から連鎖的にエラーと警告が発生する場合は困難です。ローカルシステム上のトレースバックを読むように、一覧にされた最初の数件のエラーと最後の数件のエラーを注意して見ることはよいアイデアです。エラーの多くは、内部のパッケージの何かが間違っていることの訴えや、エラーについてのメッセージを他の内部パッケージに渡すようなものです。実際に修正できるエラーは、たいてい一覧にされたエラーの最初か最後の1つです。

エラーに気づけることもあれば、出力の意味がわからないこともあります。試すことには価値があり、ログ出力を使ってエラーの診断に成功することは、とても満足感があることです。ログ出力を見ることに多くの時間を費やせば、もっとも意味のある情報の特定がうまくなります。

OS特有のトラブルシューティング

好きなOSで開発でき、好きなホストにプッシュできます。プロジェクトをプッシュするためのツールは十分に開発されており、リモートシステムで正確に実行できるように必要に応じてプロジェクトを修正します。しかし、OS特有の問題が発生することがあります。

Platform.shのデプロイプロセスでは、もっとも難しいことの1つにCLIのインストールがあります。そのためには次のコマンドを実行します。

```
$ curl -fsS https://platform.sh/cli/installer | php
```

コマンドはcurlで始まります。このツールはターミナル上でURLで指定したリモートの情報を要求できます。ここでは、Platform.shのサーバーからCLIのインストーラーをダウンロードするために使用しています。コマンドの-fsSの部分は、curlの実行方法を変更するフラグの集まりです。fのフラグはcurlにエラーメッセージを抑制するように指示し、CLIインストーラーは結果をレポートする代わりに処理を行います。sのフラグはcurlを静かに実行するように指示します。CLIインストーラーがターミナルに表示する情報を決定します。Sのフラグは、コマンド全体が失敗したときにエラーメッセージを表示するようにcurlに指示します。コマンドの終わりにある| phpは、ダウンロードしたインストーラーファイルをPHPのインタープリターを使用して実行することを意味します。Platform.shのCLIはPHPで書かれています。

これは、Platform.shのCLIのインストールを指示するためには、システムにcurlとPHPが必要なことを意味しています。CLIを使用するには、GitとBashコマンドを実行できるターミナルも必要です。**Bash**は多

くのサーバー環境で有効な言語です。ほとんどのモダンなシステムには、このような複数のツールをインストールする十分な余地があります。

以降の項はOSごとに前述の要求に対処する助けとなります。Gitをまだインストールしていなければ、**付録**の「A バージョン管理にGitを使う」の298ページにあるGitのインストール手順を参照してから、使用するOSに対応する箇所を確認してください。

ターミナルのコマンドを理解するための優れたツールの1つにhttps://explainshell.comがあります。理解したいコマンドを入力すると、このWebサイトはコマンドのすべての部分に関するドキュメントを表示します。Platform.sh CLIのインストールに使用するコマンドで試してみましょう。

Windowsからのデプロイ

Windowsは近年、プログラマーの間で再度人気となっています。Windowsは他のOSとさまざまな要素を統合しており、ローカルでの開発作業とリモートシステムとの連携方法について、多くの方法を提供しています。

Windowsからのデプロイでもっとも大きな困難の1つは、Windows OSのコアとLinuxベースのリモートサーバーが使用しているものは異なるということです。WindowsシステムはLinuxシステムとは異なるツール群と言語を持つため、WindowsからデプロイするにはLinuxのツール群をローカル環境にどのように統合するかを選択する必要があります。

Linux用Windowsサブシステム（WSL）

一般的な手法の1つは**Linux用Windowsサブシステム（WSL）**というWindows上で直接Linuxを実行できる環境を使用することです。WSLの設定をすると、Windows上でPlatform.sh CLIを使用することはLinux上で使用するのと同様に簡単になります。CLIはWindows上で動作していることを知らずに、使用しているLinux環境のみを参照します。

WSLのセットアップには2段階のプロセスがあります。最初にWSLをインストールし、次にWSL環境にインストールするLinuxのディストリビューションを選択します。WSL環境のセットアップはここで説明する以上の情報があります。この手法に興味があり、まだセットアップしていなければ、https://docs.microsoft.com/ja-jp/windows/wsl/aboutにあるドキュメントを参照してください。WSLを一度セットアップすると、この付録のLinuxについての説明に従って、デプロイ作業を続けられます。

Git Bash

デプロイができるローカル環境を構築するもう1つの方法は**Git Bash**を使用することです。これは、Bashと互換性のある、Windows上で動作するターミナルです。Git Bashは、https://git-scm.comのインストーラーを使用するとGitと一緒にインストールされます。この方法も動作しますが、WSLほど合理的ではありま

付録

せん。この方法では一部の手順ではWindowsターミナルを使用し、他の手順ではGit Bashターミナルを使用します。

最初にPHPをインストールする必要があります。これは**XAMPP**という、PHPといくつかの開発者向けツールがバンドルされたパッケージで実現します。https://www.apachefriends.org/jp/にアクセスし、Windows向けXAMPPのダウンロードボタンをクリックします。インストーラーを開いて実行します。ユーザーアカウント制御（UAC）の制限に関する警告が表示された場合は［はい］をクリックします。インストーラーのデフォルト設定でインストールします。

インストーラーの実行が完了すると、PHPをシステムのパスに追加する必要があります。これは、PHPを実行するときにどこを参照するかをWindowsに指示するためです。スタートメニューに「path」と入力して［システム環境変数の編集］をクリックします。［環境変数］というラベルのボタンをクリックします。変数Pathがハイライトされていることを確認し、領域の下部にある［編集］をクリックします。XAMPPインストーラーを実行したときのデフォルト設定のままだと仮定し、表示されるボックスにC:\xampp\phpを追加して［OK］をクリックします。完了したら、開いているシステムダイアログをすべて閉じます。

前述の要件が準備できたら、Platform.sh CLIをインストールできます。管理者権限のWindowsターミナルを使用する必要があります。スタートメニューに「コマンド」と入力し、コマンドプロンプトのアプリケーションの下にある［管理者として実行］をクリックします。表示されたターミナルに次のコマンドを入力します。

```
> curl -fsS https://platform.sh/cli/installer | php
```

これで、前述したようにPlatform.sh CLIがインストールされます。

最後にGit Bashで作業します。Git Bashターミナルを開くには、スタートメニューで「git bash」を検索します。表示される［Git Bashデスクトップアプリ］をクリックし、ターミナル画面を開きます。このターミナルでは、lsのような伝統的なLinuxベースのコマンドだけでなく、dirのようなWindowsベースのコマンドも使用できます。インストールが成功したかを確認するためにplatform listコマンドを実行します。Platform.sh CLIの全コマンドの一覧が表示されます。この作業以降は、Git Bashのターミナル画面内のPlatform.sh CLIを使用してすべてのデプロイ作業を行います。

macOSからのデプロイ

macOSはLinuxベースではありませんが、どちらも似た方針で開発されています。これは現実的に、macOSで使用する多くのコマンドとワークフローがリモートサーバー環境でも動作するということを意味します。そのようなツールをローカルのmacOS環境で利用するには、開発者向けのリソースをインストールする必要があるかもしれません。作業中に**コマンドラインデベロッパツール**のインストールを促された場合は、［インストール］をクリックしてインストール処理を承認してください。

Platform.sh CLIのインストールでもっとも難しいことは、PHPがインストールされているかを確認するこ

とです。phpコマンドが見つからない（command not found）というメッセージが表示された場合は、PHP をインストールする必要があります。PHPをインストールするもっとも簡単な方法の1つは**Homebrew**パッケージマネージャーを使用することです。Homebrewは、プログラマーが使用する幅広いパッケージのインストールを容易にします。Homebrewをまだインストールしていなければ、https://brew.shにある手順に従ってインストールしてください。

Homebrewをインストールしたら、次のコマンドを使用してPHPをインストールします。

```
$ brew install php
```

コマンドの実行には時間がかかりますが、完了するとPlatform.sh CLIのインストールに成功するはずです。

Linuxからのデプロイ

ほとんどのサーバー環境はLinuxベースのため、Platform.sh CLIをインストールして使用することは難しくありません。インストールしたばかりのUbuntuシステムにCLIをインストールする場合は、必要なパッケージを正確に通知してくれます。

```
$ curl -fsS https://platform.sh/cli/installer | php
Command 'curl' not found, but can be installed with:
sudo apt  install curl
Command 'php' not found, but can be installed with:
sudo apt install php-cli
```

実際の出力では、動作に必要な他のパッケージとバージョン情報が含まれます。次のコマンドでcurlとPHPをインストールします。

```
$ sudo apt install curl php-cli
```

このコマンドを実行したあとは、Platform.sh CLIのインストールは成功するはずです。ローカル環境は多くのLinuxベースのホスト環境とほぼ同じになるため、ターミナルでの作業で学習したことの多くは、リモート環境での作業でもそのまま使えます。

◢ その他のデプロイ方法

Platform.shが動作しなかったり、異なる手法を試したい場合に、選択できるホスティングのプラットフォームがたくさんあります。いくつかのプラットフォームは**第9章**で説明した手順と同じように動作しますが、

別のいくつかはこの付録の冒頭で説明した手順を実行する手法が大きく異なります。

- Platform.shはCLIを使用する手順を、ブラウザーを使用しても実行できます。ターミナル画面のワークフローよりもブラウザーのインターフェースが好みであれば、この手法を好むと思います。
- CLIとブラウザーでの操作方法の両方を提供しているホスティング事業者は、他にもたくさんあります。いくつかの事業者はブラウザーの中でターミナルを提供するため、システムに何もインストールする必要がありません。
- GitHubのようなリモートでコードをホスティングするサイトにプッシュし、GitHubリポジトリとホスティングサイトを接続できる事業者もあります。ホストはGitHubからコードを取り出すため、ローカルシステムからホストに直接コードをプッシュする必要はありません。Platform.shはこのようなワークフローにも対応しています。
- 事業者によっては多様なサービスを提供しており、プロジェクトが動作するインフラを構築するために選択できます。この場合、デプロイのプロセスと、リモートサーバーがプロジェクトのサービスを提供するために必要なものについて、より深い理解が必要です。このようなホストにはAmazon Web Services（AWS）とMicrosoftのAzureプラットフォームがあります。この種のプラットフォームでは、各サービスで個別に料金が発生するため、全体のコストを把握することがとても難しいです。
- 多くの人がプロジェクトを仮想専用サーバー（VPS）でホストしています。この手法では、リモートコンピューターのように動作する仮想サーバーをレンタルし、そのサーバーにログインし、プロジェクトの動作に必要なソフトウェアをインストールし、コード全体をコピーし、正しい接続設定を行い、サーバーがリクエストの受け取りを開始できるようにします。

新しいホスティングのプラットフォームや手法は定期的に出現します。魅力的なものを見つけ、その事業者のデプロイ手順を学ぶために時間を投資しましょう。プロジェクトを長期間保守することで、その事業者の手法でうまく動作するもの、うまくいかないものを知ることができます。完璧なホスティングのプラットフォームはありません。現在使用している事業者が、ユースケースを十分に満たしているかを継続的に判断する必要があります。

デプロイするプラットフォームの選択とデプロイ手法全体について、最後に1つ注意すべき点を伝えます。一部の人は、あなたのプロジェクトが信頼性を高め、100万人以上のユーザーを同時に処理できる能力を持つよう、過度に複雑なデプロイ手法やサービスを熱心に紹介します。多くのプログラマーは、複雑なデプロイ戦略で構築することにたくさんの時間、お金とエネルギーを費やしていますが、そのプロジェクトはほとんど誰にも使われていません。多くのDjangoプロジェクトは小さなホスティングプランで実行でき、1分間に数千件のリクエストを処理するように調整できます。プロジェクトのトラフィックがこのレベルよりも少ないのであれば、世界最大級のサイトのようなインフラに投資する前に、最小構成のプラットフォームで動作するようにデプロイの設定に時間を使ってください。

デプロイはとても難しいこともありますが、プロジェクトがうまく動いたときには満足感が得られます。挑戦を楽しみ、必要なときには助言を求めましょう。

C Matplotlibに日本語フォントを設定する

Matplotlibのデフォルトで設定されているフォントは日本語に対応していません。そのため、グラフのタイトルや軸ラベルに日本語を設定すると正しく表示されません。Matplotlibのグラフ上に日本語を表示するには、日本語に対応したフォントを設定する必要があります。

Matplotlibにフォントを設定する方法として、matplotlibrcファイルを使用する方法とrcParamsで設定する方法を紹介します。

日本語はデフォルト設定では文字化けする

Matplotlibのデフォルトフォントは日本語に対応していないため、タイトルやラベルに日本語を設定すると文字化けします。次のように、日本語を含んだグラフを描画するプログラムを作成します。

mpl_squares_japanese.py

```python
import matplotlib.pyplot as plt

input_values = [1, 2, 3, 4, 5]
squares = [1, 4, 9, 16, 25]

fig, ax = plt.subplots()
ax.plot(input_values, squares, linewidth=3)

# グラフのタイトルと軸のラベルを設定する
ax.set_title("平方数", fontsize=24)
ax.set_xlabel("値", fontsize=14)
ax.set_ylabel("2乗した値", fontsize=14)

# 目盛りラベルのサイズを設定する
ax.tick_params(labelsize=14)

plt.show()
```

プログラムを実行すると、ターミナルに「Gryph NNNNN missing from current font」（現在のフォントから指定した文字が見つかりません）という警告メッセージが表示されます。そして**図A-1**のように日本語ラベルが文字化けして、四角に変換されたグラフが表示されます。

図 A-1　日本語が文字化けしたグラフ

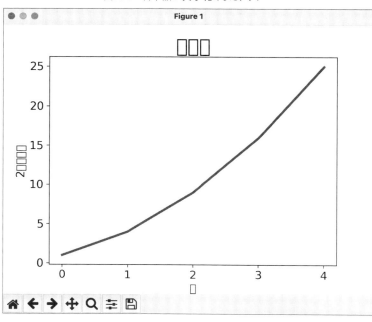

設定ファイルにフォントを設定する

日本語フォントをMatplotlibが使用するように、設定ファイルに記述します。

Windowsでフォントを設定する

　Windowsでは設定ファイルはC:\Users\ユーザー名\.matplotlib\matplotlibrcです。matplotlibrcの中に次のように記述し、フォントとして游ゴシックを使用するように指定します。

matplotlibrc
```
font.family: Yu Gothic
```

　設定を有効にするために、Matplotlibが使用するフォントの一覧ファイルを再作成する必要があります。matplotlibrcを配置した前述のフォルダーにfontlist-v330.jsonのようなファイルがあるので、そのファイルを削除します（Matplotlibを実行すると、ファイルが再度作成されます）。
　先ほどのプログラムを再度実行すると、図A-2のようにタイトルや軸ラベルに設定した日本語が正しく表示されます。

図 A-2　日本語が正しく表示されたグラフ

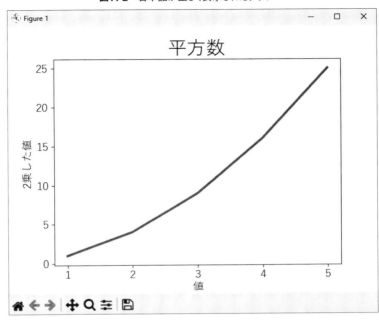

macOSでフォントを設定する

macOSでは設定ファイルは~/.matplotlib/matplotlibrcです。matplotlibrcの中に次のように記述し、フォントとしてヒラギノ丸ゴシックを使用するように指定します。

matplotlibrc
```
font.family: Hiragino Maru Gothic Pro
```

設定を有効にするために、Matplotlibが使用するフォントの一覧ファイルを再作成する必要があります。matplotlibrcを配置した前述のフォルダーにfontlist-v330.jsonのようなファイルがあるので、そのファイルを削除します（Matplotlibを実行すると、ファイルが再度作成されます）。

先ほどのプログラムを再度実行すると、図 A-3のようにタイトルや軸ラベルに設定した日本語が正しく表示されます。

図 A-3　日本語が正しく表示されたグラフ

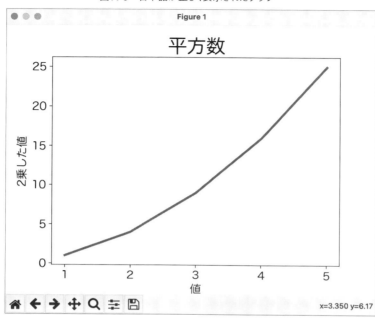

Linuxでフォントを設定する

Linuxでは設定ファイルは~/.config/matplotlib/matplotlibrcです。matplotlibrcの中に次のように記述し、フォントとしてNoto Sans CJK JPを使用するように指定します。

matplotlibrc
```
font.family: Noto Sans CJK JP
```

設定を有効にするために、Matplotlibが使用するフォントの一覧ファイルを再作成する必要があります。キャッシュディレクトリの~/.cache/matplotlibを削除します（Matplotlibを実行すると再度作成されます）。

先ほどのプログラムを再度実行すると、**図A-4**のようにタイトルや軸ラベルに設定した日本語が正しく表示されます。

図A-4 日本語が正しく表示されたグラフ

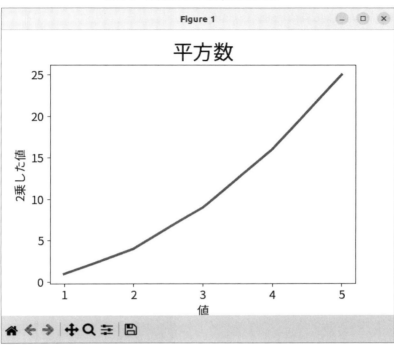

rcParamsを使用してフォントを設定する

matplotlibrcでフォントの設定をしても、グラフに対してスタイルを指定すると日本語が表示されない場合があります。これは、スタイルの指定によってフォントの設定が上書きされるために発生します。

Matplotlibにスタイルを指定してからフォントの設定を上書きするには、rcParamsクラスを使用します。次に示すのは、rcParamsを使用してフォントを設定するコードです。

mpl_squares_japanese.py

```python
import matplotlib.pyplot as plt
❶ from matplotlib import rcParams

# スタイルを指定してからフォントを設定する
❷ plt.style.use('seaborn-v0_8')
❸ rcParams['font.family'] = 'Hiragino Maru Gothic Pro'

input_values = [1, 2, 3, 4, 5]
--省略--
```

はじめにrcParamsクラスをインポートします❶。Matplotlibのグラフにスタイル（ここではseaborn-v0_8）を指定します❷。そのあとで、rcParamsを使用して日本語に対応したフォント（ここでは'Hiragino Maru Gothic Pro'）を設定します❸。

プログラムを実行すると、図A-5のようにグラフに指定したスタイルが適用され、タイトルや軸ラベルの日本語も表示されます。

図A-5　スタイルが適用され、日本語も表示されたグラフ

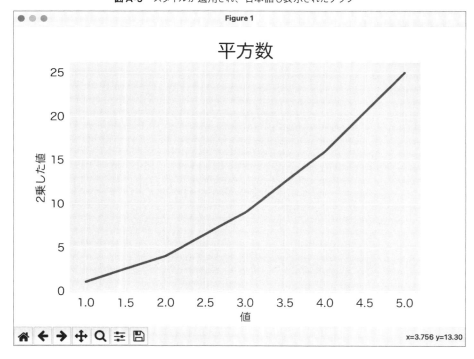

「実践編」のおわりに

本書をお読みいただき、ありがとうございました。

本書は、Pythonの基礎をゼロからしっかり習得したい初心者の方に、自信を持っておすすめできる書籍になっていると思います。訳者の私（鈴木たかのり）自身も実践編の翻訳を進める中で、改訂された内容のPlotly Expressについてより知ることができました。ページ数はありますが、コードを少しずつ拡張しながら動作を確認することで、サクサクと徐々に新しい知識を獲得できます。まだ読み終えていない方も、ぜひ最後までチャレンジしてみてください。

本書「実践編」では、3つの少し大きなプロジェクト「ゲーム開発」「データ可視化」「Webアプリケーション開発」を扱いました。いずれのプロジェクトでも、各種ライブラリやフレームワークを活用して実用的なプログラムを楽しく作成していきます。

「実践編」は、実際の開発プロジェクトをギュッと絞って凝縮したような内容になっています。初心者が1人で取り組むことを想定していますが、作成するコードが独りよがりにならないための工夫がなされています。たとえばコードのリファクタリング、用途ごとのモジュール分割、Gitを使ったバージョン管理、公開サーバーへのデプロイなど、整理されて読みやすいコードを書くための基本的な知識を無理なく学べます。本書で学んだことは今後個人で開発をするだけでなく、仕事やコミュニティなどでチーム開発をするときにもきっと役に立つでしょう。

本書の次のステップとして、なんでもいいので自分が作りたいものをプログラミングしてみてください。Pythonにはさまざまなライブラリやサードパーティ製パッケージがあります。実践編で触れているゲーム、データ可視化、Webアプリケーション以外にも画像処理、機械学習、Webスクレイピング、テキスト分析など、多様なプログラムが作成できます。

また、プログラミングを進める際はできるだけ公式ドキュメントを参照しましょう。Python公式ドキュメント（https://docs.python.org/ja/3/library/index.html）の大部分は日本語化されており、ドキュメントには本書と「必修編」で解説した他にも多数の便利な関数、モジュールが標準ライブラリとして紹介されています。また、サードパーティ製パッケージ（Pygame、Matplotlib、Djangoなど）を利用する場合は、その公式ドキュメントも参照しましょう。

そして、プログラミングに関する相談ができる仲間を見つけましょう。Pythonコミュニティは日本にもたくさんあり、地方やオンラインでもイベントが開催されています。IT勉強会支援プラットフォームconnpass（https://connpass.com/）で「Python」と入力して検索してみると、たくさんのPython関連イベントが見つかると思います。ぜひ、興味のあるイベントに参加してみて仲間を見つけてください。

翻訳作業の「おわりに」

鈴木たかのりです。2023年に始まった翻訳作業もなんとか終わり、無事に本書を出版することができました。もう一人の翻訳者の安田さんをはじめ、関係者のみなさんのおかげです。本当にありがとうございました。

前回がはじめての書籍翻訳でしたが、今回も英語の語順を意識しながら読みやすい日本語とすることを心がけて翻訳をしました。「序文」に書いてあるとおり改訂前からあまり変わっていないところもあれば、pathlibやpytest、Plotly Expressなど大幅に書き換わっている箇所もあります。そういった部分は翻訳も大変ですが、現在のPythonの状況に合わせて正当に進化しているなと感じています。

書籍の最後の詰めの作業が、PyCon Taiwan（9月21日、22日）とPyCon JP（9月27日〜29日）の2つのイベントと日程的にかぶっていてかなりハードでしたが、なんとかやり遂げることができました。今は肩の荷が降りてほっとしています。

安田善一郎です。このパートの文章を考えようとあらためて翻訳初版の「おわりに」を読んでみて、当時とは自分の生活がすっかり様変わりしてしまったことを実感しました。

ここ2年ほどの間に、公私を通じて、思いがけず実にさまざまなできごとがあり、自由にできる時間が大幅に減りました。作業時間の確保がままならず、もう無理、と思ったことが何度もありました。

それでもなんとか完成にこぎつけることができたのは、たかのりさん、レビュワーのみなさん、辛抱強く耐えてくれた編集の細谷さん・小竹さん・（株）トップスタジオさん、そして家族のおかげです。

みなさんには感謝しかありません。ありがとうございました。

Eric Matthes氏とPyCon USで再会

訳者の一人鈴木たかのりは、原著者であるEric Matthes氏と2019年4月にクリーブランドで開催された世界最大のPythonイベントPyCon US 2019であいさつしていました。その後2020年に日本語版が発売されましたが、COVID-19の影響でオフラインイベントが中止になるなど、Eric氏と再会する機会はなかなかありませんでした。

久しぶりに参加したPyCon US 2023（ソルトレイクシティ）で、Eric氏と再会する機会がありました。この年は原著Python Crash Courseの3rd Editionが発売された直後ということもあり、出版社のNo Starch PressによりEric氏のサイン会が開催されていました。サイン会の場で3rd Editionを購入し、Eric氏にあいさつすることができました。Eric氏も私のことを覚えていてくれたようで、私から「日本語版を無事に出版することができました」「これから、この3rd Editionの翻訳をやっていきます」という報告をしました。本人も喜んでくれていたようです。

●Eric氏と鈴木たかのり（PyCon US 2023）

●Eric氏からのサイン

次の年のPyCon US 2024は5月にピッツバーグで開催されました。こちらに参加しましたがEric氏にはなかなか会えず、来ていないのかな？と思っていました（3,000名くらい参加しているため、目当ての人が見つけられないことはよくあります）。開発スプリントの日に廊下のソファで休憩していると、Eric氏がいました。あまり時間がなかったので軽くあいさつだけして、再会を喜びました。来年のPyCon US 2025では「日本語版の改訂版が無事に出版された」という報告をしたいと思います。

●Eric氏との再会（PyCon US 2024）

謝辞

最後になりますが、本書の翻訳の品質を上げるために、レビューアーのみなさんにはさまざまな指摘をしてもらいました。レビューアーの筒井隆次（@ryu22e）さん、杉山剛（@soogie）さん、wat（@watlablog）さん、小山哲央（@tkoyama010）さん、熊谷拓也（@kumappp27）さん、吉田花春（@kashew_nuts）さん、古木友子（@komo_fr）さんありがとうございました。

この本をきっかけに多くの方にPythonプログラミングの楽しさを味わっていただけたらとてもうれしいです。

2024年10月 鈴木たかのり、安田善一郎

索引

記号・数字

.DS_Store	284, 300
.git	300
.gitignore	284, 299
.git フォルダー	
削除	307
.platform.app.yaml	278
.platform/routes.yaml	278
.platform/services.yaml	278
.pyc ファイル	284, 299
@login_required デコレーター	247
__pycache__	299
{% block %}	213
{% bootstrap_css %}	263
{% csrf_token %}	228
{% empty %}	216
{% endblock %}	213
{% extends %}	213
{% load django_bootstrap5 %}	263
404 エラー	254
500 サーバーエラー	292

A

add() メソッド	32
admin.py	199
alpha 引数	144
API	164
リクエスト	165
利用頻度の制限	171
レスポンス	166
API キー	172
API 呼び出し	164
axis() メソッド	108

B

base.html	213
blit() メソッド	11
Blues カラーマップ	116
body	263
Bootstrap	

テンプレート	262
ドキュメント	274
Bootstrap ライブラリ	260
bottom 属性	13

C

centerx 属性	13
centery 属性	13
center 属性	13
CharField	195
choice() 関数	112
Clock クラス	8
cmap 引数	110
collapse	265
collidepoint() メソッド	70
color_continuous_scale	159
copy() メソッド	33
createsuperuser コマンド	198
create コマンド	286
CSV	134
csv.reader() 関数	135
csv モジュール	135

D

DateTimeField	196
datetime オブジェクト	140
datetime クラス	139
datetime モジュール	139
フォーマット引数	139
detached HEAD	306
div	265
Django	188
インストール	190
開発サーバー	193
管理サイト	198
管理サイトの言語を日本語に設定	199
バージョン	191
Django API	205
django-bootstrap5	
インストール	261
バージョン	261

django-bootstrap5 アプリケーション ……… 260
Django シェル ……… 204
Django テンプレート ……… 221
dpi 引数 ……… 120
draw.rect() 関数 ……… 30
draw() メソッド ……… 41

E

EARTHDATA ……… 162
empty() メソッド ……… 54
enumerate() 関数 ……… 136
event.key ……… 18

F

facecolor 引数 ……… 144
fig.autofmt_xdate() ……… 140
figsize 引数 ……… 120
fill_between() メソッド ……… 143
fill() メソッド ……… 9
float() 関数 ……… 23
font.render() メソッド ……… 68
fontsize ……… 101
forms モジュール ……… 225
freeze コマンド ……… 276

G

GeoJSON フォーマット ……… 150
get_rect() メソッド ……… 13
get() メソッド ……… 167
GET リクエスト ……… 226
Git ……… 164, 298
　　インストール ……… 283, 298
　　環境設定 ……… 284, 298
Git Bash ……… 313
GitHub ……… 164
GitHub API ……… 179
gunicorn パッケージ ……… 277

H

h1 要素 ……… 269
head ……… 263
Homebrew ……… 315
hover_name 引数 ……… 161
HTML ……… 210, 263
HTML エンティティ ……… 270
HTML ヘッダー ……… 263
Http404 例外 ……… 254

I

include 関数 ……… 239
is_authenticated 属性 ……… 241
is_valid() メソッド ……… 227
itemgetter() ……… 182

J

json.dumps() ……… 151
json.loads() ……… 151
json モジュール ……… 150
Jumbotron ……… 269

K

KEYDOWN イベント ……… 18
KeyError ……… 183
KEYUP イベント ……… 18

L

labels 引数 ……… 159
left 属性 ……… 13
linebreaks フィルター ……… 219
linewidth ……… 101
Linux 用 Windows サブシステム ……… 313
list group コンポーネントを ……… 272
localhost ……… 193
login_required() 関数 ……… 248
login() 関数 ……… 245
login ビュー ……… 239

M

main 要素 ……… 268
makemigrations コマンド ……… 197
manage.py ……… 191
Matplotlib ……… 99
　　インストール ……… 99
　　ギャラリー ……… 99
　　出力サイズを調整 ……… 120
　　スタイル ……… 103
　　設定ファイル ……… 318
　　ビューワー ……… 100
　　カラーマップ ……… 110
matplotlibrc ……… 318
migrate コマンド ……… 192
Model ……… 195
Model Field Reference ……… 196
　　日本語ページ ……… 196
ModelForm ……… 225
models.py ……… 195

327

ModuleNotFoundError 211
MOUSEBUTTONDOWN イベント
.... 70

N

Navbar static 262
next() 関数 135
NOAA 135, 148
non-nullable 252

O

operator モジュール 182

P

path 関数 208
Platform.sh 275
　　プッシュ 287
　　プロジェクトを作成 285
　　無料枠 275
Platform.sh CLI 275
platformshconfig 276
plot.show() 関数 100
Plotly 121
　　インストール 121
　　公式サイト 122
Plotly Express 121
　　グラフ形式の一覧 125
Plotly Express in Python 179
plotly.express 156
plot() メソッド 100
plt.savefig() 110
Postgres 277
POST リクエスト 226
PowerShell 190, 308
projection 引数 159
psycopg2 パッケージ 277
Pygame 4
　　インストール 5
　　基準点 13
　　設定値 9
　　ドキュメント 27
　　ホームページ 27
pygame.display.flip() 7
pygame.display.set_mode() 7
pygame.event.get() 関数 7
pygame.font モジュール 67
pygame.FULLSCREEN 26
pygame.image.load() 13
pygame.init() 関数 7

pygame.mixer モジュール 93
pygame.mouse.get_pos() 70
pygame.QUIT イベント 7
pygame.Rect 29
pygame.sprite.Group 30
pygame.sprite モジュール 29
pygame.time モジュール 8
Pygame ウィンドウ 6
pygame モジュール 7
pyplot モジュール 100

R

randint() 関数 122
random モジュール 112
rcParams クラス 321
read_text() メソッド 157
rect 13
rect オブジェクト 13
rect 属性 13
redirect() 関数 227
render() 関数 209
Requests パッケージ 166
requests モジュール 167
requirements.txt 276
RGB カラー 9
right 属性 13
round() 関数 84
runserver コマンド 192

S

scatter() 105
scatter_geo() 関数 156
set_aspect() メソッド 114
set_title() メソッド 101
set_visible() 72
set_xlabel() メソッド 101
set_ylabel() メソッド 101
settings.py 191
size 属性 45
sleep() 関数 58
span 要素 267
sprite.groupcollide() 関数 52
spritecollideany() 関数 57
sprites() メソッド 32
Sprite クラス 29
SQLite 192
startapp コマンド 194
status_code 167
strptime() メソッド 139

328

subplots() 関数 100
surface 7
sys.exit() 7
sysモジュール 7

T

tick_params() メソッド 101
ticklabel_format() メソッド 109
timeモジュール 58
top属性 13
trace 178

U

UnicodeDecodeError 157
United States Geological Survey 150
UNIX時間 172
update_layout() メソッド 128
update_traces() メソッド 178
urls.py 191, 207
URLパターン 206
UserCreationForm 244
Userモデル 250

V

ValueError 147
venv仮想環境モジュール 189
views.py 209
viewsモジュール 208
Viridis 159

W

Webフレームワーク 188
write_html() 130
wsgi.py 191
WSL 313

X

XAMPP 314
xaxis_dtick引数 129

Y

YAML 278

Z

ZIP Codes 148

あ

アクセス制限 247
アクセストークン 172

アスタリスク 284
アプリケーション 194
アンカータグ 212
アンチエイリアシング 68

い

緯度 153
移動方向 49
イベント 7
色をカスタマイズする 109

う

ウィジェット 230

え

エポック時間 172
エラーページ 292
エラーをチェックする 145

お

親テンプレート 212
折れ線グラフ 99

か

カーソル位置 70
カードコンポーネント 272
開始点と終了点を描画する 117
解像度 120
開発プロセス 17
外部キー 201
隠しファイル 278
カスケード削除 201
仮想環境 189
　　pythonコマンド 192
　　無効化 190
　　有効化 189
カラースケール
　　利用可能なカラースケール 160
カラーマップ 109

き

キーが同時に押されたとき 20
キー入力 7, 17

く

クエリー 165, 218
クエリーセット 204
グラフのタイトル 101
グラフをカスタマイズする 125

329

グラフを自動的に保存する ………… 110
グラフを保存する ………………… 130
グループ化 ……………………………… 29
クロスサイトリクエストフォージェリ
…………………………………………… 228

け

経度 ……………………………………… 153
ゲームオーバー …………………………… 61
ゲームを終了 ……………………………… 25
ゲームをリセットする …………………… 71
欠落したデータ ………………………… 147
権限 …………………………………… 198

こ

子テンプレート ………………………… 212
コマンドラインデベロッパツール …… 314
コミット ………………………… 164, 301
　　リファレンスID ………………… 302
コンテキスト …………………………… 215
コンテナー ……………………………… 268

さ

サーバーを停止 ………………………… 193

し

シェル
　　セッションを終了 ………………… 205
軸ラベルをカスタマイズする ………… 108
軸を取り除く …………………………… 118
順序なしリスト ………………………… 216
仕様書 …………………………………… 188
衝突 ……………………………………… 52
衝突を検出する …………………………… 56
ショートカットキー ……………………… 25
書式指定子 ………………………………… 84

す

スーパーユーザー ……………… 198, 289
スコアボード ……………………………… 79
ステータスコード ……………………… 167
スピード …………………………………… 55
スプライト ………………………………… 29

せ

静的ファイル …………………………… 309
世界地図 ………………………………… 155
セレクター ……………………………… 264
線の太さ ………………………………… 101

そ

速度をリセット …………………………… 76

た

対話的な可視化 ………………………… 121
多対1の関連 …………………………… 201

つ

ツールチップ …………………………… 175

て

データ可視化 …………………………… 98
データセット …………………………… 98
データ分析 ……………………………… 98
データベース
　　移行する …………………………… 192
　　再構築 ……………………………… 253
　　作成する …………………………… 192
データを自動的に計算する …………… 107
デコレーター …………………………… 247
テスト用の変更 …………………………… 53
デバッグメッセージ …………………… 290
デプロイ ………………………………… 309
点数を増やす ……………………………… 82
点に色をつける ………………………… 116
テンプレート …………………………… 206
　　インデント ………………………… 212
　　継承 ………………………………… 211
　　作成 ………………………………… 209
　　変数を出力 ………………………… 216
テンプレートタグ ……………………… 212

と

統計情報 …………………………………… 57
得点 ……………………………………… 77
　　更新する …………………………… 80
　　丸める ……………………………… 83
　　リセットする ……………………… 81
トレースバック ………………………… 146

な

ナビゲーションバー …………………… 263
名前空間 ………………………………… 212
難易度 …………………………………… 73

に

認証ビュー ……………………………… 240

は

バージョン管理	164
ハイスコア	85
パスワード	198
ハッカーニュース	179
ハッカーニュースAPI	183
ハッシュ	198
パディング	268
バリデーション	224

ひ

ヒストグラム	124
ビットマップ形式	11
ビュー	206
ビュー関数	206
描画する点を追加する	118

ふ

フィルター	219
フォーム	224
浮動小数点数	23
フラグ	61
ブランチ	301
フルスクリーンモード	25
フレームレート	8
プロジェクト	194
削除	294
作成	191, 299
状態	300
レビュー	38
分散バージョン管理システム	164

へ

ページを保護	255
ヘッダー	135
ヘッダーとその位置を出力する	136
ヘルパーメソッド	15
変更をコミット	291
変更を破棄	304

ほ

ポート	194
ボタンを作成	66
ボタンを無効化する	71
ホバーテキスト	160

ま

マーカーの色	158
マージン	268
マウスイベント	70
マウスカーソルを非表示	72
マウス操作	7
マグニチュード	150

め

メソッドの順番	40
目盛りラベル	101

も

文字列をレンダリング	67
モデル	195
登録する	199
有効化する	196

ゆ

ユーザー登録ページ	244
ユーザーの本人確認	247

よ

余白	40, 43

ら

ライセンス	11
ラベル	89, 101
ランダムウォーク	111

り

リダイレクト	226
リファクタリング	15
リポジトリ	164, 300
削除	307
初期化	285, 300
ファイルを追加する	301
リンクを追加	177

る

ルート	281

れ

レベルを表示	87

ろ

ログアウト	242
ログインページ	239
ログを確認	302

331

◆本書サポートページ
https://gihyo.jp/book/2024/978-4-297-14526-2/support
本書記載の情報の修正／訂正については、当該Webページで行います。

カバーデザイン	：bookwall
本文デザイン・組版・編集	：トップスタジオ
担当	：小竹 香里・細谷 謙吾

■お問い合わせについて

本書に関するご質問については、記載内容についてのみとさせて頂きます。本書の内容以外のご質問には一切お答えできませんので、あらかじめご承知置きください。また、お電話でのご質問は受け付けておりませんので、書面またはFAX、弊社Webサイトのお問い合わせフォームをご利用ください。
なお、ご質問の際には、「書籍名」と「該当ページ番号」、「お客様のパソコンなどの動作環境」、「お名前とご連絡先」を明記してください。

〒162-0846
東京都新宿区市谷左内町21-13
株式会社技術評論社
『改訂新版 最短距離でゼロからしっかり学ぶ Python 入門 実践編』係
FAX 03-3513-6173
URL https://book.gihyo.jp

お送りいただきましたご質問には、できる限り迅速にお答えをするよう努力しておりますが、ご質問の内容によってはお答えするまでに、お時間をいただくこともございます。回答の期日をご指定いただいても、ご希望にお応えできかねる場合もありますので、あらかじめご了承ください。
ご質問の際に記載いただいた個人情報は質問の返答以外の目的には使用いたしません。また、質問の返答後は速やかに破棄させていただきます。

改訂新版 最短距離でゼロからしっかり学ぶ Python 入門 実践編
～ゲーム開発・データ可視化・Web開発

2024年11月13日 初版 第1刷発行

著 者	Eric Matthes
訳 者	鈴木たかのり、安田 善一郎
発行者	片岡 巌
発行所	株式会社技術評論社
	東京都新宿区市谷左内町21-13
	電話 03-3513-6150 販売促進部
	03-3513-6177 第5編集部
印刷・製本	昭和情報プロセス株式会社

定価はカバーに表示してあります。

本書の一部または全部を著作権法の定める範囲を越え、無断で複写、複製、転載、あるいはファイルに落とすことを禁じます。

造本には細心の注意を払っておりますが、万一、乱丁（ページの乱れ）や落丁（ページの抜け）がございましたら、小社販売促進部までお送りください。送料小社負担にてお取替えいたします。

日本語訳 ©2024 鈴木たかのり、シエルセラン合同会社

ISBN978-4-297-14526-2 C3055
Printed in Japan